西南石油大学"十三五""十四五"石油与天然气工程科技成果

低碳能源转型约束下的油气产量规划方法研究

陈朝晖　等编著

石油工业出版社

内容提要

本书以低碳能源转型为时代背景，全面系统地探讨了油气产量规划的理论与方法，深入分析了地质条件、技术进步、市场需求、政策法规以及地缘政治风险等因素的影响，构建了兼顾理论与实践、具有创新性的油气产量规划框架。

本书适合能源行业管理者、工程技术人员、科研工作者阅读，也可供高等院校相关专业师生参考使用。

图书在版编目（CIP）数据

低碳能源转型约束下的油气产量规划方法研究 / 陈朝晖等编著 . -- 北京：石油工业出版社，2025.5. -- ISBN 978-7-5183-7503-5

Ⅰ . TE32

中国国家版本馆 CIP 数据核字第 2025TV6322 号

出版发行：石油工业出版社
（北京朝阳区安华里二区 1 号楼　100011）
网　　址：www.petropub.com
编辑部：（010）64523693　图书营销中心：（010）64523633
经　销　全国新华书店
印　刷　北京九州迅驰传媒文化有限公司

2025 年 5 月第 1 版　2025 年 5 月第 1 次印刷
787×1092 毫米　开本：1/16　印张：16.5
字数：337 千字

定价：80.00 元
（如出现印装质量问题，我社图书营销中心负责调换）
版权所有，翻印必究

前 言

PREFACE

在全球应对气候变化、推动可持续发展的背景下，低碳能源转型已成为人类社会的一项共同使命。作为传统能源的主要来源，石油与天然气行业在低碳转型中面临着严峻挑战，同时也迎来了技术创新与模式变革的巨大机遇。在清洁能源快速发展的背景下，如何科学规划油气产量，实现能源安全、经济发展与环境保护的多重目标，成为石油与天然气行业亟待解决的重要课题。

全书由九章构成，结构严谨、层次分明，逐步展开油气产量规划在低碳能源转型背景下的研究与应用。

第一章为"低碳能源转型与油气产量规划概述"，从宏观角度分析低碳能源转型的概念、意义及发展趋势，详细探讨了主要国家和地区在转型过程中的实践经验及政策措施。本章通过梳理清洁能源替代和政策法规的影响，明确油气产量规划在转型中的地位与作用。

第二章为"油气产量规划理论与方法"，系统阐述了油气产量规划的基本理论，包括传统静态、动态及非线性模型，介绍了优化方法，如线性规划、动态规划和整数规划等。本章结合人工智能与数据挖掘技术，为规划提供智能化决策支持，拓展规划方法的技术边界。

第三章为"地质条件与油气产量规划"，从地质学视角切入，分析地质条件对油气产量规划的制约作用。本章通过储层结构、流体性质与产量关系的研究，结合地质条件评价方法和实际案例，揭示了地质因素在规划中的关键地位，帮助优化油气田开发方案。

第四章为"技术进步与油气产量规划"，重点关注技术进步对油气产量规划的推动作用，包括无人机勘探、数字孪生、智能井技术等在内的创新技术，全面提升了油气开发的效率与精度。同时，本章还探讨了碳捕集与封存、微生物驱油等绿色低碳技术的实际应用，为实现低碳目标提供技术路径。

第五章为"市场需求与油气产量规划"，从市场角度分析油气产量规划，研究清洁能源需求增长对传统油气需求的替代效应，并引入时间序列分析、神经网络等需求预测技术。本章结合石油价格波动、新兴市场崛起等案例，揭示市场动态对规划的复杂影响。

第六章为"政策法规与油气产量规划"，探讨政策法规在低碳转型中的引领作用，分析低碳能源政策、碳排放交易机制等对油气产量规划的约束与指导意义。本章通过案例研究展示了环境保护政策、能源贸易政策等在规划中的实际应用，提出政策适应性规划策略。

第七章为"地缘政治风险与油气产量规划"，研究地缘政治风险对油气产量规划的影响，涵盖地区冲突、国际制裁、贸易限制等风险因素，提出风险评估与管理策略。本章结合情景分析法和事件树分析等方法，帮助读者理解如何在复杂国际环境中优化油气产量规划。

第八章为"分类油气产量规划的主要特征"，通过对不同地区、储层、资源类型及企业规模的规划特征进行分类研究，构建具有地域性和行业特性的规划模型，为全球化背景下的油气产量规划提供精细化参考。

第九章为"数据处理方法与相关计算模型"，着眼于数据与模型的实际应用，详细介绍油气产量预测中的时间序列分析、灰色系统方法及威布尔预测模型等。本章结合储量产量双向控制法，进一步探讨能源转型因素的整合模型，为精准规划提供科学支持。

本书不仅是对低碳能源转型下油气产量规划的一次全面总结，也是对未来能源行业发展的前瞻性探索。本书通过理论研究与实践案例的结合，提供了系统性的规划思路与实用的工具方法，旨在推动行业在低碳转型中实现高质量发展。

希望本书能为研究者提供学术启发，为从业者提供技术参考，为政策制定者提供实践指导。期待读者能够从中汲取灵感，与笔者共同探讨低碳转型背景下的油气行业发展新路径。

2024 年 12 月于成都

目 录
CONTENTS

▶ 第一章　低碳能源转型与油气产量规划概述

第一节　低碳能源转型的概念和意义 …………………………………… 1

第二节　低碳能源转型的发展趋势 ……………………………………… 5

第三节　低碳能源转型的主要政策措施 ………………………………… 11

第四节　低碳能源转型约束下的油气产量规划 ………………………… 16

第五节　油气产量规划在低碳能源转型中的作用和地位 ………………20

▶ 第二章　油气产量规划理论与方法

第一节　油气产量规划基本概念和原理 ………………………………… 25

第二节　传统的油气产量规划模型 ……………………………………… 29

第三节　油气产量规划的优化方法 ……………………………………… 37

第四节　油气产量规划的决策支持技术 ………………………………… 49

第五节　低碳能源转型下的油气产量规划方法 ………………………… 54

▶ 第三章　地质条件与油气产量规划

第一节　地质条件对油气产量规划的影响概述 ………………………… 63

第二节　地质学在油气产量规划中的应用 ……………………………… 67

第三节　地质条件评价方法和模型 ……………………………………… 70

第四节　地质条件对油气产量规划的具体影响 ………………………… 72

第五节　案例分析与实证研究 …………………………………………… 77

第四章　技术进步与油气产量规划

第一节　技术进步对油气产量规划的影响 …………………………… 81
第二节　油气勘探中的新技术 …………………………………………… 86
第三节　油气开发中的新技术 …………………………………………… 91
第四节　技术进步评价 …………………………………………………… 97
第五节　大数据与人工智能技术对油气产量规划的实际作用 ……… 101

第五章　市场需求与油气产量规划

第一节　市场需求对油气产量规划的影响 …………………………… 105
第二节　清洁能源市场需求的增长趋势与变化规律 ………………… 109
第三节　市场需求预测模型 ……………………………………………… 113
第四节　市场需求预测技术 ……………………………………………… 115
第五节　市场需求影响油气产量规划的案例分析 …………………… 121

第六章　政策法规与油气产量规划

第一节　政策法规对油气产量规划的影响 …………………………… 124
第二节　低碳能源转型政策对油气产量规划的影响分析 …………… 128
第三节　政策法规评估 …………………………………………………… 132
第四节　常用的政策法规评估模型 ……………………………………… 134
第五节　政策法规评估在油气产量规划中的应用案例 ……………… 141

第七章　地缘政治风险与油气产量规划

第一节　地缘政治风险的相关概念与原理 …………………………… 146
第二节　地缘政治风险对油气产量规划的影响 ……………………… 152
第三节　地缘政治风险管理策略 ………………………………………… 157
第四节　地缘政治风险的评估方法 ……………………………………… 161

第八章　分类油气产量规划的主要特征

第一节　全球不同地区的油气产量规划特征 …………………… 170

第二节　不同油气类型的油气产量规划特征 …………………… 192

第三节　不同储层类型的油气产量规划特征 …………………… 198

第四节　不同开采阶段的油气产量规划特征 …………………… 204

第五节　不同企业规模的油气产量规划特征 …………………… 209

第九章　数据处理方法与相关计算模型

第一节　时间序列数据的初始化处理 …………………………… 214

第二节　油气产量的预测方法 …………………………………… 216

第三节　油气市场需求量预测方法 ……………………………… 223

第四节　油气产量规划的基础模型建模方法 …………………… 224

第五节　油气产量规划模型的能源转型因素整合 ……………… 228

参考文献

第一章 低碳能源转型与油气产量规划概述

低碳能源转型是应对气候变化和实现可持续发展的必然选择，在这一过程中，油气行业面临着前所未有的挑战与机遇。一方面，清洁能源的快速崛起和政策法规的不断完善，对传统油气需求产生了深远影响；另一方面，技术创新和能源结构调整为行业发展提供了新动力。在这一复杂背景下，油气产量规划作为能源供给侧管理的重要手段，不仅需要满足能源安全与经济增长的需求，还需与低碳目标和环境保护协同推进。本章从低碳能源转型的概念和意义入手，系统分析其发展趋势、主要政策措施及对油气产量规划的约束与影响，全面阐述油气产量规划在低碳能源转型中的地位与作用，为后续章节深入探讨具体规划方法奠定了基础。

第一节 低碳能源转型的概念和意义

随着全球气候变化加剧和环境保护压力的增大，低碳能源转型已成为全球能源发展的必然趋势和实现可持续发展的关键路径。这一转型不仅旨在减少温室气体排放和降低化石能源依赖，还推动了清洁能源技术的创新和应用，为能源结构调整和经济增长注入了新动能。本节将从低碳能源转型的定义入手，探讨其在应对气候变化、保护生态环境和推动可持续发展中的重要意义，并通过梳理核心概念与理论基础，帮助读者全面理解低碳能源转型的内涵与战略价值。

一、低碳能源转型的定义和基本概念

低碳能源转型是当今世界面临的重要挑战之一，也是实现可持续发展目标的关键举措之一。以下从定义和基本概念两个方面深入探讨低碳能源转型的含义和内涵。

1.低碳能源转型的定义

低碳能源转型是指将传统的高碳能源模式转变为低碳清洁能源的过程。传统的能源模式主要依赖于煤炭、石油和天然气等化石能源，这些能源在燃烧过程中释放大量的二氧化碳等温室气体，加剧了全球气候变化和环境污染问题。而低碳能源转型旨在通过采用清

洁能源替代传统能源、提高能源利用效率、改变能源生产和消费方式等措施，实现能源生产、转换和利用的低碳化，从而降低温室气体排放，减缓气候变化的影响，保护生态环境[1]。

2. 低碳能源转型的基本概念

低碳能源转型涉及多个基本概念，以下是其中几个核心概念的详细介绍：

（1）清洁能源替代。清洁能源替代是低碳能源转型的核心内容之一。清洁能源主要包括太阳能、风能、水能、地热能等可再生能源，以及核能等清洁能源。相比于传统的煤炭、石油和天然气等高碳能源，清洁能源在生产和利用过程中产生的温室气体排放极少甚至零排放，对环境污染较小[2]。

（2）能源效率提升。能源效率提升是低碳能源转型的重要途径之一。通过采用先进的生产技术、节能设备和管理模式，提高能源的利用效率，减少能源消耗和浪费。能源效率提升可以有效降低能源生产和利用的碳排放强度，推动经济发展向着更加清洁和高效的方向转变[3]。

（3）碳排放控制。碳排放控制是低碳能源转型的关键环节之一。通过采取有效的技术和政策措施，控制温室气体排放，降低碳排放强度，实现碳排放的"双控"目标。碳排放控制包括减少能源生产和利用过程中的碳排放、加强温室气体捕获和封存，以及开展碳交易和碳税等市场化机制[4]。

（4）可持续发展。可持续发展是低碳能源转型的根本目标。低碳能源转型旨在实现能源供应的可持续性、经济发展的可持续性和社会发展的可持续性三者的统一。通过实现经济增长与资源利用、环境保护、社会公平的协调发展，推动人类社会朝着可持续发展的方向迈进[5]。

3. 低碳能源转型的重要性

低碳能源转型对于解决全球气候变化、促进经济发展和改善人民生活水平具有重要意义。随着全球气温的持续上升和自然灾害频发，低碳能源转型已成为当务之急。

（1）缓解气候变化。低碳能源转型是减缓气候变化的有效途径。通过降低温室气体排放，减少全球气温上升速度，减轻极端天气事件和自然灾害对人类社会、经济和生态环境的影响[6]。

（2）促进经济发展。低碳能源转型是推动经济转型升级和可持续发展的重要引擎。发展清洁能源产业将创造大量就业机会，提升产业竞争力，促进经济增长[7]。

（3）改善环境质量。低碳能源转型有助于改善环境质量，减少大气污染物和水污染物的排放，保护生态环境，维护人类健康[8]。

低碳能源转型是实现全球可持续发展的关键路径之一，其定义和基本概念对于深入理解和推动能源转型具有重要意义。随着全球社会对气候变化和环境污染问题的日益关注，低碳能源转型将成为必然趋势。

二、低碳能源转型对气候变化和环境保护的意义

低碳能源转型是当今全球性挑战的核心，其意义深远而多元。在探讨低碳能源转型对气候变化和环境保护的意义时，需要从多个角度进行分析和阐述。

1. 缓解气候变化

气候变化是当前全球关注的焦点问题之一，而低碳能源转型被认为是减缓气候变化的关键手段之一。

（1）减少温室气体排放。传统能源主要依赖煤炭、石油和天然气等化石能源，这些能源在燃烧过程中释放大量的二氧化碳等温室气体，加速了全球气候变化的进程。而转向低碳能源，如风能、太阳能和核能，可以显著减少二氧化碳等温室气体的排放，从而有助于缓解气候变化带来的不利影响[9]。

（2）应对极端天气事件。气候变化导致的极端天气事件，如洪涝、干旱、风暴等，给人类社会和生态环境带来了巨大的损失和挑战。低碳能源转型有助于降低全球气温上升速度，减缓气候变化的趋势，从而减少极端天气事件的发生频率和强度。

2. 保护生态环境

环境保护是人类可持续发展的重要基础，而低碳能源转型对于保护生态环境具有重要意义。

（1）减少大气污染。传统能源燃烧释放大量的空气污染物，如二氧化硫、氮氧化物和颗粒物等，严重影响空气质量和人类健康。而采用低碳能源可以大幅减少这些污染物的排放，改善大气环境质量，减少呼吸道疾病和其他健康问题的发生。

（2）保护水资源。传统能源的开采和利用过程会对水资源造成污染与消耗，影响水资源的可持续利用。而低碳能源转型可以减少对水资源的污染和消耗，保护地表水和地下水资源，维护水生态平衡[10]。

（3）维护生物多样性。传统能源的开发和利用对生物多样性造成威胁，导致动植物栖息地破坏和物种灭绝。而低碳能源转型可以减少对自然生态系统的破坏，保护生物多样性，维护生态平衡[5]。

3. 推动可持续发展

低碳能源转型不仅对气候变化和环境保护具有重要意义，还可以促进经济的可持续

发展。

（1）创造就业机会。清洁能源产业的发展将带动相关产业链的发展，创造大量就业机会，促进经济增长和社会稳定。

（2）提升产业竞争力。清洁能源产业具有较高的技术含量和附加值，其发展将推动技术创新和产业升级，提升国家产业竞争力。

（3）促进经济增长。清洁能源产业的发展将促进投资增长、提升产值水平，并带动相关产业和服务业的发展，为经济注入新的增长动力。

综上所述，低碳能源转型对于缓解气候变化、保护生态环境和促进经济可持续发展具有重要意义。通过推动低碳能源转型，可以实现经济社会可持续发展的目标，为子孙后代留下更加清洁、美丽的地球家园。

三、低碳能源转型与可持续发展的关系

低碳能源转型和可持续发展是当今全球面临的两大重要议题，二者之间存在着密不可分的关系。以下探讨低碳能源转型如何促进可持续发展，并分析可持续发展对低碳能源转型的重要意义。

1. 低碳能源转型促进可持续发展的路径

（1）减少温室气体排放。低碳能源转型可以有效减少温室气体的排放，特别是二氧化碳等对全球气候变化影响最为显著的气体。通过采用清洁能源替代传统的化石能源，如太阳能、风能、水能等，可以显著降低能源相关排放，缓解气候变化带来的风险，为实现可持续发展奠定基础。

（2）优化资源利用。低碳能源转型强调了对资源的有效利用，尤其是可再生资源的合理开发利用。这一过程不仅能够减少对有限资源的过度开采和消耗，还能够推动技术创新，提升能源利用效率，促进资源的可持续利用，为经济社会的可持续发展提供有力支撑。

（3）促进经济转型升级。低碳能源转型推动了经济结构的调整和升级。清洁能源产业链的发展不仅创造了就业机会，提升了产业竞争力，还催生了新兴产业，如新能源汽车、智能电网、能源储存等，推动了经济向高质量、高效率、低碳化方向发展，促进了经济的可持续增长。

（4）保障能源安全。低碳能源转型有助于降低对传统化石能源的依赖，减少了能源供应的不确定性和风险，提高了能源安全水平。通过多元化能源结构、发展可再生能源和提高能源利用效率等措施，可以减少对进口能源的依赖，确保国家能源供应的稳定性，进而为可持续发展提供坚实的能源基础。

2. 可持续发展对低碳能源转型的重要意义

（1）推动能源转型深入发展。可持续发展是低碳能源转型的长期目标和内在要求。只有将可持续发展理念融入低碳能源转型的全过程，才能实现能源生产、转换和利用的真正可持续发展，促进经济社会的全面、协调、可持续发展。

（2）强化政策和法律支持。可持续发展理念为低碳能源转型提供了坚实的政策和法律支持。各国政府可以通过制定和完善相关法律法规，建立健全的市场机制，激励并引导企业和社会各界加大对低碳能源转型的投入与支持，从而推动能源转型向可持续方向发展。

（3）提供技术和金融支持。可持续发展需要充足的技术和金融支持，而低碳能源转型正是可持续发展的重要组成部分。各国政府、国际组织和企业可以加大对清洁能源技术研发与推广的投入，提供技术和金融支持，为低碳能源转型提供有力保障。

（4）增强国际合作与交流。可持续发展需要国际合作与交流的支持，而低碳能源转型具有显著的国际性特征。各国可以加强在技术研发、政策借鉴、资源共享等方面的合作与交流，共同应对气候变化、能源安全等全球性挑战，推动低碳能源转型向可持续发展的方向迈进。

低碳能源转型与可持续发展之间存在着紧密的内在联系和相互促进的关系。低碳能源转型不仅是实现可持续发展的重要途径，也是可持续发展理念的具体实践。通过加强两者之间的相互支持和协同推进，人们将能够更好地应对气候变化、促进经济发展并改善人民生活水平，实现经济、社会和环境的协调发展。

第二节 低碳能源转型的发展趋势

一、全球低碳能源转型的发展历程和现状

全球低碳能源转型是应对气候变化和能源安全挑战的重要举措，其发展历程承载了国际社会对可持续发展的共同努力和探索。本节将从全球低碳能源转型的历史演进和现状出发，分析其在不同阶段的发展情况和取得的成就。

1. 历史演进

低碳能源转型并非一蹴而就，而是经历了漫长的历史演进过程：

（1）工业革命前，人类主要依赖传统的可再生能源，如木材、水力、风力等。能源利用相对简单，但存在着对生态环境的影响和局限性。

（2）工业化时代的到来，煤炭、石油和天然气等化石能源成为主要能源来源，推动了

工业化和经济的快速发展，但也加剧了温室气体排放和环境污染[11-12]。

（3）随着环境问题的日益突出和可持续发展理念的兴起，全球开始关注低碳能源转型。20世纪末以来，清洁能源的发展逐渐成为全球能源发展的重要趋势，太阳能、风能、核能等清洁能源得到了广泛关注和应用[13]。

2. 发展现状

（1）太阳能。太阳能作为最具潜力的清洁能源之一，在全球范围内得到了迅速发展。随着光伏技术的不断进步和成本的持续降低，太阳能发电已成为许多国家推动能源转型的重要选择。例如，德国、中国等国家在太阳能发电领域取得了显著进展，大规模的光伏发电项目正在陆续建成。

（2）风能。风能是另一种受到广泛关注的清洁能源，其利用风力发电的技术已日臻成熟。全球各地陆续建设了大型风电场，如丹麦的维斯特拉斯、中国的甘肃、美国的得克萨斯等，这些项目不仅为当地提供了清洁能源，还促进了经济发展和就业增长[14]。

（3）核能。核能作为一种清洁、高效的能源形式，得到了广泛应用。尽管核能存在安全隐患和核废料处理等问题，但其作为一种低碳能源，仍然在全球范围内发挥着重要作用。法国、日本等国家在核能发电方面具有较高的技术水平和经验积累。

（4）其他清洁能源。除了太阳能、风能和核能外，其他清洁能源（如水能、地热能等）也在一定程度上推动了低碳能源转型。水电站、地热发电厂等清洁能源项目在全球范围内得到了广泛应用，为能源结构的优化和环境保护作出了贡献。

3. 未来展望

（1）技术创新。未来，随着科技的不断进步和创新，清洁能源技术将会不断突破和创新。新材料、新工艺的应用将进一步降低清洁能源的成本，提高能源利用效率，推动低碳能源转型向更深层次发展[15]。

（2）国际合作。全球低碳能源转型需要国际社会共同努力，加强合作是实现可持续发展的关键。各国应加强技术交流和资源共享，共同应对气候变化等全球性挑战，推动低碳能源转型向更广泛领域拓展。

（3）政策支持。政策支持是推动低碳能源转型的重要保障。各国应加大对清洁能源产业的扶持力度，制定更加完善的能源政策和环境政策，为清洁能源的发展提供更好的政策环境和市场环境。

4. 挑战与应对

（1）能源存储与输送。清洁能源的不稳定性和间歇性给能源存储和输送带来了挑战。在转型过程中，需加强能源存储技术研究，提高储能设施的容量和效率。同时，建设智能电网，提升能源输送的效率和稳定性，以应对清洁能源波动性的影响。

（2）技术成本与竞争。清洁能源技术不断进步，但其成本仍然是一个制约因素。与传统能源相比，清洁能源在初期投资和运营成本上仍具有一定的劣势。因此，需要通过政策支持、技术创新和市场竞争等手段，降低清洁能源的成本，提高其竞争力[15]。

（3）社会接受度与政治因素。清洁能源转型面临着社会接受度和政治因素的挑战。一些社群对清洁能源项目的建设持有质疑态度，主要涉及土地使用、环境保护等方面的问题。因此，需要加强与社会各界的沟通和协商，促进清洁能源项目的顺利实施。

5. 可持续发展目标

全球低碳能源转型与可持续发展目标密切相关，是应对气候变化、促进经济增长、改善环境质量的重要途径。低碳能源转型不仅能够减少温室气体排放，降低碳排放强度，还能够推动经济结构优化升级，促进就业增长，改善能源安全和环境质量[13]。

全球低碳能源转型的发展历程和现状呈现出多样化和复杂化的特点，虽然面临诸多挑战，但也蕴含着巨大的发展潜力和机遇。各国应加强合作，共同推动低碳能源转型，为构建清洁、美好的未来作出积极贡献。随着科技的不断创新和政策的持续支持，相信全球低碳能源转型将迎来更加光明的发展前景。

二、主要国家和地区低碳能源转型的实践经验和成效

主要国家和地区在低碳能源转型方面积极采取行动，取得了一系列显著成效。然而，低碳能源转型仍然面临诸多挑战，需要各国共同努力，加强合作，推动技术创新和政策协调，实现全球碳减排目标。

1. 经验与成效

低碳能源转型已成为全球范围内的主要能源发展方向之一。各国和地区在应对气候变化、减少碳排放、提高能源安全性等方面积极采取了一系列政策措施和技术创新，推动低碳能源的发展及应用。以下将针对主要国家和地区的低碳能源转型实践经验和成效进行介绍与分析。

（1）中国。作为世界上最大的碳排放国之一，中国在应对气候变化和推动低碳能源转型方面扮演着重要角色。中国政府制定了一系列政策措施，包括加大清洁能源投资、提高能源效率、推动产业结构升级等。同时，中国在可再生能源领域取得了显著成就，特别是在风能和太阳能发电方面。例如，中国是全球最大的风电和光伏发电市场，年均装机容量增速保持在两位数以上。中国还致力于发展智能电网和电动车等新能源技术，积极推动能源生产、传输、使用的智能化和数字化。此外，中国还积极参与国际合作，与其他国家分享低碳技术和经验，推动全球低碳能源转型进程。

（2）美国。美国是世界上最大的能源消费国之一，其能源结构对全球能源市场和气候变化具有重要影响。近年来，美国在能源领域发生了重大变化，加大了对清洁能源的投资和支持。尽管在政策层面存在分歧，但一些州和城市采取了自主行动，制定了具有雄心的碳排放目标和可再生能源目标。美国在风能、太阳能和天然气等清洁能源领域取得了显著进展。特别是在页岩气革命的推动下，美国天然气产量大幅增加，成为重要的清洁能源替代品。此外，美国还在能源储存、智能电网和碳捕集等领域进行了积极探索和投资。

（3）欧洲。欧洲作为全球气候变化领域的领军者之一，一直致力于推动低碳能源转型。欧盟设定了雄心勃勃的碳中和目标，并采取了一系列政策措施，包括碳排放交易体系、可再生能源目标和能效目标等。欧洲各国在风能、太阳能和生物能等可再生能源领域投资巨大，已成为全球清洁能源的领导者之一。欧洲还在智能电网、电动车和碳捕集等领域进行了积极创新和投资。一些欧洲国家还采取了激励措施，鼓励企业和个人采用清洁能源及低碳技术，促进低碳经济的发展。

（4）日本。日本是世界上最大的液化天然气进口国和核能发电国之一，其能源政策受到能源供应安全和环境保护的双重考虑。日本政府制定了《能源基本计划》，提出了清洁能源和能源效率的目标，并积极推动核能、风能、太阳能等清洁能源的发展和利用。日本还在能源储存、智能电网和电动车等领域进行了一系列创新和投资。尽管受到福岛核事故等因素的影响，日本对核能的发展持谨慎态度，但依然致力于推动低碳能源转型，减少碳排放，提高能源安全性。

2. 国际合作与共赢

在全球范围内，各国都意识到低碳能源转型的紧迫性和重要性，加强了国际合作，共同应对气候变化挑战。例如，《联合国气候变化框架公约（UNFCCC）》和《巴黎协定》等国际机制为各国开展合作提供了重要平台。同时，一些跨国能源项目和合作机制也在推动清洁能源的发展和利用。例如，国际清洁能源合作组织（IRENA）致力于促进可再生能源的发展与合作，为各国提供技术支持和政策建议。

3. 建议

在未来的发展中，主要国家和地区应该继续加大对清洁能源的投资和支持，推动能源结构的转型升级。同时，还需要加强国际合作，共同应对气候变化等全球性挑战。以下给出了一些可行的建议：

（1）加强政策制定和执行。各国政府应该加大对清洁能源的政策支持力度，包括制定更加激励和具体的政策措施，如补贴政策、碳定价机制、排放交易系统等，以推动低碳能源的发展和利用。

（2）促进技术创新和应用。政府、企业和科研机构应该加强技术创新和研发投入，推动清洁能源技术的突破及应用。特别是在能源存储、智能电网、电动交通等领域，需要加大研发力度，提高清洁能源的整体利用效率。

（3）加强国际合作。各国应该加强国际合作，分享经验、技术和资源，共同应对气候变化等全球性挑战。建立多边合作机制，如能源技术研发联盟、清洁能源贸易合作等，促进全球清洁能源产业的发展和合作。

（4）提高公众意识和参与度。政府、企业和社会组织应该加强公众教育和宣传，提高公众对低碳能源转型的认识和参与度。通过举办宣传活动、开展科普教育、建立清洁能源示范项目等方式，提高社会各界对清洁能源的认知和支持度。

（5）加强监管和规范建设。各国政府应该加强对清洁能源市场的监管和规范建设，制定健全的法律法规和标准体系，保障清洁能源产业的健康发展。加强对环境保护和碳排放的监管，推动企业履行社会责任，加速低碳能源转型进程。

综上所述，主要国家和地区在低碳能源转型方面取得了一定成效，但仍面临诸多挑战和困难。只有加强合作，共同努力，才能实现全球能源可持续发展和气候变化治理的目标。

三、低碳能源转型的未来发展趋势和预测

低碳能源转型是全球能源领域的一项重要战略任务，随着人们对气候变化和环境保护意识的提高，以及清洁能源技术的不断进步，未来低碳能源转型将呈现出一系列新的发展趋势和特点。

1. 新能源技术的快速发展

随着科技的进步，新能源技术将迎来更大的突破和创新。尤其是在太阳能、风能、生物能等领域，技术成本不断降低，效率不断提高，使得清洁能源的应用范围更加广泛。同时，能源存储技术、智能电网技术等也将得到进一步发展，逐步提升了清洁能源的可靠性和稳定性。

2. 多元化能源供应体系

未来的能源供应更加多元化，不再依赖于传统的化石能源。除了太阳能、风能等，核能、水能、地热能等也将成为重要的能源来源。同时，多种能源的混合利用和互补发展将成为未来能源供应体系的主要特点，以确保能源供应的安全和稳定。

3. 智能化与数字化能源系统

随着智能技术和信息技术的发展，智能化和数字化能源系统将得到广泛应用。智能

电网、智能储能系统、智能家居等将成为能源系统的重要组成部分，实现能源的高效利用和智能管理。通过智能化技术，能源系统将更加灵活、可靠，满足不同场景和需求的能源供应。

4. 跨界合作与共建共享

未来，国际合作将成为推动低碳能源转型的重要力量。各国将加强跨界合作，共同应对气候变化挑战，推动清洁能源技术的创新和应用。同时，政府、企业、社会组织等各方将共同参与，共建共享清洁能源产业生态圈，实现资源共享、风险共担、利益共享，共同推动低碳能源转型的进程。

5. 政策法规的引领作用

政策法规在低碳能源转型中起着至关重要的作用。各国将加强立法和政策制定，建立健全的能源政策体系和法律法规体系，制定有力的激励政策和约束性措施，引导企业和社会各界积极参与低碳能源转型，推动清洁能源的发展和应用。

6. 可持续发展理念的深入人心

可持续发展理念将更加深入人心，成为引领低碳能源转型的核心理念。人们将更加关注环境保护、资源节约和社会责任，积极支持并参与清洁能源产业的发展。政府、企业和社会组织将共同致力于推动能源生产、传输、使用的可持续发展，实现经济增长与环境保护的双赢。

7. 持续创新与开放合作

创新是推动低碳能源转型的关键驱动力之一。未来，各国将不断加大对科技创新的投入，推动能源技术的突破和创新，加快清洁能源的商业化和产业化进程。同时，开放合作也将成为推动能源转型的重要途径，各国将加强技术交流和合作，共同应对全球性挑战，实现资源优势互补、合作共赢的局面。

8. 社会参与与民主决策

未来，社会参与将成为能源转型的重要推动力量。政府、企业和公众将更加密切地合作，共同参与能源规划、决策和管理，促进能源决策的科学化、民主化和透明化。公众的环保意识和能源消费行为也将对能源政策的制定和实施产生重要影响。

9. 非传统能源发展的突破

除了传统的清洁能源外，一些非传统的能源形式也将逐渐成为未来能源转型的重要组成部分。例如，海洋能、地热能、氢能等具有巨大潜力的能源形式将得到更多关注和投资，成为未来能源供应的重要补充。这些新兴能源形式将为能源转型注入新的活力和动力。

10. 应对气候变化的国际行动

在全球范围内，各国将加强应对气候变化的国际行动，共同推动全球低碳能源转型。《巴黎协定》的落实和各国提高气候承诺将推动全球范围内的清洁能源发展。国际合作和多边机制将成为推动低碳能源转型的重要保障，共同应对全球气候变化挑战。

综上所述，未来低碳能源转型将呈现出多元化、智能化、可持续发展和国际合作的特点。各国将共同努力，推动清洁能源技术的创新和应用，加快能源结构的转型升级，实现经济增长与环境保护的双赢，共同构建美好的低碳未来。

第三节　低碳能源转型的主要政策措施

一、清洁能源政策和法规

清洁能源政策和法规是推动低碳能源转型的重要支撑，通过制定相关政策和法规，各国和地区可以引导和促进清洁能源的发展与利用，加快能源结构调整，减少碳排放，推动经济可持续发展。在全球范围内，各国和地区都制定了各具特色的清洁能源政策和法规，以应对气候变化、能源安全和环境污染等挑战。

1. 欧洲的清洁能源政策

欧洲是全球清洁能源发展的领导者之一，欧盟及其成员国制定了系列清洁能源政策和法规，推动可再生能源的发展与利用。欧盟设定了2020年和2030年的可再生能源目标，要求各成员国提高可再生能源在总能源消费中的比重。此外，欧盟还实施了碳排放交易体系，限制工业部门的碳排放，并向清洁能源项目提供补贴和支持[16]。

2. 美国的清洁能源政策

美国的清洁能源政策相对分散，各州和地方政府都有自己的政策和法规。一些州采取了较为积极的政策措施，如加利福尼亚州的碳排放交易系统和可再生能源标准。在联邦层面，美国政府也采取了一些政策措施，如对可再生能源项目提供税收优惠和补贴，推动清洁能源的发展和利用。

3. 中国的清洁能源政策

中国作为全球最大的碳排放国之一，政府采取了一系列政策措施，推动清洁能源的发展和利用。中国设定了可再生能源发展目标,要求到 2030 年非化石能源占一次能源消费比例达到 20% 左右。此外,中国还实施了风能和光伏发电补贴政策,鼓励企业投资和建设清洁能源项目[17]。

4. 日本的清洁能源政策

日本政府致力于推动清洁能源的发展和利用,尤其是在核能事故后,加大了对可再生能源的支持和投资。日本制定了一系列政策措施,鼓励企业和个人采用太阳能、风能等清洁能源。此外,日本政府还加强了对能源效率的监管和管理,提高了能源利用的效率[18-19]。

5. 国际合作与共建共享

在全球范围内,各国加强了清洁能源领域的国际合作,共同应对气候变化挑战。《联合国气候变化框架公约(UNFCCC)》和《巴黎协定》等国际机制为各国开展合作提供了重要平台。同时,一些跨国能源项目和合作机制也在推动清洁能源的发展和利用[20]。

6. 持续创新与开放合作

清洁能源领域的持续创新和开放合作是推动清洁能源发展的关键。各国政府、企业和科研机构加强技术研发和创新合作,积极推动清洁能源技术的突破和应用。同时,加强国际技术交流与合作,共同解决清洁能源发展中的关键技术和政策难题,推动全球清洁能源产业的共同发展。

清洁能源政策和法规在推动低碳能源转型中发挥着重要作用,各国应加强合作,共同制定并落实清洁能源政策,推动清洁能源的发展和利用,实现经济增长与环境保护的双赢。同时,政府、企业和社会各界应加强创新合作,推动清洁能源技术的创新和应用,为全球低碳能源转型作出更大贡献。

二、能源结构调整政策和措施

能源结构调整是各国政府为应对气候变化、提高能源安全和促进可持续发展而采取的重要举措之一。通过调整能源结构,实现能源生产、转换和利用方式的优化和升级,推动清洁能源的发展和利用,减少对传统化石能源的依赖,从而降低温室气体排放,改善环境质量,促进经济可持续发展。下面将从政策导向、具体措施和实施效果等方面,介绍能源结构调整政策和措施的主要内容和影响。

1. 政策导向

能源结构调整的政策导向主要包括以下几个方面:

(1)可持续发展导向。各国政府制定能源结构调整政策的首要目标是实现能源的可持续发展。这意味着在满足能源需求的前提下,尽可能减少对环境的不利影响,保障未来世代的能源安全。

（2）清洁能源优先。鼓励和支持清洁能源的发展和利用是能源结构调整的重要方向。通过政策激励和市场机制引导，加大对可再生能源、核能和清洁燃煤等清洁能源的投资与利用，逐步降低对传统化石能源的依赖程度。

（3）技术创新支持。政府鼓励和支持能源技术创新与研发，推动能源生产、转换和利用技术的进步与创新。这包括提供财政支持、加大科研投入、建立技术创新基地等措施，促进清洁能源技术的突破和应用。

2. 具体措施

能源结构调整的具体措施多种多样，主要包括：

（1）推动清洁能源发展。通过建立清洁能源发展目标、制定支持政策和实施激励措施，推动清洁能源的发展和利用。这包括加大对可再生能源、核能、天然气等清洁能源的投资和利用力度，提高其在能源消费结构中的比重。

（2）加强能源技术创新。政府加大对能源技术研发和创新的投入，支持清洁能源技术的研究和开发。这包括建立专项基金、设立科研机构、加强产学研合作等措施，推动清洁能源技术的突破和应用。

（3）优化能源产业结构。政府通过产业政策和市场机制引导能源产业结构的优化与调整。这包括淘汰落后产能、规范能源产业布局、促进能源企业兼并重组等措施，提高能源产业的整体效益和竞争力。

（4）加强能源利用管理。政府加强对能源利用的管理和监管，推动能源消费方式的转变。这包括加大对高能耗、高排放企业的限制和治理力度，提倡绿色生产和低碳生活方式，促进能源利用的高效和清洁。

3. 实施效果

能源结构调整政策和措施的实施效果主要体现在以下几个方面：

（1）能源结构优化。通过政策导向和具体措施的实施，各国能源结构得到了优化和调整。清洁能源的比重不断增加，对传统化石能源的依赖程度逐步降低，能源结构更加多元化和可持续。

（2）环境质量改善。清洁能源的发展和利用使得能源生产和利用过程中的污染排放大幅减少，大气、水体和土壤等环境质量得到了明显改善，人民群众的生态环境意识和环境健康状况得到了有效保护和改善。

（3）经济效益提升。能源结构调整不仅有助于降低环境污染和生态破坏所带来的治理成本，还能够促进清洁技术和产业的发展，带动相关产业链条的增长，增加就业机会，提升经济发展质量和效益。

（4）能源安全保障。清洁能源的开发和利用有助于降低对进口化石能源的依赖，提升能源供应的稳定性和可靠性，增强国家能源安全水平，减少能源供应风险对经济和社会的影响。

（5）国际影响力提升。能源结构调整的成功实施提升了国家在全球环境治理和可持续发展领域的国际声誉和影响力。积极参与国际能源合作和交流，为全球应对气候变化等重大挑战贡献中国智慧和力量。

能源结构调整是实现能源可持续发展、推动经济社会可持续发展的重要举措。各国应加强合作，共同制定并落实能源结构调整政策和措施，促进清洁能源的发展和利用，共同应对全球气候变化和能源安全等挑战，推动构建人类命运共同体。

三、碳排放交易和碳定价机制

1. 碳排放交易的概念和原理

碳排放交易是基于市场机制的碳减排方式，旨在通过建立碳排放权的交易市场，以达到减少温室气体排放的目的。其基本原理是将温室气体排放额度作为商品进行买卖，企业可以根据自身排放情况购买或出售排放配额，从而实现排放量的控制和调整。

2. 碳排放交易的运作模式

（1）排放配额分配：政府或相关管理机构首先对排放来源进行排放配额的分配，确保总排放量不超过规定的目标。

（2）交易市场建立：建立碳排放交易市场，提供买卖碳排放配额的平台，包括配额拍卖、二级市场交易等方式。

（3）企业交易行为：企业根据自身排放情况和需求，在市场上购买或出售碳排放配额，以达到自身排放目标。

（4）排放核查和报告：企业需要定期对自身的排放情况进行核查和报告，以确保排放数据的真实性和准确性。

（5）监管与处罚：政府或管理机构对碳排放交易市场进行监管，对违规行为进行处罚，保障市场的公平、公正和有效运行。

3. 碳排放交易的优势和挑战

1）优势

（1）经济有效性：碳排放交易可以通过市场机制发挥企业自主性，促进碳减排成本的最小化，提高减排效率。

（2）灵活性与创新性：企业可以根据自身情况和市场需求灵活调整排放策略，鼓励创新技术的应用和发展。

（3）国际合作：碳排放交易促进了国际间的合作与交流，有利于建立全球碳市场，实现碳减排的全球性目标。

2）挑战

（1）制度建设：碳排放交易需要建立完善的制度和监管体系，确保市场的公平、透明与稳定运行，同时需要解决跨国碳交易的监管和合作问题。

（2）数据准确性：碳排放交易需要准确的排放数据支撑，对企业的排放核查和数据报告提出了更高要求，需要建立可靠的监测和核查机制。

（3）市场波动风险：碳排放市场容易受到外部因素的影响，市场价格波动风险较大，需要加强市场监管和风险管理。

4. 碳定价机制的意义和作用

碳定价机制是通过对碳排放行为征税或设立排放许可证费用等方式，内部化碳排放的外部成本，促使企业和个人在生产和消费过程中更多考虑环境成本，从而达到减少温室气体排放的目的。

5. 碳定价机制的分类和运作方式

（1）碳税制度。对碳排放行为征收一定的税费，以激励企业和个人减少碳排放。

（2）排放许可证交易制度：政府或相关机构设立碳排放许可证，企业可以在市场上进行交易，实现碳排放的减少和分配。

（3）混合机制。将碳税和排放交易相结合，通过多种方式实现碳减排的目标。

6. 碳定价机制的实施效果与挑战

1）实施效果

（1）促进碳减排：碳定价机制内部化了碳排放的外部成本，提高了碳排放的成本，促使企业和个人减少碳排放行为。

（2）推动清洁技术发展：碳定价机制激励了清洁技术的研发与应用，促进了低碳经济的发展和转型。

2）挑战

（1）社会公平性：碳定价机制会增加企业和居民的成本负担，影响社会的公平和稳定，需要考虑社会补偿和转移支付机制。

（2）产业竞争力：高碳成本会影响部分行业的竞争力，需要考虑产业结构调整和转型升级的问题。

（3）国际合作与竞争：碳定价机制涉及国际间的合作与竞争问题，需要建立国际间的碳市场及合作机制，同时解决国际竞争的问题。

碳排放交易和碳定价机制是推动低碳能源转型和应对气候变化的重要手段，通过市场机制和经济激励实现了碳减排目标。然而，在实施过程中仍然面临着一些挑战和问题，需要政府、企业和社会共同努力，加强合作，持续推进碳减排工作。

7. 碳定价机制的未来发展策略

在未来，随着全球对气候变化问题的认识不断提高和碳减排的紧迫性增加，碳排放交易和碳定价机制将会得到更广泛的应用与推广。为了更有效地应对气候变化和推动可持续发展，以下几个方面需要重点关注：

（1）国际合作加强。气候变化是全球性问题，需要国际社会共同努力。各国应加强合作，建立更加有效的碳市场和碳减排机制，推动全球碳减排目标的实现。

（2）技术创新支持。科技创新是推动低碳能源转型的重要动力。政府和企业应加大投入，推动清洁技术的研发和应用，降低碳减排成本，提高能源利用效率。

（3）政策法规完善。需要建立健全的法律法规体系，制定更加严格和有效的碳减排政策，激励企业和个人参与碳排放交易与碳定价机制，推动低碳经济的发展。

（4）社会参与和共享。碳减排事关全社会的长远利益，需要政府、企业和公众共同参与，形成良好的社会共识及合力。政府可以加强宣传和教育，提高公众对碳减排的认识和支持度。

（5）生态保护和生态补偿。低碳能源转型需要兼顾经济增长和生态环境保护，应加强生态保护和修复工作，推动生态环境与经济社会发展协调可持续。

通过措施的实施，全球低碳能源转型将迎来更加广阔的发展前景。只有坚定信心，齐心协力，才能应对气候变化挑战，实现经济可持续发展和人类福祉的共同愿景。

第四节　低碳能源转型约束下的油气产量规划

一、清洁能源替代对油气需求的影响

1. 清洁能源替代趋势

全球对气候变化和环境保护的日益关注推动了清洁能源替代的趋势。各国纷纷采取政策措施，促进可再生能源和其他清洁能源的发展和应用，以减少对传统化石能源的依赖[21-23]。

2. 清洁能源对油气需求的替代效应

清洁能源的不断普及和应用减少了对油气的需求。电动汽车的兴起、太阳能和风能的大规模利用等使得对传统燃油车和煤炭发电的需求减少,从而直接影响了对原油和天然气等化石能源的需求[24]。

3. 清洁能源在能源结构中的比重提升

随着清洁能源的替代效应不断显现,能源结构发生了变化。清洁能源在能源结构中的比重逐渐增加,而传统油气的比重则下降。这种结构性变化对油气需求产生了长期的影响。

4. 清洁能源替代对油气市场的影响

清洁能源替代直接影响了油气市场的供需关系和价格波动。油气市场受替代效应的冲击,市场份额和利润受到挑战,传统油气企业面临着市场调整和转型的压力。

5. 清洁能源替代对油气产业的调整与转型

为了适应清洁能源替代的趋势,传统油气产业必须进行调整及转型。它们需要加大对清洁能源的投资和研发,推动技术创新,提高能源效率,以适应清洁能源时代的发展需求[25]。

6. 清洁能源替代的政策支持

政府在推动清洁能源替代方面发挥着重要作用。各国政府出台了一系列政策和措施,如补贴政策、税收优惠、能源转型规划等,以鼓励清洁能源的发展和应用,促进能源结构调整和环境保护。

清洁能源替代对油气需求的影响是全球性的趋势,它不仅改变了能源结构和市场格局,也对环境保护和可持续发展产生了重要影响。因此,政府、企业和社会应共同合作,加大对清洁能源的支持和投资,推动能源转型,实现经济、环境和社会的可持续发展。

二、低碳政策和法规对油气产量规划的约束

1. 低碳政策和法规的背景

随着全球气候问题的日益突出和环境保护意识的增强,各国纷纷出台了一系列低碳政策和法规,旨在减少温室气体排放、降低碳足迹,推动能源结构转型。

2. 低碳政策和法规的种类

低碳政策和法规包括多种形式,涵盖从能源生产、消费到排放控制等多个方面。其中包括但不限于碳排放配额制度、碳税政策、清洁能源补贴、节能减排标准等。

3. 低碳政策和法规的实施目标

低碳政策和法规的实施目标主要包括减少温室气体排放、推动清洁能源利用、提高能源利用效率、降低碳排放成本等。通过这些措施，旨在实现能源生产和消费的低碳化，从而降低对环境的影响。

4. 对油气产量规划的约束和影响

低碳政策和法规对油气产量规划产生了直接的约束及影响。首先，政府部门通过制定和修改相关法规来限制油气勘探、开发与生产活动，从而影响油气产量规划的可行性和实施方案。

5. 碳排放配额制度的影响

碳排放配额制度是一种常见的低碳政策措施，通过对碳排放进行配额管理，强制企业在一定期限内达到一定的碳排放限额。这种制度直接影响了油气产业的发展，对产量规划提出了更严格的要求。

6. 碳税政策的影响

碳税政策是通过对碳排放征收税费的方式来推动减排和能源结构转型。对于油气产业来说，碳税政策将增加生产成本和税负，从而影响油气产量规划的经济效益和可行性。

7. 清洁能源补贴的影响

政府通过对清洁能源提供补贴来鼓励其发展和利用，这种措施会削弱油气产业的竞争力，从而影响油气产量规划的市场需求和定价策略。

8. 节能减排标准的影响

政府制定的节能减排标准要求企业在生产和消费环节采取一系列节能减排措施，这直接影响了油气产业的生产和消费模式，对产量规划提出了更高的要求。

低碳政策和法规对油气产量规划的约束和影响是不可忽视的。油气产业需要认真对待低碳政策和法规的要求，积极应对，采取相应的措施，加强技术创新和管理创新，推动油气产量规划与低碳发展相协调，实现经济、环境和社会的可持续发展。

三、技术创新和能源效率提升对油气产量规划的影响

1. 技术创新对油气产量规划的重要性

技术创新对油气产业至关重要，它不仅能够提高油气勘探、开发和生产的效率，还能够降低成本、改善环境保护等方面带来的巨大影响。在低碳能源转型的背景下，技术创新

更是成为推动产量规划与低碳发展相协调的关键因素之一。

2. 技术创新对油气产量规划的影响机制

技术创新对油气产量规划的影响主要体现在以下几个方面：

（1）勘探效率提升。新的勘探技术和方法的应用可以提高勘探效率，减少勘探周期，从而加快油气资源的发现和开发进程。

（2）开发成本降低。新技术的应用可以降低油气开发的成本，例如，水平井和多级压裂技术的应用可以提高油气开采效率，降低生产成本。

（3）环境友好。一些新技术的应用可以减少对环境的影响，例如，智能井技术和智能油田技术可以减少污染物的排放，降低环境风险。

（4）生产效率提升。新技术的应用可以提高油气生产效率，增加产量，满足市场需求，同时降低生产能耗，提高资源利用效率。

3. 新技术在油气勘探、开发和生产中的应用

（1）油气勘探阶段。新技术，如三维地震勘探技术能够提高地质勘探的准确性和效率，帮助发现更多的油气资源。

（2）油气开发阶段。水力压裂技术的发展和应用使得原本难以开采的油气资源变得可行，同时电子井下技术和智能化采油技术的应用提高了开发效率。

（3）油气生产阶段。油藏数值模拟技术的应用可以优化生产方案，提高采收率，同时智能油田运营与管理系统的应用可以实现对油田生产过程的实时监测和调控，提高生产效率。

4. 新技术在油气产量规划中的应用案例

［案例一］ 某油气公司采用先进的地震勘探技术，在原本传统开发难度较大的区块中发现了大量的油气资源，实现了产量规划的突破。

［案例二］ 某油田引入智能化采油技术，通过实时监测和控制油井的生产状态，有效地提高了油田的产量和生产效率。

［案例三］ 某天然气生产企业引进先进的水力压裂技术，成功地开发了页岩气资源，实现了产量规划的预期目标。

5. 技术创新对油气产量规划的启示和展望

技术创新为油气产量规划提供了新的思路和方法，同时也提出了更高的要求。随着科技进步和创新，相信会有更多更先进的技术应用于油气产量规划中，进一步提升勘探、开发和生产效率，实现油气资源的可持续利用和低碳生产。具体展望包括：

（1）全面数字化管理。随着信息技术的发展，油气产业将更多地借助数字化技术进行油田管理和产量规划。通过建立智能油田管理系统，实现对油气生产的全面监控、数据分析和优化调整，提高产量规划的精确性和灵活性。

（2）智能化采收与储存。未来的技术创新将着重于提高油气采收率和增加储存效率。智能油藏管理技术和先进的注水、提采技术将大幅提升油气资源的利用率，使得产量规划更加科学和可持续。

（3）可再生能源整合。随着可再生能源技术的成熟和普及，未来油气产量规划将更多地考虑可再生能源的整合。通过发展混合能源系统，优化能源结构，实现清洁能源和传统能源的有效整合，降低碳排放，推动低碳能源转型。

（4）跨界合作与创新。未来油气产量规划将更加强调产学研合作和跨界创新。油气企业将积极与科研机构、高校和其他行业开展合作，共同研发新技术、新材料和新装备，推动油气产业的创新发展。

（5）绿色环保技术。未来的产量规划将更加注重环保和可持续发展。油气企业将加大对环保技术的研发投入，推动绿色采收、环保治理等技术的应用，减少环境污染，提升油气产业的社会责任感和可持续发展性。

综上所述，技术创新对油气产量规划的影响是全方位的，它不仅提高了资源勘探开发效率，还促进了能源结构的优化与转型，推动了油气产业的可持续发展。随着科技的不断进步和应用，相信未来油气产量规划将更加科学、智能和绿色，为实现能源安全、经济发展和生态环境保护作出更大贡献。

第五节　油气产量规划在低碳能源转型中的作用和地位

一、油气产量规划在能源结构调整中的重要性

在能源结构调整中，油气产量规划扮演着至关重要的角色。能源结构调整是指通过合理规划和管理能源资源的生产、转化、利用与消费，调整并优化能源供需结构，实现经济社会可持续发展的过程。油气作为传统能源之一，在能源结构中占据着重要地位，其产量规划的合理性和科学性直接影响着能源结构的调整效果和经济社会的可持续发展。以下是油气产量规划在能源结构调整中的重要性及相关内容。

1. 能源结构的优化与平衡

油气产量规划直接影响到能源结构的合理配置和优化。通过科学制定油气产量规划，可以根据社会经济发展需求和能源资源情况，调整油气产量，实现能源结构的优化与平

衡。例如，对于环保压力日益增大的地区，可通过降低油气产量，增加清洁能源的使用比例，促进能源结构向清洁、低碳方向转型[26]。

2. 能源供应的稳定与可靠

油气产量规划的科学制定能够确保能源供应的稳定性与可靠性。合理的产量规划能够有效平衡供需关系，防止供给过剩或供给不足的情况发生，保障能源市场的稳定运行。通过确保油气供应的稳定性，能够有效维护国家能源安全，推动经济持续健康发展。

3. 能源利用效率的提升

油气产量规划的科学实施可以促进能源利用效率的提升。通过优化油气资源的开采和利用方式，提高油气资源的综合利用效率，减少资源浪费，降低生产成本，提升能源利用效益。同时，科学的产量规划还能够推动清洁能源技术的发展和应用，进一步提升能源利用效率，促进能源结构调整和升级[27]。

4. 生态环境的保护与改善

科学的油气产量规划能够有效保护生态环境，实现能源可持续发展。通过限制过度的油气开采和利用，减少环境污染和生态破坏，保护生态环境，实现油气资源的可持续利用。此外，科学的产量规划还可以促进清洁能源的发展和利用，进一步改善生态环境质量，推动绿色低碳发展。

5. 能源安全的保障与提升

油气产量规划的科学实施有助于保障和提升能源安全。通过合理控制油气产量，降低对进口能源的依赖程度，增强国家能源自主权，提升能源安全保障能力。同时，科学的产量规划还能够促进新能源技术的发展和应用，扩大清洁能源产业规模，多元化能源供应体系，进一步提升能源安全水平[28]。

6. 可持续发展的推动与实现

油气产量规划的科学实施对实现经济社会可持续发展具有重要意义。通过合理调整油气产量，促进能源结构的优化和升级，推动清洁能源的发展和利用，促进生态环境的保护和改善，实现能源安全的保障和提升，全面推动能源产业转型升级，促进经济社会可持续发展。因此，科学的油气产量规划是能源结构调整的重要支撑和保障，对于推动国家能源结构调整和经济社会可持续发展具有重要意义。

二、油气产量规划在碳减排和环境保护中的作用

在当前全球温室气体排放不断增加的背景下，油气产量规划在碳减排和环境保护中扮

演着至关重要的角色。通过科学合理地规划和管理油气产量，可以有效降低碳排放，保护环境，推动经济社会可持续发展。以下是油气产量规划在碳减排和环境保护中的作用。

1. 降低碳排放

油气产量规划的科学实施有助于降低碳排放。首先，通过合理控制油气开采量，减少传统燃烧能源的使用，降低碳排放。其次，科学的产量规划可以促进清洁能源的发展和利用，如天然气、风能、太阳能等，这些清洁能源的利用可以有效降低碳排放，减缓气候变化的速度。因此，油气产量规划在降低碳排放方面具有重要作用[29]。

2. 促进清洁能源发展

科学的油气产量规划可以有效促进清洁能源的发展。随着环境保护意识的增强和能源转型的推进，清洁能源在能源结构中的比重不断增加。通过科学规划油气产量，可以有效调整能源结构，促进清洁能源的发展和利用。清洁能源具有碳排放少、环境友好等优点，其发展对于降低碳排放、保护环境具有重要意义。

3. 提高能源利用效率

油气产量规划的科学实施有助于提高能源利用效率。传统燃烧能源的利用效率较低，存在较大的能源浪费问题。通过科学规划油气产量，可以调整能源供给结构，优化能源利用方式，提高能源利用效率。例如，通过推广高效节能技术，提升工业生产过程中的能源利用效率，减少能源浪费，降低碳排放。

4. 保护生态环境

油气产量规划的科学实施可以有效保护生态环境。传统燃烧能源的开采和利用会产生大量的污染物排放，对生态环境造成严重破坏。通过科学规划油气产量，可以控制能源资源的开采和利用，减少环境污染，保护生态环境。此外，科学的产量规划还可以促进清洁能源的发展和利用，进一步改善环境质量，保护生态环境[30]。

5. 推动绿色低碳发展

油气产量规划的科学实施有助于推动绿色低碳发展。绿色低碳发展是未来能源发展的重要方向，其核心是以清洁能源为主导，减少对传统化石能源的依赖，降低碳排放，实现经济社会可持续发展。通过科学规划油气产量，可以促进清洁能源的发展和利用，推动能源结构向绿色低碳方向转型，实现绿色低碳发展目标。

6. 加强国际合作与交流

科学的油气产量规划有助于加强国际合作与交流。全球气候变化、环境污染等环境问题是全球性的挑战，需要各国共同应对。通过加强国际合作与交流，可以共同研究制定油气产量规划，共享清洁技术和经验，推动全球能源转型，实现碳减排和环境保护的共同目标。因此，科学的油气产量规划在国际合作与交流中也具有重要作用[31]。

三、油气产量规划在能源安全和经济发展中的作用

当今社会，油气产量规划在能源安全和经济发展中扮演着至关重要的角色。随着全球能源需求的不断增长和能源结构的不断调整，科学合理地规划和管理油气产量，对于保障能源安全、促进经济发展具有重要意义。以下是油气产量规划在能源安全和经济发展中的作用。

1. 保障能源供应安全

油气产量规划能够有效地保障能源供应安全。油气资源是全球能源供应的重要组成部分，其供应稳定性直接关系到国家经济发展和社会稳定。通过科学规划油气产量，可以合理利用资源，稳定供应，确保能源供应的可靠性和稳定性，提高国家能源供应的安全性。

2. 优化能源结构

科学的油气产量规划有助于优化能源结构。随着经济发展和能源技术的进步，清洁能源在能源结构中的比重不断增加。通过科学规划油气产量，可以调整能源结构，促进清洁能源的发展和利用，降低对传统化石能源的依赖，实现能源结构的优化和升级。

3. 促进经济发展

油气产量规划对于促进经济发展具有重要意义。油气资源是重要的经济资源，其开采和利用对于提振经济增长具有重要作用。通过科学规划油气产量，可以合理利用资源，稳定产量，保障能源供应，推动相关产业链的发展，促进经济增长和就业增加。

4. 提高国际竞争力

科学的油气产量规划有助于提高国家的国际竞争力。油气资源是国际竞争的重要制高点，其供应稳定性和价格竞争力直接影响国家在国际能源市场的地位和影响力。通过科学规划油气产量，可以稳定供应，提高资源利用效率，提高国家在国际能源市场的竞争力，实现能源大国的战略目标。

5. 促进区域发展

油气产量规划可以促进区域发展。油气资源的开采和利用往往伴随着相关基础设施和产业的发展，对于推动区域经济发展和改善人民生活水平具有重要意义。通过科学规划油气产量，可以合理利用资源，推动相关产业链的发展，促进区域经济发展，实现资源优势向经济优势的转化。

6. 保护环境和生态

科学的油气产量规划有助于保护环境和生态。油气资源的开采和利用往往伴随着环境污染和生态破坏问题，对生态环境造成不利影响。通过科学规划油气产量，可以控制资源开采和利用的规模与方式，最大限度减少对环境的影响，保护生态环境，实现经济发展和生态环境的协调发展[32]。

7. 降低能源成本

科学的油气产量规划可以帮助降低能源成本。通过合理规划油气产量，可以有效控制供需关系，避免因供应过剩或供应不足而导致的价格波动，从而稳定能源价格。稳定的能源价格有助于降低企业和居民的生产生活成本，提升社会经济效益[33]。

8. 优化资源配置

科学的油气产量规划有助于优化资源配置。通过对油气资源的合理开发和利用，可以最大限度满足社会经济发展的需求，同时避免资源浪费和低效利用。合理的资源配置有助于提高资源利用效率，实现资源的可持续利用，推动经济可持续发展。

9. 提升能源安全意识

科学的油气产量规划有助于提升能源安全意识。通过科学规划油气产量，可以加强对能源市场和供需关系的监测与分析，提前预警可能出现的能源安全风险，采取相应措施加以应对，提高国家对能源安全的防范和应对能力，增强社会对能源安全的重视和认识。

10. 促进产业升级

科学的油气产量规划有助于促进产业升级。油气产业是国民经济的支柱产业，其发展水平直接关系到国家经济实力和国际竞争力。通过科学规划油气产量，可以引导产业结构调整，推动油气产业向技术密集型、绿色低碳型方向发展，提升产业附加值和竞争力，推动产业升级和转型升级。

11. 推动全球能源治理

科学的油气产量规划有助于推动全球能源治理。油气资源是全球共享的资源，其开采和利用涉及多个国家及地区的利益与关系。通过科学规划油气产量，可以促进国际能源合作，加强国际能源治理机制建设，推动建立公平、开放、包容的全球能源治理体系，实现能源资源的共享和互利共赢。

在实践中，各国可以通过制定和实施科学合理的油气产量规划，充分发挥油气资源在经济社会发展中的重要作用，实现经济发展、能源安全、环境保护和社会可持续发展的良性循环。

第二章 油气产量规划理论与方法

油气产量规划是能源管理与开发的重要环节,其目的是通过科学合理的规划,优化资源配置,实现能源供需平衡,同时兼顾经济效益和环境可持续性。在低碳能源转型的背景下,传统的油气产量规划方法面临着新的挑战,包括清洁能源快速替代、低碳政策的严格约束以及技术进步对资源开发模式的深远影响。因此,有必要在传统规划理论的基础上,引入更加灵活、精准和智能化的规划方法。本章首先系统梳理油气产量规划的基本概念和理论框架,随后详细介绍静态、动态和非线性规划模型,并结合优化算法、人工智能和数据挖掘技术,探讨创新规划方法的应用,为应对复杂的油气开发环境提供理论支持和技术路径。

第一节 油气产量规划基本概念和原理

一、油气产量规划的定义和基本概念

油气产量规划是指针对特定地区或国家的油气资源开采和利用情况,通过制定合理的目标、策略和措施,以达到科学、有效、可持续地管理和利用油气资源的过程。下面将探讨油气产量规划的定义、基本概念以及其重要性。

1. 定义

油气产量规划是一项战略性的规划活动,旨在合理利用油气资源,确保资源供给的稳定性和可持续性,促进能源安全、经济发展和环境保护。它涉及从勘探开发到生产销售的全过程管理,包括资源评估、勘探开发、生产管理、市场调控等[34]。

2. 基本概念

(1) 油气资源评估。油气资源评估是油气产量规划的基础,它通过对地质构造、沉积环境、地质构造和油气成藏条件等进行综合分析,评估并预测地下油气资源的蕴藏量、分布规律和开采潜力,为后续的开发利用提供科学依据[35]。

（2）勘探开发规划。勘探开发规划是油气产量规划的重要环节，它通过对勘探开发区域的分析，确定勘探开发的方向、目标和策略，包括确定勘探开发的重点区域、投资规模、技术路线等，为勘探开发活动的实施提供指导[36]。

（3）生产管理。生产管理是油气产量规划的核心内容，它包括生产计划、生产调度、生产监控等环节，旨在合理安排生产活动，优化生产过程，保障生产设施的安全稳定运行，提高油气产量和生产效率[37]。

（4）市场调控。市场调控是油气产量规划的重要组成部分，它通过对市场供需关系、价格走势、竞争格局等进行分析，采取相应的调控措施，调整油气产量和价格，保持市场供给的平衡和稳定[38]。

3. 重要性

油气产量规划对保障能源安全、促进经济发展和实现可持续发展具有重要意义。

（1）保障能源安全。通过科学合理地规划油气产量，可以稳定供应，保障能源供给的安全性和稳定性，降低对进口能源的依赖，提高国家能源安全水平[39]。

（2）促进经济发展。油气资源是重要的战略资源，其开采和利用对于提振经济增长具有重要作用。科学规划油气产量，可以推动相关产业链的发展，促进经济增长和就业增加。

（3）实现可持续发展。油气产量规划需要综合考虑经济、环境和社会等因素，促进油气资源的可持续开发和利用，保护生态环境，实现经济发展和生态环境的协调发展[40]。

油气产量规划是一项综合性的规划活动，对于保障能源安全、促进经济发展和实现可持续发展具有重要意义。有效开展油气产量规划，对实现国家能源战略目标和经济社会可持续发展具有重要意义。

二、油气产量规划的目标和原理

油气产量规划作为一项重要的战略性规划活动，旨在科学合理地管理、利用油气资源，确保资源的可持续开发和利用，促进能源安全、经济发展和环境保护。以下将探讨油气产量规划的目标和原理，以及其实现过程中的关键要素。

1. 目标

油气产量规划的目标是在充分考虑国家能源需求、资源储量、技术水平、市场需求、环境保护等因素的基础上，制定出科学合理的油气产量目标，实现资源的高效利用、能源供给的稳定和国家经济的可持续发展。具体目标包括以下四个方面。

（1）保障能源安全。确保油气产量满足国家能源需求，减少对进口能源的依赖，提高能源供给的稳定性和安全性。

（2）提高产能效率。通过技术创新和管理优化，提高油气资源的开采和利用效率，实现产能最大化。

（3）促进经济发展。油气产量规划要与国家经济发展战略相衔接，推动相关产业链的发展，促进经济增长和就业增加。

（4）实现环境保护。在油气产量规划中要充分考虑环境保护的因素，采取措施减少对环境的影响，实现资源开发和环境保护的协调发展。

2. 原理

油气产量规划的制定遵循一系列的原理和方法，以确保规划的科学性、合理性和可操作性。

（1）科学性原则。油气产量规划建立在科学基础上，充分利用地质勘探、资源评估、技术分析等科学手段，准确评估资源储量和开采潜力，确保规划的科学性和可靠性。

（2）系统性原则。油气产量规划需要综合考虑资源、技术、市场、环境等多方面因素，建立起系统完整的规划体系，确保各项规划措施之间的协调一致。

（3）灵活性原则。鉴于油气产量规划受诸多因素影响，其制定应具有一定的灵活性和可调整性，能够根据实际情况随时进行调整和优化，以适应外部环境的变化。

（4）可持续性原则。油气产量规划应注重资源的可持续开发利用，避免过度开采和浪费，确保资源供给的持续性和稳定性，实现经济、社会和环境的可持续发展。

（5）市场化原则。油气产量规划应充分考虑市场供需关系和价格变化，引导市场行为，调整产量和价格，保持市场供给的平衡和稳定，促进资源有效配置和市场有序[41]。

3. 实现要素

要实现油气产量规划的目标和原理，需要综合考虑以下关键要素：

（1）地质勘探与资源评估。充分开展地质勘探工作，准确评估油气资源的储量和分布情况，为产量规划提供可靠数据支持。

（2）技术创新与应用。不断推进油气开采技术的创新和应用，提高采收率和产能效率，降低开采成本，实现资源利用的最大化。

（3）市场监测与调控。密切关注市场需求和价格变化，通过市场调控手段，调整产量和价格，保持市场供给的平衡与稳定。

（4）环境保护与治理。强化环境保护意识，采取有效措施减少油气开采对环境的影响，实现资源开发和环境保护的协调发展。

（5）政策引导与法律保障。制定相关政策和法规，引导油气产量规划的实施，保障规划的顺利进行和有效落实。

综上所述，油气产量规划的目标是为了保障能源安全、促进经济发展和实现可持续发展，其原理和实现要素将科学规划且有效管理油气资源，为国家能源战略目标的实现提供重要支撑。

三、油气产量规划的重要性和应用领域

油气产量规划作为能源行业中的重要战略性规划活动，在现代社会的能源供应体系中发挥着至关重要的作用。它的重要性不仅体现在能源安全、经济发展和环境保护方面，还涵盖了多个应用领域，对国家和地区的可持续发展具有深远影响。

1. 重要性

（1）保障能源安全。油气产量规划是保障能源安全的重要手段之一。通过科学合理地规划和管理油气资源的开采与利用，可以有效减少对进口能源的依赖，确保能源供给的稳定性和可靠性，降低国家对外能源市场的风险。

（2）促进经济发展。油气产量规划对于促进经济发展具有重要意义。油气资源是现代工业生产和生活的重要能源来源，科学合理地规划和开发油气资源可以推动相关产业链的发展，促进国民经济的增长和就业的增加。

（3）实现可持续发展。油气产量规划有助于实现能源资源的可持续开发和利用，推动经济、社会和环境的协调发展。通过合理规划和管理油气资源，可以最大限度地延长资源的利用周期，减少资源浪费和环境污染，实现能源的可持续利用和生态环境的可持续保护。

2. 应用领域

油气产量规划的应用领域涵盖了能源行业的各个方面，同时也与其他产业和领域密切相关，具体体现在以下四个方面。

（1）能源政策制定。油气产量规划为能源政策的制定提供重要依据。政府部门可以根据油气产量规划的结果，制定相应的能源政策与规划，指导和引导能源产业的发展方向，保障国家能源安全和经济发展的需要。

（2）能源企业经营管理。油气产量规划为能源企业的经营管理提供重要参考。能源企业可以根据油气产量规划的预测结果，制定企业发展战略和经营计划，合理安排资源开采和投资布局，提高企业的竞争力及盈利能力。

（3）地方经济发展。油气产量规划对于地方经济发展也具有重要影响。油气资源的开发和利用可以带动当地经济的发展，促进产业结构调整并增加就业，提高地方政府的财政收入和社会福利水平。

（4）环境保护与治理。油气产量规划还与环境保护和治理密切相关。合理规划和管理

油气资源的开采与利用，可以最大限度地减少对环境的影响，保护生态环境，维护人类社会的可持续发展。

综上所述，油气产量规划的重要性体现在能源安全、经济发展和环境保护等多个方面，其应用领域涵盖了能源政策制定、企业经营管理、地方经济发展、环境保护与治理等多个领域，对国家和地区的可持续发展具有重要意义。

第二节 传统的油气产量规划模型

一、静态产量规划模型

静态产量规划模型是油气产量规划中的一种重要方法，其通过建立数学模型，分析和优化资源开采方案，以达到最大化经济效益、保障能源供应和实现可持续发展的目标。以下介绍静态产量规划模型的基本原理、模型构建方法以及在实际应用中的特点和局限性。

1. 基本原理

静态产量规划模型的基本原理是在给定的资源条件下，通过数学建模和优化方法，确定最优的资源开采方案，以满足不同的经济、社会和环境目标。其核心思想是在考虑资源储量、开采成本、市场需求、环境影响等因素的基础上，通过建立数学模型，对资源开采的时间、规模和方式进行合理调配和优化，从而实现资源的有效开发利用和经济效益的最大化[42]。

2. 模型构建步骤

（1）数据采集与处理。收集和整理油气资源数据，包括资源储量、地质特征、开采条件、市场需求等信息，并进行数据处理和分析，以确定模型的输入参数和约束条件[43]。

（2）模型假设和建立。在确定模型的基本假设和约束条件后，需要建立数学模型，通常采用线性规划、整数规划、动态规划等方法，将资源开采的决策变量、目标函数和约束条件进行数学描述，构建静态产量规划模型。

（3）模型求解与优化。利用数学优化算法对建立的产量规划模型进行求解和优化，以确定最优的资源开采方案。常用的求解方法包括单纯形法、内点法、遗传算法等，通过不断迭代计算，找到最优解或近似最优解[44]。

（4）结果分析与评价。分析和评价模型求解结果，包括资源开采方案的经济效益、可行性、风险评估等方面，以指导实际决策和行动，并根据需要进行调整和优化。

3. 特点和局限性

1）特点

（1）定量分析能力强：静态产量规划模型可以对资源开采方案进行精确的定量分析，提供科学依据和决策支持。

（2）计算效率高：借助现代计算机技术和优化算法，静态产量规划模型可以快速求解并得到较为准确的结果[45-46]。

（3）灵活性和可操作性：模型结构灵活，可以根据实际情况进行调整和优化，具有一定的实用性和可操作性。

2）局限性

（1）资源数据不确定性：静态产量规划模型建立在资源数据基础上，而资源数据的不确定性会影响模型的准确性和可靠性。

（2）市场变化风险：模型建立时通常基于当前市场情况和预测，但市场需求和价格的变化会导致模型的失效或需要调整[47]。

（3）环境影响不确定性：考虑到资源开采对环境造成的影响，但环境因素的不确定性使得模型对环境风险的评估和管理存在一定困难。

4. 应用案例

某石油公司在某油田拥有开发项目，通过静态产量规划模型辅助确定最佳开采方案，使得在满足市场需求和环境保护的前提下，最大化油田的产出和利润[48]。

（1）数据采集与处理。石油公司在进行油田开发时，需要收集该油田的地质勘探数据、储量数据、地质结构等信息，并结合市场需求和油价走势等因素进行分析。

（2）模型假设和建立。建立一个线性规划模型，将资源开采的时间、规模和方式作为决策变量，以最大化产量或利润为目标函数，同时考虑资源限制、市场需求和环境约束等因素作为约束条件。

（3）模型求解与优化。利用单纯形法对线性规划模型进行求解，找到使得目标函数最大化的决策变量取值，从而确定最优的资源开采方案。

（4）结果分析与评价。对模型求解结果进行敏感性分析，评估不同参数变化对最优解的影响，以确定最优解的稳健性和可靠性。

静态产量规划模型作为油气产量规划中的重要方法，具有较强的定量分析能力和计算效率，可以为资源开采决策提供科学依据和决策支持。然而，模型应用过程中需要充分考虑资源数据的不确定性、市场变化风险和环境影响等因素，以提高模型的准确性和可靠性，从而更好地服务于能源行业的发展和可持续利用。

二、动态产量规划模型

动态产量规划模型是一种用于优化油气资源开发与生产的工具，与静态产量规划模型相比，动态模型更加注重时间序列的考虑，能够对未来一定时间范围内的资源开采方案进行优化和调整。以下详细介绍动态产量规划模型的原理、构建方法、特点以及应用案例。

1. 基本原理

动态产量规划模型的基本原理是基于时间序列数据，通过考虑未来多个时期的资源开采方案，以最大化长期经济效益为目标，优化决策变量的选择。与静态模型相比，动态模型考虑了资源开发和生产的时序性，更能够适应资源开采过程中的动态变化。

2. 模型构建步骤

（1）数据采集与处理。与静态模型类似，首先需要收集和整理相关数据，包括历史产量、地质勘探结果、市场需求预测、生产成本等信息。同时，还需要考虑时间序列数据的特点，包括季节性变化、市场周期等因素。

（2）模型假设和建立。在确定数据和基本假设后，需要建立动态产量规划模型。通常采用动态规划、离散事件模拟、马尔可夫决策过程等方法来描述资源开发的决策过程和动态变化。

（3）模型求解与优化。利用优化算法对建立的动态模型进行求解和优化。由于动态产量规划模型通常涉及多期决策，因此需要考虑时间序列的递推关系和约束条件。

（4）结果分析与评价。对模型求解结果进行分析和评价，考虑长期经济效益、风险管理、生态环境等因素。同时，根据分析结果对资源开采方案进行调整和优化，以实现最优化决策。

3. 特点和局限性

1）特点

（1）考虑时间序列特征：动态产量规划模型能够考虑资源开发过程中的时序性变化，更加贴近实际情况。

（2）适应未来不确定性：模型能够通过预测和模拟未来的市场需求、油气价格等因素，对资源开采方案进行调整和优化，以适应未来的不确定性。

（3）灵活性和可操作性：动态模型具有一定的灵活性，能够根据市场变化和技术进步进行调整及优化，具有较强的实用性和可操作性。

2）局限性

（1）计算复杂度高：由于涉及多期决策和时间序列的考虑，动态产量规划模型的计算复杂度较高，需要消耗大量的计算资源和时间。

（2）数据要求高：模型对数据的要求较高，包括历史数据、市场预测数据、地质勘探数据等，对数据质量和可靠性有较高的要求。

（3）对决策者技能要求高：动态产量规划模型需要决策者具备一定的数学建模和优化技能，能够理解模型的原理和求解过程，从而做出合理的决策。

4. 应用案例

动态产量规划模型是一种重要的工具，用于优化、管理石油和天然气等能源资源的生产过程。相较于静态产量规划模型，动态模型更加复杂，因为它们考虑了时间因素，能够预测和响应不同阶段的变化。

下面通过三个具体案例来阐述动态产量规划模型在石油资源开发、国家能源政策制定和跨国能源合作项目中的应用。

[案例一] 油公司的资源开发项目。

油公司在开发石油资源时，需要考虑多种因素，包括地质条件、市场需求、技术条件等。动态产量规划模型为石油公司提供了一种有效的方法来优化其资源开发策略，并确保生产计划的灵活性和可持续性。

某油公司拥有一处潜在的油田，希望通过动态产量规划模型来制定最佳的生产策略。该油田地质复杂，开发难度较大，且市场需求存在一定不确定性。

（1）数据收集和建模。收集了该油田的地质勘探数据、市场需求预测数据以及相关的技术参数。然后，利用动态产量规划模型建立了油田的数学模型，考虑了地层特征、油气运移规律、生产井网布局等因素，并将市场需求和价格因素纳入模型中。

（2）生产优化策略制定。在模型的基础上，油公司通过设定不同的生产目标和约束条件，利用优化算法寻找最优的生产策略。这包括确定生产井的开采顺序、井网布局、注水量控制等。

（3）模拟和调整。通过模型模拟不同生产策略下的油田开发效果，评估其对生产量、成本、收益等指标的影响。根据模拟结果，油公司可以调整生产策略，使其更加适应市场变化和技术条件的变化。

（4）实施和监控。油公司根据模型结果制定生产计划，并实施相应的生产措施。同时，通过持续监控油田的生产状况，及时调整生产策略，以保证生产计划的顺利执行和产量的稳定增长。

通过动态产量规划模型的应用，该石油公司成功制定了高效、灵活的油田开发策略，提高了资源利用效率，降低了生产成本，实现了可持续发展。

[案例二] 国家能源政策制定。

国家能源政策的制定涉及国家整体能源资源的规划、开发和利用，对于一个国家的经济发展和社会稳定具有重要意义。动态产量规划模型为国家能源政策的制定提供了决策支持，能够帮助政府部门优化能源资源配置，提高能源利用效率。

某国政府面临能源供需矛盾和碳排放增长等问题，希望通过制定科学合理的能源政策来解决这些问题。政府决定利用动态产量规划模型对国家能源系统进行建模和优化，制定符合国家发展需求的能源政策。

（1）建立能源系统模型。首先，政府部门收集了该国各种能源资源的开发数据、能源消费数据、经济增长预测数据等，并利用动态产量规划模型建立了国家能源系统的数学模型，考虑了能源供需平衡、能源安全、环境保护等因素。

（2）制定政策目标和约束条件。政府根据国家的发展战略和能源政策目标，确定了能源供给安全、经济发展、环境保护等方面的政策目标和约束条件，作为优化模型的输入参数。

（3）优化能源资源配置方案。利用动态产量规划模型，政府部门对各种能源资源的开发和利用进行了优化配置。通过设定不同的政策目标和约束条件，模型可以自动寻找最优的能源资源配置方案，以最大程度地满足国家的能源需求，同时最小化成本和环境影响。

（4）模拟政策效果。在制定能源政策之前，政府可以利用模型对不同的政策方案进行模拟和评估。通过模拟不同政策方案对能源供需、经济增长、环境排放等方面的影响，政府可以评估各种政策的优劣势，并选择最合适的政策方案。

（5）政策实施和监测。根据模型结果，政府制定了相应的能源政策，并加强对政策实施的监测和评估。政府可以定期对能源系统进行监测，及时调整政策措施，以适应市场变化和技术进步，确保政策的有效实施和能源系统的稳定运行。

通过动态产量规划模型的应用，该国政府成功制定了符合国家发展需求的能源政策，实现了能源供需平衡、经济发展和环境保护的良好平衡。

[案例三] 跨国能源合作项目。

跨国能源合作项目涉及多个国家或地区之间的能源资源开发、运输和利用，需要协调各方利益和资源，实现合作共赢。动态产量规划模型可以为跨国能源合作项目提供科学的决策支持，帮助各方制定合理的合作方案，最大化利益[49]。

某国与邻国合作开发海上天然气田，计划建设跨国天然气管道，将天然气输送至各自国内市场。双方政府决定利用动态产量规划模型对天然气开发和运输进行优化，以实现资源共享、成本节约和效益最大化。

（1）建立跨国能源系统模型。双方政府部门共同收集了海上天然气田的地质勘探数据、生产和储备情况，以及双方国内市场的天然气需求数据等，建立了跨国能源系统的动态模型。

（2）优化天然气开发和输送方案。利用动态产量规划模型，双方政府设定了合作的目标和约束条件，包括最大化产量、最小化成本、最大化收益等。模型考虑了天然气生产、处理、运输等环节的复杂关系，通过优化生产和输送方案，实现了双方利益的最大化。

（3）模拟和评估方案效果。在模型中，双方政府可以对不同的天然气开发和输送方案进行模拟及评估。通过模拟不同方案对双方产量、成本、收益等的影响，政府可以选择最优的合作方案，实现资源优化配置和互利共赢。

（4）项目实施和监控。根据模型结果，双方政府制定了天然气开发和输送的具体方案，并签订了合作协议。在项目实施过程中，双方政府加强了对项目的监控和管理，及时解决项目实施中的各种问题，确保项目的顺利推进和运行。

通过动态产量规划模型的应用，该跨国能源合作项目取得了良好的经济效益和社会效益，为双方国家的能源安全和经济发展作出了积极贡献。

动态产量规划模型是一种有效的优化工具，能够帮助能源公司和政府部门制定合理的资源开发方案，实现最大化利润和长期经济效益的目标。然而，模型的构建和求解过程较为复杂，需要充分考虑数据质量、计算资源和决策者的技能水平等因素，以确保模型的准确性和可靠性。

三、非线性产量规划模型

在能源领域，非线性产量规划模型是一种重要的工具，用于优化复杂的生产系统和资源配置方案。与线性模型相比，非线性产量规划模型可以更好地处理系统的非线性特征，提供更准确的优化结果。以下介绍非线性产量规划模型的基本原理、应用领域和优缺点，并结合案例进行详细说明。

1. 非线性产量规划模型的基本原理

非线性产量规划模型是在生产系统中考虑了非线性因素的基础上建立的数学模型。它与线性产量规划模型相比，允许系统的生产函数、约束条件或目标函数具有非线性关系。通常，非线性产量规划模型可以表示为以下形式：

$$\max f(\boldsymbol{x})$$
$$g_i(\boldsymbol{x}) \leqslant 0, \ i=1, 2, 3, \cdots, m$$
$$h_j(\boldsymbol{x}) = 0, \ j=1, 2, 3, \cdots, n$$

式中　$\boldsymbol{x}$——决策变量向量；

　　　$f(\boldsymbol{x})$——优化目标函数；

　　　$g_i(\boldsymbol{x})$——不等式约束条件；

　　　$h_j(\boldsymbol{x})$——等式约束条件。

非线性产量规划模型的求解通常采用数值优化方法，如梯度下降法、拟牛顿法等。

2. 非线性产量规划模型的应用领域

非线性产量规划模型在能源领域有着广泛的应用，涉及资源开发、能源转型、能源管理等多个方面。以下是一些常见的应用领域：

（1）石油和天然气开发。在石油和天然气开发项目中，非线性产量规划模型可以用于优化油田或气田的开发方案，包括井网设计、注采方案优化等。

（2）电力系统优化。在电力系统中，非线性产量规划模型可以用于优化电力生产、输电和配电等方面，以最大限度地满足电力需求，同时最小化成本和环境影响。

（3）可再生能源集成规划。在可再生能源领域，非线性产量规划模型可以用于优化可再生能源的集成利用方案，包括风电、太阳能、水能等多种能源的协调运行。

（4）能源系统规划。在能源系统规划中，非线性产量规划模型可以用于优化能源系统的结构和配置，以实现能源供需平衡、经济效益和环境友好性的统一。

3. 非线性产量规划模型的优缺点

1）优点

（1）能够处理系统的非线性特征，提供更准确的优化结果。

（2）可以描述更复杂的生产系统和资源配置方案。

（3）适用于各种复杂的能源系统优化和规划问题。

2）缺点

（1）模型求解通常更加困难且耗时，需要选择合适的数值优化方法。

（2）模型的建立和参数设定需要更多的专业知识和经验。

（3）存在局部最优解的问题，需要谨慎选择初始解和优化算法。

4. 应用案例

[案例一] 油田开发项目优化。

在油田开发中，合理的生产策略和资源配置是确保产量最大化且成本最小化的关键。非线性产量规划模型可以用于优化油田开发项目的生产决策，包括确定最佳的开采方案、井网设计、注水方案等。

一家石油公司在进行新油田开发时，面临着如何最大化产量、降低成本的挑战。他们利用非线性产量规划模型来优化生产策略。

（1）数据收集与准备。收集油田地质信息、井口数据、注水井布置方案等数据，并进行整理和准备。

（2）模型建立。建立非线性产量规划模型，考虑各种约束条件和目标函数，如最大化油田产量、最小化生产成本等。

（3）参数优化。通过模型参数优化，确定最佳的油田开发方案和生产策略。

（4）方案评估。评估优化方案的经济效益、可行性和风险，并进行必要的调整与改进。

通过非线性产量规划模型的优化，该石油公司成功实现了油田开发项目的最大化产量和最小化成本，提高了资源利用效率，提升了项目的经济效益和竞争力。

［案例二］ 油气管道网络优化。

油气管道是油气运输的重要方式，其网络结构和运行方式对整个油气行业的效率与成本具有重要影响。非线性产量规划模型可以用于优化油气管道网络的设计和运行，以最大化输送效率并降低运输成本。

一家能源公司拥有一套油气管道网络，需要优化其设计和运行以提高运输效率并降低成本。他们利用非线性产量规划模型对管道网络进行优化。

（1）网络建模。对油气管道网络进行建模，包括管道布置、管道长度、输送能力、起点和终点等。

（2）模型参数化。确定模型中的参数，包括管道输送能力、起点和终点的需求量、运输成本等。

（3）目标设定。设定优化目标，如最小化总运输成本、最大化输送效率等。

（4）模型求解。利用非线性产量规划模型对管道网络进行优化，得到最优的设计方案和运行策略。

（5）结果分析。分析优化结果，评估各种方案的经济性、可行性和风险。

通过非线性产量规划模型的优化，该能源公司成功提高了油气管道网络的运输效率，降低了运输成本，提升了公司的市场竞争力和盈利能力。同时，优化后的管道网络也更加稳定且可靠，为公司的可持续发展奠定了坚实的基础。

［案例三］ 油气勘探开发区块规划。

在油气勘探开发中，如何合理规划区块的勘探开发顺序和生产策略，对于资源的高效利用和项目的经济效益至关重要。非线性产量规划模型可以用于优化区块的勘探开发计划，实现最佳的资源配置和生产调度。

一家油气勘探开发公司拥有多个勘探开发区块，需要确定最佳的勘探开发计划以实现资源的最大化价值。他们利用非线性产量规划模型对区块进行规划优化。

（1）区块建模：对不同的勘探开发区块进行建模，包括地质特征、资源储量、开发难度等。

（2）目标设定：设定优化目标，如最大化总产量、最小化总成本、最大化利润等。

(3)约束条件设定：考虑各种约束条件，如技术限制、投资预算、市场需求等。

(4)模型求解：利用非线性产量规划模型对区块进行优化，确定最佳的勘探开发计划和生产调度方案。

(5)结果评估：评估结果的经济性、可行性和风险，并进行必要的调整和改进。

通过非线性产量规划模型的优化，该公司成功确定了最佳的勘探开发计划，实现了资源的最大化价值和项目的经济效益。同时，优化后的开发计划也提高了公司的竞争力和市场地位，为其在油气勘探开发领域的持续发展奠定了良好的基础。通过合理规划和优化，公司能够更有效地利用资源，降低开发成本，提高产量和利润，实现可持续发展目标。

以上三个案例展示了非线性产量规划模型在油气行业中的广泛应用。通过这些案例，可以看出非线性产量规划模型在优化资源配置、提高生产效率、降低成本、增强市场竞争力等方面发挥着重要作用。随着油气行业的不断发展和技术的不断创新，非线性产量规划模型将继续发挥重要作用，为油气公司的可持续发展提供有力支持。因此，对于油气公司而言，掌握和运用非线性产量规划模型是至关重要的，可以帮助他们更好地应对市场变化、提高生产效率、降低成本、实现可持续发展。

第三节　油气产量规划的优化方法

一、线性规划方法

1. 线性规划方法简介

线性规划是一种优化问题求解方法，其目标是在给定的约束条件下，最大化或最小化一个线性目标函数。在油气产量规划中，线性规划方法被广泛应用于优化资源配置、生产计划和运输调度等方面[50]。

2. 线性规划模型的构建

在油气产量规划中，线性规划模型通常包括以下要素：

(1)决策变量。决策变量表示需要决策的量，包括生产量、运输量、库存量等。这些变量的取值会影响目标函数的值。

(2)目标函数。目标函数是线性规划的优化目标，指生产成本、运输成本或利润等。在油气产量规划中，目标函数通常是最小化生产和运输成本，或最大化利润。

(3)约束条件：约束条件是限制决策变量的取值范围，包括资源限制、市场需求、运输能力等。这些约束条件必须满足，才能保证问题的可行性。

3. 线性规划方法应用案例

[案例一] 生产计划优化。

在油气生产过程中,线性规划方法可以帮助优化生产计划,确保在满足市场需求的情况下,最大限度地利用资源。例如,一家石油公司需要确定每个油田的生产量,以满足市场需求并最大化利润。通过构建线性规划模型,考虑到油田的产能、成本、市场需求等因素,可以确定最优的生产计划,从而提高生产效率和利润水平。

[案例二] 运输调度优化。

油气运输是油气产量规划中的重要环节,线性规划方法可以用于优化运输调度,降低运输成本。例如,一家天然气公司需要确定输气管道的运输方案,以满足不同地区的天然气需求。通过构建线性规划模型,考虑管道的运输能力、天然气需求量、运输成本等因素,可以确定最优的运输调度方案,从而降低运输成本,提高效率。

[案例三] 资源配置优化。

油气资源的开发和利用对油气公司的发展至关重要,线性规划方法用于优化资源配置,提高资源利用效率[51]。例如,一家石油公司需要确定不同油田的开发计划,以最大化整体产量和利润。通过构建线性规划模型,考虑到各油田的储量、开发成本、产能等因素,可以确定最优资源配置方案,从而提高资源利用效率,实现可持续发展。

4. 油气产量规划的应用案例

线性规划方法在油气产量规划中是一种常用的优化手段,可以帮助企业合理分配资源、优化生产计划、降低成本并提高效率。下面以一个实际案例为例,详细介绍线性规划方法在油气产量规划中的应用步骤。

假设一家石油公司拥有多个油田项目,每个项目具有不同的地质特征、生产条件和成本情况。该公司希望通过线性规划方法优化油田生产计划,以最大化总产量并最小化总成本[52]。

1)步骤

步骤一:问题建模。

首先,需要将油气产量规划问题抽象为一个线性规划模型。定义决策变量、目标函数和约束条件,以描述问题的各个方面。

(1)决策变量:每个油田项目的生产量。

(2)目标函数:最大化总产量或最小化总成本。

(3)约束条件:

①生产能力约束,各个油田项目的生产量不超过其生产能力。

② 成本约束，总生产成本不超过预算限制。

③ 市场需求约束，总产量满足市场需求。

④ 其他约束，如人力资源、设备限制等。

步骤二：模型求解。

利用线性规划求解器或数学优化软件，求解建立的线性规划模型，以得到最优的决策方案。

步骤三：方案评估。

评估求解得到的最优决策方案，检查是否满足生产需求、成本限制和其他约束条件，并分析方案的可行性和稳定性。

步骤四：优化调整。

根据评估结果，对模型参数进行调整和优化，重新求解线性规划模型，直至得到满意的最优方案。

2）应用

下面以一个简化的油田生产优化案例为例，具体说明线性规划方法的应用过程。

一家石油公司拥有两个油田项目，分别是 A 油田和 B 油田。A 油田的生产能力为每月 1000 桶，生产成本为每桶 100 元；B 油田的生产能力为每月 800 桶，生产成本为每桶 120 元。市场每月需求量为 1500 桶。该公司的生产预算为每月 20000 元。

求解过程如下：

（1）问题建模。

决策变量：A 油田的生产量记为 x_1，B 油田的生产量记为 x_2。

目标函数：最小化总生产成本，即 $100x_1+120x_2$。

约束条件：

① 生产能力约束，$x_1 \leqslant 1000$，$x_2 \leqslant 800$。

② 成本约束，$100x_1+120x_2 \leqslant 20000$。

③ 市场需求约束，$x_1+x_2 \geqslant 1500$。

（2）模型求解：使用线性规划求解器或数学优化软件，求解上述线性规划模型。

（3）方案评估：求解得到的最优方案是否满足市场需求、生产能力和成本限制。

（4）优化调整：如果方案不满足需求或限制条件，可以调整生产计划和成本预算，并重新求解线性规划模型，直至得到满意的最优方案。

线性规划方法在油气产量规划中具有重要的应用价值，通过合理建模、求解优化问题，可以帮助企业优化生产计划、降低成本并提高效率。因此，掌握线性规划方法对于油气行业的生产管理和资源配置具有重要意义。

3）线性规划方法的优缺点

（1）优点：

① 计算简单：线性规划模型的求解方法相对简单，通常可以通过线性规划软件进行求解。

② 适用范围广：线性规划方法适用于各种规模的问题，包括小型问题和大型问题。

③ 解释性强：线性规划模型的结果具有很强的解释性，可以清晰地展示决策变量的影响。

（2）缺点：

① 局限性：线性规划方法只能处理线性关系，对于复杂的非线性问题效果有限。

② 对数据要求高：线性规划方法对输入数据的准确性和完整性要求较高，否则导致模型求解结果不准确[53]。

线性规划方法在油气产量规划中具有重要的应用价值，可以帮助油气公司优化资源配置、生产计划和运输调度，提高生产效率和利润水平。尽管线性规划方法存在一定的局限性，但在许多实际问题中仍然是一种有效的优化方法。因此，油气公司可以借助线性规划方法来优化决策，实现可持续发展和长期竞争优势。

二、整数规划方法

在油气产量规划的优化方法中，整数规划方法是一种有效的工具，能够帮助油气公司在复杂的决策环境下做出最佳的决策。以下介绍整数规划方法的基本原理、应用领域以及优化过程，并通过实际案例来展示其在油气产量规划中的应用。

1. 整数规划方法的基本原理

整数规划是线性规划的一种扩展形式，其基本原理是在线性规划的基础上，对决策变量的取值进行整数限制。具体而言，整数规划要求决策变量只能取整数值，这意味着优化问题的解必须是整数解。

整数规划问题可以表示为以下形式的数学模型：

$$\max f(\boldsymbol{x})$$
$$g_i(\boldsymbol{x}) \leqslant b_i, \ i=1, 2, 3, \cdots, m$$
$$x_j \in Z, \ j=1, 2, 3, \cdots, n$$

式中　$f(\boldsymbol{x})$——目标函数；

$g_i(\boldsymbol{x})$——约束条件；

b_i——约束条件的阈值；

x_j——决策变量；

n——决策变量的数量；

m——约束条件的数量。

2. 整数规划方法的应用领域

（1）油田开发规划。在油田开发规划中，整数规划方法可用于优化井口布置、生产设备调度等问题，以最大化产量并降低开发成本。

（2）资源配置优化。油气公司需要合理配置资源，如人力、物资、资金等，以支持油气生产和运营活动。整数规划方法可用于优化资源配置方案，以最大化利润或满足其他业务目标。

（3）输油管道网络设计。在设计输油管道网络时，需要考虑管道的布置、站点的选择、输送方案等问题。整数规划方法可用于优化管道网络设计，以最小化建设成本和最大化输送效率[54]。

3. 整数规划方法的优化过程

整数规划方法的优化过程包括以下几个关键步骤：

（1）模型建立。首先，需要将优化问题转化为整数规划模型。这包括确定决策变量、目标函数和约束条件，并将它们表示为数学表达式。

（2）求解方法选择。根据问题的性质和规模，选择合适的整数规划求解方法。常用的求解方法包括分支定界法、割平面法、启发式算法等。

（3）模型求解。利用所选的求解方法，对整数规划模型进行求解，得到最优解或近似最优解。

（4）结果分析。分析求解结果，评估解的质量，并根据需要进行调整和优化。

4. 整数规划方法应用案例

当涉及油气行业的应用案例时，整数规划方法可以在多个方面发挥作用，包括资源优化、生产调度、管道网络设计等。

[案例一] 油田开发规划。

某油气公司在一个新发现的油田进行资源开发。他们需要确定油井位置、开采方式和生产设备的布置，以最大化产量并最小化开发成本。

利用整数规划方法，可以将油田开发规划问题建模为一个优化问题。决策变量包括油井位置和开采方式，约束条件包括地质条件、生产设备容量等。通过整数规划求解，可以找到最佳的油井布置方案，以实现最优的资源开发。

通过整数规划方法，油气公司得出了最佳的油田开发规划方案，成功实现了预期的产量目标，并降低了开发成本，提高了经济效益。

[案例二] 输油管道网络设计。

某国家需要建设一条输油管道网络，将多个油田与炼油厂连接起来，以满足国内能源需求。他们需要确定管道的布置、站点的位置和输送方案，以最小化建设成本并最大化输送效率。

利用整数规划方法，可以将输油管道网络设计问题建模为一个优化问题。决策变量包括管道的布置、站点的选择和输送方案，约束条件包括地形、环境保护等。通过整数规划求解，可以找到最优的管道网络设计方案，以实现最佳的建设效益。

通过整数规划方法，该国家成功设计了一条输油管道网络，实现了油田到炼油厂的高效输送，同时降低了建设成本，提高了能源供应的稳定性。

[案例三] 生产设备调度优化。

某油气生产现场拥有多台生产设备，需要合理调度这些设备，以最大化产量并确保设备运行的稳定性。他们需要确定每台设备的运行时间和维护计划，以实现最佳的生产效率。

利用整数规划方法，可以将生产设备调度优化问题建模为一个优化问题。决策变量包括设备的运行时间和维护计划，约束条件包括设备容量、维护周期等。通过整数规划求解，可以找到最佳的设备调度方案，以实现最优的生产效率。

通过整数规划方法，该油气生产现场成功优化了生产设备的调度方案，提高了生产效率和设备利用率，同时降低了生产成本，提高了经济效益。

[案例四] 生产计划。

某油公司在多个油田项目中进行石油开采，面临着如何合理配置资源以最大化产量和利润的问题。公司需要制定一个生产计划，决定在每个油田项目中投入多少资源（如人力、设备、资金等），以实现总产量的最大化。

步骤一：问题建模。

首先，需要将问题抽象为一个线性规划模型。假设该油气公司有 n 个油田项目，每个项目有一定的产能和开采成本。用以下变量来描述问题：

（1）$x_1, x_2, \cdots, x_n$ 表示在每个油田项目中投入的资源量，即决策变量。

（2）$c_1, c_2, \cdots, c_n$ 表示每个油田项目的开采成本。

（3）$p_1, p_2, \cdots, p_n$ 表示每个油田项目的单位产量利润。

（4）A 表示每个油田项目的产能限制。

（5）B 表示公司的总资源限制。

接下来可以建立线性规划模型，如下：

$$\max Z = \sum_{i=1}^{n}(p_i - c_i) \cdot x_i$$

$$\sum_{i=1}^{n} x_i \leqslant B$$

$$0 \leqslant x_i \leqslant A_i, \ i=1, \ 2, \ 3, \ \cdots, \ n$$

步骤二：求解线性规划模型。

接下来，使用线性规划算法求解上述模型。常见的线性规划求解算法包括单纯形法、内点法等。通过这些算法，可以得到每个油田项目的最优资源投入量，以及总产量和总利润的最大化值。

步骤三：结果分析。

得到最优解后，需要对结果进行分析和解释。通过观察每个油田项目的资源利用情况，找出资源投入较少但产量效益较高的项目，以及资源投入过多但产量效益较低的项目。同时，还可以分析总产量和总利润的变化情况，评估公司生产计划的合理性和效果。

通过线性规划方法，可以有效地优化油气产量规划，实现生产效率和经济效益的最大化。该方法不仅能够帮助油气公司合理配置资源，提高产量和利润，还能够为公司的决策提供科学依据和参考建议。因此，线性规划方法在油气产量规划中具有重要的应用价值和实践意义。

以上这些案例说明了整数规划方法在油气行业中的应用，以及其对生产效率、经济效益和资源利用的重要作用。通过合理利用整数规划方法，油气公司可以优化决策，提高生产效率，实现可持续发展。

三、非线性规划方法

油气产量规划是石油和天然气行业中的重要决策过程，旨在最大化产量、优化资源利用、降低成本、提高效率和可持续发展。非线性规划方法作为一种重要的优化工具，在油气产量规划中具有广泛的应用。以下介绍非线性规划方法在油气产量规划中的原理、应用和案例，以及其对行业发展的重要意义。

1. 非线性规划方法的原理

非线性规划是一种用于解决目标函数或约束条件存在非线性关系的优化问题的数学方法。在油气产量规划中，生产过程、资源配置和供应链管理等问题往往涉及非线性关系，因此非线性规划方法可以帮助优化这些复杂的决策问题。

2. 油气产量规划中的非线性优化问题

油气产量规划涉及诸多变量和约束条件，例如井口生产能力、地质储量、市场需求、成本和价格等因素，这些因素之间往往存在复杂的非线性关系。因此，油气产量规划往往可以被建模为一个非线性优化问题，即在满足各种约束条件的前提下，寻找最优的产量分配方案，以实现最大化利润或最小化成本。

3. 非线性规划方法的应用

（1）生产过程优化。在油气生产过程中，采油井的生产率往往受到地质条件、井底流体性质、人工干预等多种因素的影响，这些因素之间存在复杂的非线性关系。利用非线性规划方法，可以优化生产过程，调整生产参数，提高产量和效率。

（2）资源配置优化。在油气开发项目中，资源的合理配置对于提高产量和降低成本至关重要。利用非线性规划方法，可以优化资源的分配方案，使得各项资源的利用效率达到最大化。

（3）供应链管理优化。油气产业的供应链涉及原油采购、生产、运输和销售等环节，这些环节之间存在复杂的非线性关系。通过非线性规划方法，可以优化供应链的管理方案，实现原油生产和产品销售的最大化利润。

4. 非线性规划方法应用案例

[**案例一**] 生产过程优化。

一家国际石油公司拥有多个油田项目，其中某个项目的采油井产量不稳定，导致整体生产效率低下。

该油田项目存在多个采油井，每口井的产量受到地质条件、井底流体性质和采油参数等多种因素的影响，这些因素之间存在复杂的非线性关系。因此，需要通过优化采油井的生产参数，来提高整体生产效率。

利用非线性规划方法，建立生产过程的优化模型。模型考虑了各个井口的地质特征、产能、注水量、油藏压力等因素，并以最大化总产量和最小化总成本为目标函数，约束条件包括井口生产限制、设备能力限制和生产成本限制等。通过求解优化模型，得到了各口井的最优生产参数，从而实现了整体生产效率的提高。

经过优化后，该油田项目的总产量提高了 10%，生产成本降低了 5%，整体生产效率得到了显著改善。

[**案例二**] 资源配置优化。

一家天然气公司拥有多个生产项目，面临资源配置不合理导致的产量低下问题。

该公司的天然气生产项目涉及多个天然气井，每个井口的地质条件、产能和运行成本不同，因此需要合理配置资源，以最大化总产量和利润。

利用非线性规划方法，建立资源配置的优化模型。模型考虑了各个井口的地质特征、产能、成本和市场需求等因素，并以最大化总产量和总利润为目标函数，约束条件包括井口生产限制、设备能力限制和市场需求限制等。通过求解优化模型，得到了各口井的最优生产方案和资源配置方案，从而实现了总产量和利润的最大化。

经过优化后，该公司的总产量提高了15%，总利润增加了20%，资源利用效率得到了明显提升。

[案例三] 供应链管理优化。

一家石油化工公司面临原油采购和产品销售的供应链管理问题，存在资源浪费和成本过高的情况。

该公司的供应链涉及原油采购、生产加工和产品销售等环节，存在多个生产线和销售渠道，因此需要优化供应链管理，以降低成本和提高效率。

利用非线性规划方法，建立供应链管理的优化模型。模型考虑了原油采购、生产加工和产品销售等环节的产能、成本和市场需求等因素，并以最大化总利润和客户满意度为目标函数，约束条件包括生产能力限制、销售需求限制和供应链平衡限制等。通过求解优化模型，得到了原油采购计划、生产计划和销售策略等最优方案，从而实现了成本的降低和客户满意度的提高。

经过优化后，该公司的生产成本降低了10%，客户满意度提高了15%，供应链管理效率得到了显著提升。

[案例四] 综合优化开采。

油气产量规划的非线性规划方法是在处理复杂的生产系统和资源优化问题时常用的一种技术。与线性规划不同，非线性规划能够处理更为复杂的生产过程和约束条件，因此在油气产量规划中具有重要的应用价值。

某油公司在多个油田项目中进行石油开采，面临着如何合理配置资源以最大化产量和利润的问题。与线性规划不同，非线性规划方法可以更好地处理复杂的生产过程和资源约束，因此更适用于这种情况。

步骤一：问题建模。

首先，需要将问题抽象为一个非线性规划模型。假设该油气公司有 n 个油田项目，每个项目有一定的产能和开采成本，而开采成本和产量之间存在非线性关系。

用以下变量来描述问题：

（1）x_1, x_2, $\cdots$, x_n 表示在每个油田项目中投入的资源量，即决策变量。

（2）c_1, c_2, $\cdots$, c_n 表示每个油田项目的开采成本。

（3）$p_1, p_2, \cdots, p_n$ 表示每个油田项目的单位产量利润。
（4）A 表示每个油田项目的产能限制。
（5）B 表示公司的总资源限制。

接下来可以建立非线性规划模型，如下：

$$\max Z = \sum_{i=1}^{n} (p_i - c_i) \cdot f(x_i)$$

$$\sum_{i=1}^{n} x_i \leqslant B$$

$$0 \leqslant x_i \leqslant A_i, \ i=1, 2, 3, \cdots, n$$

式中　$f(x_i)$ ——油田项目的开采效率函数，通常是一个非线性函数，与投入资源量 x_i 之间存在复杂的关系。

步骤二：求解非线性规划模型。

接下来，使用非线性规划求解算法求解上述模型。常见的非线性规划求解算法包括梯度下降法、牛顿法、拟牛顿法等。通过这些算法，可以得到每个油田项目的最优资源投入量，以及总产量和总利润的最大化值。

步骤三：结果分析。

得到最优解后，需要对结果进行分析和解释。通过观察每个油田项目的资源利用情况，找出资源投入较少但产量效益较高的项目，以及资源投入过多但产量效益较低的项目。同时，还可以分析总产量和总利润的变化情况，评估公司生产计划的合理性与效果。

通过非线性规划方法，可以更加精确地优化油气产量规划，实现生产效率和经济效益的最大化。该方法能够更好地处理复杂的生产过程和资源约束，为油气公司的决策提供科学依据和参考建议。因此，非线性规划方法在油气产量规划中具有重要的应用价值和实践意义。

通过以上四个应用案例的详细分析，可以看到非线性规划方法在油气行业的广泛应用，并在生产过程优化、资源配置优化和供应链管理优化等方面取得了显著效果，为油气企业的可持续发展和竞争优势提供了重要支持。

四、动态规划方法

动态规划方法在油气产量规划中的应用是一种重要且有效的优化手段。以下介绍动态规划方法在油气产量规划中的原理、应用场景以及优化方法，以及相关的案例分析和实践经验。

1. 动态规划方法简介

动态规划是一种在多阶段决策过程中寻找最优解的数学方法。它的核心思想是将原问题分解为若干子问题，并逐步求解这些子问题的最优解，然后通过组合这些子问题的最优解得到原问题的最优解。在油气产量规划中，动态规划方法可以用于优化生产计划、资源配置和供应链管理等方面。

2. 动态规划方法在油气产量规划中的应用场景

动态规划方法在油气产量规划中有广泛的应用场景，包括以下几个方面：

（1）生产优化。优化油气生产过程中的生产参数，以最大化产量或利润。

（2）资源调度。合理配置采油设备和人力资源，以满足不同油田项目的生产需求。

（3）设备维护。制定合理的设备维护计划，最大限度减少停机时间和生产损失。

（4）供应链管理。优化原油采购、生产加工和产品销售等环节的决策，以降低成本和提高效率。

3. 动态规划方法的优化过程

（1）问题建模：将原问题抽象为一个多阶段决策过程，并定义状态变量、决策变量和目标函数。

（2）状态转移方程：根据问题的特点和约束条件，建立状态之间的转移关系，即各个阶段之间的状态转移方程。

（3）递推求解：利用递推算法求解状态转移方程，逐步计算出各个阶段的最优解。

（4）最优路径回溯：根据求解得到的最优解，回溯计算出整个问题的最优路径和最优解。

4. 动态规划方法的应用案例

[案例一] 油田生产优化。

一家石油公司拥有多个油田项目，面临生产效率低下和生产成本高昂的问题。

利用动态规划方法，建立油田生产优化模型。模型考虑了各个油田项目的地质特征、生产参数和运营成本等因素，并以最大化总产量和最小化总成本为目标函数，约束条件包括生产设备限制、人力资源限制和市场需求限制等。通过求解优化模型，得到了各个油田项目的最优生产方案，实现了生产效率和经济效益的双重提升。

[案例二] 天然气管道网络优化。

一家天然气公司拥有多条管道网络，面临管道运输成本高和能源浪费严重的问题。

利用动态规划方法，建立天然气管道网络优化模型。模型考虑了管道网络的拓扑结构、管道运输能力和运输成本等因素,并以最小化总运输成本和最大化总运输效率为目标函数,约束条件包括管道输送能力限制、市场需求限制和管道运行安全限制等。通过求解优化模型,得到了管道网络的最优运输方案,实现了运输成本的降低和能源资源的有效利用。

[案例三] 炼油厂生产调度。

一家炼油厂面临生产调度不合理和原料库存积压的问题。

利用动态规划方法,建立炼油厂生产调度优化模型。模型考虑了炼油厂的生产设备、生产工艺和原料库存等因素,并以最小化总生产成本和最大化生产效率为目标函数,约束条件包括设备运行限制、生产工艺要求和原料供应限制等。通过求解优化模型,得到了炼油厂的最优生产调度方案,实现了生产成本的降低和生产效率的提升。

[案例四] 油田产量规划。

动态规划方法在油气产量规划中的应用可以帮助油气公司在面临不确定性和变化的环境下做出长期的决策。这种方法可以考虑多个时间阶段内的决策和效果,以最大化产量、利润或者其他目标。

某油气公司在一个地区有多个油田项目,每个项目有不同的开发成本、产量和资源储量。该公司需要制定长期的产量规划,以最大化总产量和总利润。由于油气行业受到市场变化、技术进步等因素的影响,决策过程中需要考虑未来的不确定性。

步骤一:问题建模。

首先,将问题建模为一个动态规划模型。假设有 T 个时间阶段,每个阶段可以进行不同的决策,包括资源投入、开采策略等。

用以下变量来描述问题:

(1) t 表示时间阶段,$t=1, 2, \cdots, T$。

(2) x_{it} 表示在第 t 个时间阶段投入到第 i 个油田项目的资源量。

(3) c_{it} 表示在第 t 个时间阶段开发第 i 个油田项目的成本。

(4) p_{it} 表示在第 t 个时间阶段开发第 i 个油田项目的单位产量利润。

(5) R_{it} 表示在第 t 个时间阶段第 i 个油田项目的剩余资源储量。

接下来建立动态规划模型,如下:

$$V_t(R_{it}) = \max\left[p_{it}x_{it} - c_{it} + V_{t+1}(R_{it} - x_{it})\right]$$

式中 $V_t(R_{it})$ ——在第 t 个时间阶段,剩余资源储量为 R_{it} 时的最大价值。

步骤二:求解动态规划模型。

接下来,使用动态规划算法求解上述模型。动态规划算法通常包括两个步骤——状态转移方程的推导和最优值的递推计算。首先,需要推导出状态转移方程,然后通过递推计算得到每个时间阶段的最优值。

步骤三：结果分析。

得到最优解后，需要对结果进行分析和解释。观察每个时间阶段的最优决策方案，找出每个油田项目的最佳开发策略。同时，还可以分析总产量和总利润随时间变化的趋势，评估公司长期生产计划的合理性和效果。

通过动态规划方法，油气公司可以在面临不确定性和变化的环境下制定长期的产量规划，以最大化总产量和总利润。这种方法能够考虑多个时间阶段内的决策和效果，为公司的决策提供科学依据和参考建议。因此，动态规划方法在油气产量规划中具有重要的应用价值和实践意义。

通过以上四个案例可以看出，动态规划方法作为一种强大的优化工具，在油气产量规划中发挥着重要作用。通过合理建模、递推求解和最优路径回溯等步骤，可以有效解决油气产量规划中的复杂问题，实现生产效率的提高和经济效益的增加。因此，动态规划方法具有广阔的应用前景和重要的实践意义。

第四节　油气产量规划的决策支持技术

一、人工智能在产量规划中的应用

人工智能（AI）在油气产量规划中的应用是利用计算机系统模拟人类智能过程，以解决产量规划中的复杂问题。

1. 应用原理

（1）数据驱动。人工智能利用大数据和数据挖掘技术分析历史数据，发现规律和趋势，从而预测未来的产量[55]。

（2）模式识别。通过机器学习算法，人工智能可以识别复杂的产量变化模式，包括季节性、周期性等，从而进行精确的预测和规划。

（3）智能优化。人工智能可以利用优化算法对产量规划进行调整和优化，以最大化生产效率和经济效益[56]。

2. 主要方法

（1）机器学习。利用监督学习、无监督学习和强化学习等方法，从历史数据中学习产量变化的模式和规律，从而进行未来产量的预测。

（2）神经网络。通过构建深度神经网络模型，实现对产量规划的自动优化和调整，提高规划的精确度和效率。

（3）遗传算法。模拟生物进化过程，通过选择、交叉和变异等操作，优化产量规划的参数和决策方案，寻找最优解。

3. 应用案例

（1）石油公司的资源开发项目。在石油公司的资源开发项目中，人工智能可以应用于产量规划，帮助公司预测不同油田的产量变化趋势，优化开发计划和生产策略。通过分析地质、地震等数据，结合机器学习算法，可以更准确地评估油田的潜力和开发难度，从而制定更科学的产量规划方案。

（2）国家能源政策制定。在国家能源政策制定中，人工智能可以用于预测能源需求和供给的变化，优化能源结构和布局。通过分析经济、社会和环境等数据，建立产量规划模型，政府可以制定更合理的能源政策，促进能源产业的可持续发展和国家经济的稳定增长。

（3）跨国能源合作项目。在跨国能源合作项目中，人工智能可以用于协调不同国家和地区的能源产量规划，实现资源优化配置和互利共赢。通过建立跨国产量规划模型，利用数据共享和智能优化技术，合作伙伴可以协同决策，提高能源利用效率，降低生产成本，实现合作共赢。

4. 挑战与展望

人工智能在油气产量规划中的应用具有诸多优势，但也面临着一些挑战：

（1）数据质量。产量规划模型的准确性和可靠性依赖于数据的质量和完整性，因此需要加强数据采集和清洗工作。

（2）算法优化。人工智能算法的选择和优化对产量规划的结果影响很大，需要不断研究和改进算法，提高模型的性能和稳定性。

（3）安全保障。产量规划涉及企业的核心利益，需要加强数据安全和隐私保护，防止信息泄露和恶意攻击。

二、数据挖掘技术在产量规划中的应用

在油气产量规划中，数据挖掘技术的应用越来越受到重视。数据挖掘技术能够从大量数据中发现潜在的模式、关系和趋势，为决策者提供准确、及时的信息支持，帮助他们制定更合理、更有效的产量规划方案。

1. 应用原理

（1）模式识别。数据挖掘技术可以通过分析历史数据，识别出其中的潜在模式和规

律，从而预测未来的产量变化趋势[57]。

（2）关联分析。数据挖掘技术能够发现不同变量之间的相关性，帮助决策者理解各种因素对产量的影响程度，并据此调整规划方案。

（3）分类与预测。数据挖掘技术可以构建预测模型，根据已有数据对未来产量进行预测，并提供不同情景下的产量规划方案。

2. 主要方法

（1）聚类分析。将数据分为不同的类别，识别出具有相似特征的产量数据，帮助决策者理解不同产量情况下存在的模式和规律。

（2）回归分析。建立产量与各种因素之间的数学关系模型，预测未来产量的变化趋势，为规划决策提供依据[58]。

（3）决策树分析。构建决策树模型，根据不同的决策路径，预测产量的可能值，帮助决策者选择最优的规划方案。

（4）神经网络。建立多层次的神经网络模型，模拟人脑的学习和推理过程，预测产量的变化趋势和规律。

3. 实际案例

（1）石油公司的资源开发项目。一家石油公司在进行油田开发时，利用数据挖掘技术分析历史产量数据、地质勘探数据、地震数据等多源数据，构建产量预测模型。通过对比不同模型的预测结果，并结合实际情况进行调整，最终确定了一套科学的产量规划方案，有效提高了油田的产量和开发效率。

（2）国家能源政策制定。一个国家在制定能源政策时，利用数据挖掘技术分析历史能源消费数据、经济发展数据、环境污染数据等多维度数据，预测未来能源需求和供给的变化趋势。基于数据挖掘的分析结果，政府可以制定更加科学合理的能源政策，促进国家能源产业的可持续发展。

（3）跨国能源合作项目。在跨国能源合作项目中，各国合作伙伴利用数据挖掘技术分析各自国家的能源生产、消费、进出口等数据，建立产量规划模型，并进行跨国协同规划。通过数据挖掘技术的支持，合作伙伴们可以更好地协调产量规划，实现资源优化配置，提高能源利用效率，实现合作共赢[59]。

4. 挑战与展望

数据挖掘技术在油气产量规划中面临的挑战包括：

（1）数据质量。数据挖掘的结果依赖于数据的质量和完整性，因此需要加强数据采集和清洗工作，提高数据的可靠性和准确性。

（2）模型选择。不同的数据挖掘模型适用于不同的场景，如何选择合适的模型并进行参数调优是一个关键问题。

（3）技术集成。数据挖掘技术需要与其他技术（如人工智能、大数据等）进行集成，形成完整的决策支持系统，提高决策的科学性和准确性。

三、模拟优化技术在产量规划中的应用

模拟优化技术是一种基于模拟和优化方法相结合的高级计算技术，通过模拟系统行为和优化参数配置，寻找系统的最优解或者接近最优解的方案。在油气产量规划中，模拟优化技术能够帮助决策者更好地理解油气生产系统的复杂性，优化产量规划方案，提高生产效率，降低成本，增强企业竞争力。

1. 应用原理

（1）模拟仿真。通过建立油气生产系统的仿真模型，模拟系统的运行过程，包括油气开采、运输、加工等环节，获取系统的状态和性能参数。

（2）优化算法。采用优化算法对仿真模型进行优化，寻找系统的最优解或者接近最优解的方案，包括遗传算法、粒子群算法、模拟退火算法等[60]。

2. 主要方法

（1）遗传算法。模拟自然界中的进化过程，通过交叉、变异等操作产生新的个体，不断优化产量规划方案，直至找到最优解。

（2）粒子群算法。模拟鸟群觅食的行为，每个粒子代表一个可能的产量规划方案，根据适应度函数不断调整粒子的位置，寻找最优解。

（3）模拟退火算法。模拟金属退火的过程，通过接受概率来接受较差解，避免陷入局部最优解，寻找全局最优解。

3. 应用案例

（1）油田产量优化。某油田公司利用模拟优化技术对油田生产系统进行优化。通过建立油田生产系统的仿真模型，包括油井、管道、加工厂等各个环节，模拟系统的运行过程。然后，采用遗传算法对仿真模型进行优化，调整油井的开采方案、管道的布置方案等，以最大化油田的产量并减少生产成本。通过模拟优化技术的应用，成功提高了油田的生产效率，降低了生产成本，增加了企业的利润。

（2）天然气管网优化。某天然气公司利用模拟优化技术对天然气管网进行优化。通过建立天然气管网的仿真模型，模拟天然气的运输和分配过程。然后，采用粒子群算法对管网的布局方案进行优化，调整管道的长度、直径、布置等参数，以最大化天然气的输送量

并减少能源损耗。通过模拟优化技术的应用，成功提高了天然气管网的运输效率，降低了运输成本，实现了资源的最优配置。

（3）油气勘探开发。某国际油气公司利用模拟优化技术对油气勘探开发进行优化。通过建立油气勘探开发的仿真模型，模拟了地质勘探、钻探、开采等过程。然后，采用模拟退火算法对勘探开发方案进行优化，调整勘探区域、钻探深度、开采技术等参数，以最大化油气资源的开发利用率。通过模拟优化技术的应用，成功提高了油气勘探开发的效率，降低了勘探开发成本，增加了油气产量和储量[61]。

4. 挑战

模拟优化技术在油气产量规划中的应用还面临一些挑战：

（1）模型复杂性。油气生产系统的复杂性导致仿真模型的建立和优化算法的设计变得复杂，需要提高模型的精度和效率。

（2）参数不确定性。油气生产系统存在许多不确定因素，如地质条件、市场需求等，需要考虑这些因素对产量规划的影响。

（3）计算资源限制。模拟优化技术需要大量的计算资源，包括计算机运算能力和存储空间，需要提高计算效率并节约资源消耗。

5. 展望

（1）模型精度提升。随着数据采集和处理技术的进步，油气生产系统的仿真模型将更加精细化和准确，能够更好反映实际生产环境，提高产量规划的精度和可靠性。

（2）算法优化。优化算法将更加专注于解决复杂系统的优化问题，如针对大规模、高维度的产量规划问题提供更有效的求解方法，提高算法的收敛速度和求解精度。

（3）数据驱动决策。借助大数据和人工智能技术，油气产量规划将更加注重数据的挖掘和分析，从海量数据中发现潜在的规律和关联性，为决策提供依据。

（4）智能化决策系统。未来油气产量规划将逐步向智能化决策系统演进，利用先进的人工智能技术和决策支持系统，实现全流程自动化，提高决策的效率和准确性。

（5）多学科融合。油气产量规划需要多学科的融合，包括地质学、工程学、经济学等多个领域的知识，未来将更加注重不同学科之间的交叉与融合，形成更具综合性和综合效益的决策方案。

（6）可持续发展。随着低碳能源转型的推进和环境保护意识的增强，未来油气产量规划将更加注重可持续发展的原则，寻求油气生产与环境保护、社会责任的平衡，实现经济、社会和环境的可持续发展。

综上所述，模拟优化技术在油气产量规划中具有重要的应用前景和发展潜力，将为油气行业的可持续发展提供有力支撑，助力企业实现更加智能化、高效化的生产运营管理。

第五节　低碳能源转型下的油气产量规划方法

一、低碳能源转型对油气产量规划的影响

低碳能源转型是全球能源领域的重要趋势，对油气产量规划产生了深远影响。以下从减排要求、能源结构调整、技术创新和市场需求等方面探讨低碳能源转型对油气产量规划的影响。

1. 减排要求的驱动

低碳能源转型的核心目标之一是减少温室气体排放，应对气候变化。因此，各国政府纷纷制定了减排目标和政策措施，加大了对油气产量的限制和管控。例如，欧盟提出2050年实现碳中和的目标，要求逐步淘汰传统燃煤发电和传统石油车辆，这对油气产量规划提出了更高的要求[62-63]。

2. 能源结构调整的影响

低碳能源转型推动了全球能源结构的调整，加速了清洁能源的发展和利用。随着可再生能源如风能、太阳能的发展，油气的地位受到挑战，传统的油气产量规划面临着调整和转型的压力。油气企业需要根据市场需求和政策导向，调整产量规划，增加清洁能源比重，降低对传统油气资源的依赖[64]。

3. 技术创新的推动

低碳能源转型催生了能源技术的创新和进步，推动了油气行业的转型升级。新技术的应用使油气产业更加智能化、高效化，如油气勘探开采技术的改进、碳捕集利用技术的应用等，这些技术的进步为油气产量规划带来了新的思路和方法，使产量规划更加灵活、精准[65-67]。

4. 市场需求的变化

低碳能源转型改变了能源市场的供需格局，新能源的兴起改变了市场需求结构。随着清洁能源需求的增加，油气市场需求逐渐减少，这对油气产量规划提出了更高的灵活性和适应性要求。油气企业需要根据市场需求变化及时调整产量规划，保持市场竞争力[68]。

5. 产业转型的挑战与机遇

低碳能源转型对油气产业带来了挑战，也孕育了发展机遇。油气企业面临着产业结构调整的压力，但同时也可以通过转型升级，拓展清洁能源产业链，提高产业附加值。因

此，油气产量规划需要综合考虑产业转型的挑战与机遇，积极调整产量结构，实现可持续发展。

6. 政策导向的引领

低碳能源转型是政府的战略方向，各国政府通过能源政策和法规引导能源产业转型升级。政策导向直接影响着油气产量规划的制定和实施，油气企业需要根据政策要求调整产量规划，遵循政府的政策导向，推动低碳能源转型。

综上所述，低碳能源转型对油气产量规划产生了深远影响，推动了油气产业的转型升级，提出了新的挑战和机遇。油气企业需要根据市场需求、政策导向和技术进步等因素，及时调整产量规划，实现可持续发展。

二、新技术手段在油气产量规划上的应用

随着低碳能源转型的深入推进和能源产业的不断发展，油气产量规划的方法和技术也在不断创新和完善。应用于油气产量规划的新技术主要包括机器学习、大数据分析、智能优化技术、模拟仿真技术等。

1. 机器学习

机器学习是人工智能的一个重要分支，通过对大量数据的学习和分析，能够发现数据之间的潜在关系，并做出预测和决策。在油气产量规划中，机器学习可以应用于资源储量评估、勘探开发方案优化、产量预测等方面。例如，利用机器学习算法对地质数据进行分析，可以更准确地评估油气储量，指导勘探开发决策；利用机器学习模型对历史产量数据进行分析，可以预测未来的油气产量，为产量规划提供参考依据。

2. 大数据分析

大数据分析是指对海量数据进行收集、存储、处理和分析的技术及方法，通过对数据的深度挖掘，可以发现数据之间的关联性和规律性。在油气产量规划中，大数据分析可以应用于生产过程监控、资源调配优化、市场需求预测等方面。例如，利用大数据分析技术对油气生产过程中的各项指标进行监测和分析，可以及时发现问题并做出调整，提高生产效率和资源利用率；利用大数据分析技术对市场需求与行业动态进行监测和预测，可以为油气产量规划提供更准确的数据支持。

3. 智能优化技术

智能优化技术是指利用智能算法和优化方法对复杂系统进行优化与调整的技术，能够有效提高系统的效率和性能。在油气产量规划中，智能优化技术可以应用于生产计划的优化、资源配置的调整、成本控制的优化等方面。例如，利用遗传算法、粒子群算法等智能

优化算法对生产计划进行优化，使得生产计划更加合理和有效；利用智能优化技术对资源配置进行调整，使得资源利用更加均衡且高效。

4. 模拟仿真技术

模拟仿真技术是指利用计算机模拟和仿真技术对系统进行建模与分析，通过对系统的模拟和测试，可以评估不同方案的效果及影响。在油气产量规划中，模拟仿真技术可以应用于生产过程模拟、风险评估、方案优化等方面。例如，利用模拟仿真技术对油气生产过程进行模拟，可以评估不同生产方案的效果和影响，为产量规划提供参考依据；利用模拟仿真技术对风险进行评估，可以识别和预防潜在的生产风险，保障生产安全和稳定。

随着人工智能、大数据、云计算等技术的不断发展和应用，油气产量规划的方法和技术将进一步完善。智能化的产量规划系统将具有更高的自动化程度和智能化水平，能够更好地适应复杂多变的市场环境和生产条件。同时，产量规划的精准度和效率也将得到进一步提升，为油气产业的可持续发展提供强有力的支撑。

三、低碳能源转型下的油气产量规划步骤

油气产量规划的目标是考虑油气产量的各项影响因素及影响机制，为适应能源转型的要求，制定油气产量规划方案，以促进油气产业的可持续发展。实现步骤体现在以下八个方面。

1. 数据收集与分析

收集国内外油气产量数据、地质勘探数据、技术发展数据、市场需求数据、政策法规文件和地缘政治动态等信息，并利用统计分析和数据挖掘技术，对数据进行清洗、整理和分析，了解各项因素对油气产量的影响。主要工作内容包括以下五个方面。

（1）数据收集：收集涉及油气产量的各项数据，包括历史油气产量数据、地质勘探数据、技术发展数据、市场需求数据、政策法规文件以及地缘政治动态等信息。这些数据可以通过多种渠道获取，如能源部门发布的统计年鉴、国际能源机构的报告、行业协会的研究报告、学术期刊论文、政府官方文件以及专业数据库等。

（2）数据清洗与整理：收集到的数据可能存在缺失、错误或不一致等问题，因此需要进行数据清洗和整理。这包括去除重复数据、填补缺失值、纠正错误数据等工作，以确保后续分析的准确性和可靠性。

（3）数据分析：在数据清洗和整理完成后，利用统计分析和数据挖掘技术对数据进行深入分析。这包括利用描述性统计方法对各项数据进行基本特征的描述，如均值、中位数、标准差等；同时，还可以利用相关性分析等方法探索各项数据之间的关系，如地质条件、技术进步、市场需求等因素与油气产量之间的相关性。

（4）因素影响分析：在数据分析的基础上，需要对各项因素对油气产量的影响进行深入分析。这包括地质条件、技术进步、市场需求、政策法规以及地缘政治等因素。通过对这些因素的分析，可以揭示它们对油气产量的作用机制和影响程度，为后续的产量规划提供依据。

（5）结果呈现与报告：最后，将数据分析的结果进行整理和归纳，撰写数据分析报告。报告应该清晰地展现各项数据的分析结果、因素影响分析的结论，以及对油气产量规划的启示和建议。这有助于为后续的地质条件与技术进步分析、市场需求分析、政策法规分析等步骤提供基础和指导。

2. 地质条件与技术进步分析

评价地质条件，包括地层结构、储层性质，分析地质条件对油气产量的影响；并研究技术进步对油气勘探、开发和生产的影响，包括水平钻井、压裂技术等，评估技术进步带来的增产效果。主要工作内容包括以下三个方面。

1）地质条件评价

（1）地层结构分析：对油气产量的影响较大，需要评估地层的类型、厚度、岩性、孔隙度等因素。不同地层结构对油气的富集和储存能力有着显著影响[69]。

（2）储层性质分析：包括孔隙度、渗透率、孔隙结构等，对油气的储存和采收率有重要影响。评估储层性质有助于确定有效开发策略和提高产量。

2）技术进步对油气勘探、开发和生产的影响

（1）钻井技术：分析钻井技术在不同地质条件下的应用效果，探讨其对油气产量的提升效果以及适用范围。

（2）储层技术：评估储层改造和增产效果，研究不同压裂参数对产量的影响，优化压裂方案以提高产量。

（3）其他新技术应用：研究其他新兴技术如地震勘探、水力压裂、CO_2注采等对油气产量的影响。这些技术的发展和应用可以提高资源勘探开发的效率与成功率，进而促进油气产量的增长。

3）评估技术进步带来的增产效果

（1）评估技术进步措施的实施效果，比较采用新技术和传统技术的产量差异。

（2）分析技术进步对油气产量的潜在影响，探讨技术创新对未来产量规划的影响和指导作用。

综上所述，地质条件与技术进步分析旨在全面评估地质条件对油气产量的影响，并研究技术进步对产量的提升效果，为制定适应能源转型要求的油气产量规划方案提供科学依据。

3. 市场需求分析

对市场需求进行深入调研和分析，包括能源需求结构、清洁能源需求趋势等，预测未来市场需求的变化趋势；并运用预测方法，如趋势分析、回归分析等，预测未来油气市场的供需情况。主要工作内容包括以下四个方面。

1）深入调研和分析市场需求

（1）能源需求结构：对各类能源的需求结构进行详细研究，包括煤炭、石油、天然气、清洁能源等。了解各种能源在国内外市场的消费比重和趋势。

（2）清洁能源需求趋势：研究清洁能源（如风能、太阳能、核能等）在国内外市场的需求趋势，考虑清洁能源替代传统能源的潜力和发展趋势。

2）预测未来市场需求的变化趋势

（1）市场趋势分析：运用趋势分析方法，对市场需求的发展趋势进行预测。考虑宏观经济环境、政策法规、技术进步等因素，推断未来市场需求的可能变化方向。

（2）回归分析：利用历史市场数据进行回归分析，探索市场需求与各种因素之间的关系，从而预测未来市场需求的变化。

3）分析供需情况

（1）供需平衡分析：对油气市场的供需平衡情况进行分析，了解当前市场的供需关系，发现可能存在的供需缺口或过剩。

（2）需求弹性分析：评估市场需求对价格、政策等因素的弹性反应，探究需求变动对产量规划的影响。

4）预测未来油气市场的供需情况

（1）基于市场需求趋势和供给能力的分析，预测未来油气市场的供需情况。

（2）结合市场需求预测结果，调整和优化油气产量规划方案，以满足未来市场需求变化的要求。

通过深入研究市场需求的结构和趋势，预测市场的供需情况，为产量规划提供重要依据和参考，使产量规划更加适应能源转型要求，促进油气产业的可持续发展。

4. 政策法规分析

分析国内外能源政策法规对油气产业的影响，包括产业准入政策、价格管理政策、环境保护政策等；评估政策法规对油气产量规划的约束和指导作用，为产量规划提供政策依据。主要工作内容包括以下三个方面。

1）国内外能源政策法规对油气产业的影响

（1）产业准入政策：分析政府对油气产业的准入条件、许可制度等政策，了解政府对新项目和新技术的支持程度,以及对行业发展的限制性政策。

(2)价格管理政策:研究政府对油气价格的管制政策,包括定价机制、价格调控手段等,评估价格政策对企业盈利能力和产量规划的影响。

(3)环境保护政策:分析政府对油气产业的环境保护要求和限制,包括排放标准、环境治理要求等政策,评估环保政策对油气产量规划的约束和影响[70]。

2)评估政策法规对油气产量规划的约束和指导作用

(1)通过分析政策法规,评估政府对油气产量规划的引导作用。政府的政策导向对产业的发展方向、项目的投资方向等都有重要影响,需要在产量规划中加以考虑。

(2)对政策法规的约束性分析,评估政府政策对油气产量规划的限制,包括资源开采、技术应用、市场准入等方面的限制。

3)为产量规划提供政策依据

将政策法规分析的结果与市场需求分析、地质条件与技术进步分析等结合,为制定油气产量规划提供政策依据和政策导向。政策法规对油气产业的影响是制定产量规划的重要考量因素之一。

通过对政策法规的分析,可以全面了解政府对油气产业的政策导向和管理要求,为制定符合政策要求的油气产量规划方案提供重要依据和指导。

5. 地缘政治风险评估

研究地缘政治因素对油气供应的影响,包括地区冲突、政治动荡等,评估地缘政治风险对供应的影响;利用风险评估模型,对地缘政治风险进行量化分析,提出相应的风险管理策略和应对措施。主要工作内容包括以下三个方面。

1)研究地缘政治因素对油气供应的影响

(1)收集国际地缘政治动态、地区冲突、政治动荡等相关信息,重点关注影响油气供应的地缘政治因素。

(2)分析地缘政治因素对油气供应的影响,如地缘政治紧张局势可能导致供应中断、供应通道被封锁等情况。

(3)评估各种地缘政治因素对油气供应的影响程度和风险,为后续风险评估提供基础数据和分析依据。

2)利用风险评估模型进行量化分析

(1)建立风险评估模型,将不同地缘政治因素的影响转化为量化指标,以便更好地评估地缘政治风险。

(2)使用适当的统计分析方法和风险评估工具,对地缘政治风险进行定量化分析,量化地缘政治因素对油气供应的潜在影响程度。

（3）结合历史数据、专家意见和模型分析结果，对地缘政治风险进行综合评估，确定其对油气供应的潜在威胁程度和可能的影响范围。

3）提出风险管理策略和应对措施

（1）根据地缘政治风险评估，制定相应的风险管理策略和应对措施，以降低地缘政治风险对油气供应的影响。

（2）采取多种应对措施，如多元化供应渠道、建立紧急应对机制、加强与政府和国际组织的合作等，以应对不同程度和类型的地缘政治风险。

（3）加强对地缘政治的监测和预警，及时调整产量规划和供应策略，以应对地缘政治风险的变化和突发事件。

通过地缘政治风险评估，全面了解地缘政治因素对油气供应的潜在影响，为制定有效的风险管理策略和应对措施提供科学依据，确保油气供应的稳定性和可持续性。

6. 综合分析与建立产量规划模型

综合考虑地质条件、技术进步、市场需求、政策法规和地缘政治，制定油气产量规划方案；并建立产量规划模型，考虑各种因素的权衡和协调，制定长期发展战略、年度产量计划以及弹性调整机制。主要工作内容包括以下四个方面。

1）综合考虑各因素权衡和协调

（1）在综合分析阶段，需要将前面的数据收集与分析、地质条件与技术进步分析、市场需求分析、政策法规分析和地缘政治风险评估等方面的研究结果进行综合。

（2）对各因素之间的相互关系进行权衡和协调，以达到优化的产量规划方案。例如，考虑到市场需求增长趋势，需要评估地质条件和技术进步对产量增长的支持程度，以制定符合市场需求的产量规划。

2）制定长期发展战略和年度产量计划

（1）根据综合分析的结果，制定长期发展战略，确定油气产量在未来数年乃至更长时间内的发展目标和方向。

（2）基于长期发展战略，制定年度产量计划，明确每年的产量目标和计划产能。

3）建立产量规划模型

（1）基于综合分析，建立产量规划模型，考虑各种因素的影响程度和相互作用，对产量进行合理预测和规划。

（2）产量规划模型是动态的，能够根据市场需求变化、技术进步、政策法规调整等因素进行灵活调整和优化。

4）弹性调整机制

（1）考虑到外部环境的不确定性和变化性，需要建立弹性调整机制，及时调整产量规划方案。

（2）弹性调整机制应该是灵活的，能够根据市场需求、政策法规变化等因素进行及时反应，保障产量规划的有效性和可持续性。

通过综合分析与产量规划，可以充分考虑各种因素的影响，制定符合市场需求、地质条件、技术进步、政策法规等要求的油气产量规划方案，为促进油气产业的可持续发展提供科学依据和指导。

7. 与绿能的整合

在油气产业的低碳转型过程中，将传统能源与绿色能源整合是一种重要的战略选择。这种整合不仅能够帮助企业满足政策要求，还能通过增加生产多样性实现能源转型和可持续发展目标。以下四个方面是与绿能整合的具体措施和可能方向。

1）投资可再生能源项目

油气企业可以投资于太阳能、风能等可再生能源项目。例如，利用油气田闲置区域建设光伏发电站或风力发电场，不仅可以降低土地使用成本，还能将传统能源设施与清洁能源设施结合，实现能源生产多样化。

2）联合开发混合能源系统

建立包含传统能源和可再生能源的混合能源系统（如太阳能与天然气联合发电），既能提高能源供应的稳定性，还能通过减少碳排放增强企业的环境合规性和社会形象。

3）推动绿能在油气生产中的应用

使用可再生能源为油气生产设备提供动力，如利用风能驱动采油设备，或通过太阳能为远程油气生产设施提供电力，降低运营碳足迹。

4）参与碳补偿项目

投资绿能项目作为碳抵消策略，如参与风能、太阳能等绿能基础设施建设，以抵消传统能源开发和使用中的碳排放。

通过整合绿能，油气企业不仅可以降低政策和市场转型带来的风险，还能为未来的可持续增长奠定基础。

8. 政策分析/战略制定

为了有效应对政策变化和市场需求的不确定性，油气产量规划需要建立在灵活性和可持续性的战略基础上。以下四个方面是制定政策分析和战略调整机制的关键内容。

1）政策影响评估

（1）碳减排要求：评估碳定价、碳税和碳交易政策对油气生产成本及收益的影响。

（2）能源结构调整目标：研究各地区政府对可再生能源比例的政策要求，分析对传统油气需求的影响。

2）建立弹性调整机制

（1）产量递减幅度：根据政策和市场变化，动态调整油气产量的递减速度，以优化资源利用效率。

（2）绿能比例：规划可再生能源在整体能源结构中的占比，确保满足政策目标。

（3）减碳措施：制定碳捕集与储存（CCS）、甲烷减排技术应用等计划。

3）综合战略制定

（1）长期规划与短期应对结合：制定涵盖市场波动、政策变化的短期应对策略，同时确保符合低碳转型的长期战略。

（2）国际市场对标分析：借鉴领先国家或地区在政策适应和能源转型中的成功经验，优化本地化策略。

4）监控与优化

建立政策监控机制，实时跟踪和分析政策法规的变化趋势。利用大数据技术模拟政策调整对产量规划的潜在影响，并通过优化决策系统调整企业策略。

通过全面的政策分析和灵活的战略制定，油气企业可以在复杂的政策和市场环境中保持竞争力，同时为实现绿色低碳转型贡献力量。

第三章 地质条件与油气产量规划

油气开发过程中，地质条件是决定油气产量和开发效率的关键因素之一。不同的地质环境、储层特性和流体性质直接影响着油气藏的开发潜力和产量预测。因此，准确评估地质条件并将其有效融入产量规划，是确保油气资源高效利用和可持续发展的基础。本章将重点探讨地质条件在油气产量规划中的重要性，分析不同地质因素如储层结构、孔隙度、渗透性以及流体类型对产量的影响。通过地质勘探技术、地质条件评价模型的应用，结合典型案例，揭示如何在复杂地质条件下制定科学的油气产量规划，以提升油气田开发的效益和稳定性。

第一节 地质条件对油气产量规划的影响概述

一、地质条件对油气勘探和开发的重要性

地质条件是影响油气勘探和开发的关键因素之一，它直接影响着油气资源的分布、储量、运移规律以及开发成本和效益。以下从地质条件对油气勘探和开发的重要性展开探讨，从地质构造、沉积环境、岩性特征、圈定勘探区域等方面进行详细阐述。

1. 地质构造

地质构造是指地球地壳中的各种构造形态和构造体系，包括地形、地貌、断裂、褶皱等。地质构造对油气勘探和开发具有重要影响[71-75]。

（1）地形地貌。地形地貌的起伏变化会直接影响到油气的运移和聚集情况，例如，盆地、隆起等地貌特征对油气资源的聚集形成具有重要影响。

（2）断裂和褶皱。断裂和褶皱是地球地壳中普遍存在的构造形态，它们的发育程度和分布规律会直接影响到地下油气的聚集和富集程度，是油气勘探的重要靶区。

2. 沉积环境

沉积环境是指岩石形成时所处的自然环境，包括海洋、湖泊、河流、沙漠等，对于油

气的生成和保存具有重要影响[76]。

（1）海相沉积环境。海相沉积环境通常是油气形成和保存的主要场所，例如，海洋生物残骸在适宜的沉积环境中经过长时间的压实作用，可形成油气主要的母质。

（2）湖相和陆相沉积环境。湖泊和陆相沉积环境也是油气的形成与保存地，例如，古河道、湖盆等地区可能形成优质的储层岩石，适宜油气的聚集和储存。

3. 岩性特征

岩性特征是指岩石的组成、结构、孔隙度、渗透性等物理性质，对于油气的储集和运移具有重要影响：

（1）岩石组成。不同的岩石组成会影响到储层岩石的孔隙结构和渗透性，从而影响油气的储集与产出效果。

（2）岩石结构。岩石的结构形态，如裂缝、孔洞等，会直接影响油气的运移通道和储集空间，对勘探开发具有重要意义[77]。

4. 圈定勘探区域

在油气勘探中，地质条件的认识和评价对于圈定勘探区域至关重要：

（1）地质勘探资料。通过地质调查、地震勘探、钻探等手段获取的地质勘探资料，是评价地质条件的主要依据[78]。

（2）地质模拟和预测。利用地质模拟技术，对勘探区域的地质条件进行模拟和预测，为勘探开发提供科学依据。

（3）地质评价标准。根据地质条件的评价结果，制定合理的地质评价标准，对潜在勘探区域进行等级划分和优先排序。

地质条件对油气勘探和开发具有重要影响，从地质构造、沉积环境、岩性特征、圈定勘探区域等方面，地质条件都会直接影响油气资源的分布和储量，对于制定合理的勘探开发策略和提高开发效率至关重要。因此，在油气勘探、开发过程中，必须充分重视地质条件的研究和评价，科学合理地进行资源勘探与开发规划，确保勘探开发工作的顺利进行并取得良好的经济效益。

二、不同地质条件对产量规划的影响因素

地质条件是影响油气产量规划的重要因素之一，不同地质条件下的油气资源分布、储量、开采难度等各方面存在差异，因此对产量规划会产生不同程度的影响。以下从地质构造、岩性特征、沉积环境等方面分析不同地质条件对产量规划的影响因素，并探讨如何针对不同地质条件制定相应的产量规划策略。

1. 地质构造对产量规划的影响

地质构造是指地球地壳中各种构造形态和构造体系，包括地形地貌、断裂、褶皱等。不同地质构造对油气产量规划有着不同的影响：

（1）地形地貌。不同地形地貌对油气的储集和开采具有显著影响。如盆地地形地貌通常具有较好的沉积条件和储集条件，便于油气资源的聚集和储存，因此产量规划应充分考虑盆地地形地貌特点。

（2）断裂和褶皱。断裂和褶皱是地球地壳中普遍存在的构造形态，它们对油气的运移和储集具有重要影响。在断裂和褶皱发育的地区，油气储层受到严重破坏，导致产量规划的复杂性增加。

2. 岩性特征对产量规划的影响

岩性特征是指岩石的组成、结构、孔隙度、渗透性等物理性质，对于油气的储集和开采具有重要影响：

（1）储集岩性。不同岩性的储集岩石对油气的储集和运移有着不同的影响。例如，砂岩、页岩、碳酸盐岩等储集岩石具有不同的孔隙结构和渗透性，需要针对不同岩性制定相应的产量规划策略。

（2）渗透性和孔隙度。岩石的渗透性和孔隙度是决定油气开采效果的重要因素。渗透性较好的岩石储层可以实现更高的油气产量，而渗透性较差的岩石储层则需要采用增产措施。

3. 沉积环境对产量规划的影响

沉积环境是岩石形成时所处的自然环境，包括海相、湖相、陆相等，对于油气的生成和保存具有重要影响：

（1）海相沉积环境。海相沉积环境通常是油气形成和保存的主要场所，例如，海洋生物残骸在适宜的沉积环境中经过长时间的压实作用，可形成油气主要的母质。

（2）湖相和陆相沉积环境。湖泊和陆相沉积环境也可能是油气的形成和保存地，例如，古河道、湖盆等地区形成优质的储层岩石，适宜油气的聚集和储存。

4. 其他地质条件对产量规划的影响

除了以上三个方面外，地质条件还包括地下水位、地下温度、地下压力等因素，这些因素也会直接或间接地影响油气产量规划的制定和实施。因此，在进行产量规划时，需要综合考虑各种地质条件因素，科学合理地确定产量目标和开采方案，以最大限度地实现油气资源的开发价值和经济效益。

5. 地质条件对产量规划的案例分析

[案例一] 盆地型油气田的产量规划。

盆地型油气田通常具有地质构造复杂、油气资源丰富的特点。以中国的塔里木盆地为例，该地区地质构造复杂，沉积环境多样，岩性特征复杂，对产量规划提出了挑战。在进行产量规划时，需要考虑以下三个方面的地质条件因素：

（1）地形地貌。塔里木盆地为典型的陆相盆地，地形地貌以盆地为主，地势相对平坦。这种地形地貌有利于油气的储集和运移，但也存在地质构造复杂、断块分布多样的情况，对产量规划提出了挑战。

（2）断裂和褶皱。塔里木盆地发育了许多断裂和褶皱，对油气储集和运移产生了重要影响。在产量规划中，需要充分考虑这些断裂和褶皱的分布规律，合理确定开采方案，以避免因断裂和褶皱而导致的油气损失。

（3）岩性特征。塔里木盆地的岩性特征复杂，主要包括砂岩、页岩、泥岩等岩性。其中，砂岩储层多孔、多裂，适宜油气的储集和运移，而页岩和泥岩则渗透性较差，储层复杂，对油气开采具有一定的难度。

综合考虑以上地质条件因素，塔里木盆地在进行产量规划时，需要采用多种技术手段，包括地震勘探、岩性分析、地质模拟等，以科学合理地确定油气的储量分布、开采方案和产量目标，最大限度地实现油气资源的开发利用。

[案例二] 海相油气田的产量规划。

海相油气田通常位于海底或近海区域，具有地质条件复杂、储量丰富的特点。以北海油田为例，该地区地质条件复杂，岩性特征多样，对产量规划提出了挑战。在进行产量规划时，需要考虑以下几个方面的地质条件因素：

（1）地形地貌。北海油田位于海底或近海区域，地形地貌多为海底平原或浅海盆地。这种地形地貌对油气的储集和运移具有重要影响，但也存在海底地形复杂、水深较深等问题，对油气的开采提出了挑战。

（2）海底地质结构。北海地区地质构造复杂，海底地质结构多变，包括断裂、褶皱、火山等地质现象。这些地质结构对油气的储集和运移产生重要影响，需要在产量规划中充分考虑。

（3）沉积环境。北海地区受海洋环境影响较大，沉积环境多样，包括海陆过渡相、陆相、深海相等。不同沉积环境下的岩石具有不同的储集特征，需要根据具体沉积环境制定相应的产量规划策略。

综合考虑以上地质条件因素，北海油田在进行产量规划时，需要采用先进的海洋地质勘探技术和岩性分析技术，结合地震勘探、钻井数据等多种信息，科学确定油气的储量分布、开采方案和产量目标，以实现油气资源的有效开发利用。

[案例三] 火山岩气田的产量规划。

火山岩气田是指火山喷发形成的岩浆在地下冷却结晶后形成的气藏，具有地质条件复杂、储量巨大的特点。以印度尼西亚苏门答腊岛的坦格朗气田为例，该气田地质条件复杂，火山岩分布广泛，对产量规划提出了挑战。在进行产量规划时，需要考虑以下三个方面的地质条件因素：

（1）火山岩分布。坦格朗气田地下岩石主要由火山岩组成，具有高温高压等特点，对于油气的运移和储集具有重要影响。在进行产量规划时，需要充分考虑火山岩的分布规律和岩石特性，科学确定气体的储量分布和开采方案。

（2）地质构造。坦格朗气田位于活跃的构造带附近，地质构造复杂，存在断裂、褶皱等地质现象。这些地质构造对于气体的储集和运移产生了重要影响，需要在产量规划中充分考虑地质构造对于气田开采的影响。

（3）气体成因。坦格朗气田中的气体主要为天然气，其成因复杂，包括有机质热解、生物成因气体等多种形成机制。在进行产量规划时，需要充分了解气体的成因特点，科学评估气田的气体资源量和品质，制定相应的开采方案。

综合考虑以上地质条件因素，坦格朗气田在进行产量规划时，需要采用先进的地质勘探技术和岩性分析技术，结合地震勘探、地质模拟等多种信息，科学确定气体的储量分布、开采方案和产量目标，以实现气田资源的有效开发利用。

在以上三个案例中，可以看到地质条件对油气产量规划的重要性。不同地质条件下的油气田具有不同的地质特征和储量分布，需要采用不同的技术手段和方法进行产量规划。通过充分考虑地质条件因素，科学确定产量规划方案，可以最大限度地实现油气资源的开发利用，促进油气行业的可持续发展。

第二节　地质学在油气产量规划中的应用

一、地质学基础知识及其在油气产量规划中的作用

地质学作为一门研究地球内部和地表现象的学科，对于油气产量规划具有重要作用。地质学的基础知识涵盖了地球的结构、岩石类型、地质构造、沉积环境、地层演化等方面，这些知识对于评估油气资源的分布、富集规律和开采潜力具有至关重要的意义。以下从地质学基础知识入手，探讨其在油气产量规划中的作用。

1. 地质学基础知识

（1）地球内部结构。地球内部结构分为地壳、地幔和地核三个部分，其中地壳分为大陆地壳和海洋地壳。地球内部的结构对于地质作用和岩石形成有着重要影响[79]。

（2）岩石类型。岩石主要分为火成岩、沉积岩和变质岩三类。火成岩是由地球内部熔融岩浆冷却凝固而成，沉积岩是由陆地和海洋中的沉积物堆积形成，变质岩是在高温高压条件下由原有岩石变质而成。

（3）地质构造。地质构造包括褶皱、断裂、地震等地质现象，是地球表面地形地貌形成的基础。地质构造对于油气的储集和运移具有重要影响[80]。

（4）沉积环境。沉积环境是指地层形成时所处的地球环境，包括陆相、滨海、海相等不同环境。不同的沉积环境对岩石的类型和性质有着重要影响。

（5）地层演化。地层演化是地质历史的反映，包括岩石的沉积、变质和构造运动等过程。地层演化对于油气的形成、富集和分布有着重要影响。

2. 地质学在油气产量规划中的作用

地质学作为研究地球内部和地表现象的学科，对于油气产量规划具有重要作用，主要体现在以下五个方面：

（1）资源评价。地质学通过对地球内部结构、岩石类型、地质构造、沉积环境和地层演化等方面的研究，可以评价油气资源的分布、富集规律和储量。通过地质学的资源评价，可以为产量规划提供可靠的数据支持。

（2）储层描述。地质学对于储层的描述和评价是产量规划的重要内容之一。通过对岩石的孔隙度、渗透率、孔隙结构、岩石类型等方面的描述，可以评估储层的储气能力和运移性，为产量规划提供依据。

（3）油气勘探。地质学是油气勘探的基础，通过对地质构造、岩性、构造圈闭等方面的研究，可以确定油气勘探的目标区域和勘探方向，为产量规划提供勘探依据[81]。

（4）地质模型建立。地质模型是产量规划的重要工具之一，通过对地质条件和油气分布的模拟，可以建立地质模型，为产量规划提供理论依据和预测参考。

（5）产量预测。地质学对于油气产量的预测具有重要作用，通过对地质条件和储层特征的分析，可以预测油气的产量潜力和开采效果，为产量规划提供科学依据[82]。

地质学作为研究地球内部和地表现象的学科，对于油气产量规划具有重要作用。通过对地球内部结构、岩石类型、地质构造、沉积环境和地层演化等方面的研究，可以评价油气资源的分布、富集规律和储量，为产量规划提供科学依据和技术支持。因此，在进行油气产量规划时，需要充分考虑地质学的基础知识和研究成果，科学制定产量规划方案，实现油气资源的有效开发利用。

二、地质勘探技术对油气产量规划的支持

地质勘探技术在油气产量规划中发挥着至关重要的作用，它通过获取地质信息、评估储量潜力、确定开发方案等方式，为油气产量规划提供了必要的数据和支持。以下从地震勘探、测井技术、地质地球物理方法等方面探讨地质勘探技术对产量规划的支持。

1. 地震勘探技术

地震勘探技术是油气勘探中最常用的方法之一，它通过记录地下岩石对地震波的反射、折射以及传播速度等信息，从而绘制出地下岩石结构的剖面图，帮助勘探人员确定可能的油气藏分布位置。

（1）地震剖面图。地震勘探通过绘制地震剖面图，显示出地下岩石的构造、厚度、倾角以及存在的断裂带、裂缝等地质特征，为储层分布提供了重要线索。

（2）目标识别。通过分析地震剖面图，勘探人员可以识别出可能的油气储集目标区域，确定钻探的优先顺序和位置。

（3）预测储量。地震勘探技术还可以估算储量的大致范围和规模，为油气产量的预测提供依据。

2. 测井技术

测井技术是通过在井内测量地层的物理性质，如电阻率、密度、自然伽马射线等，来获取地层信息的方法。它对产量规划的支持主要体现在以下几个方面：

（1）岩性识别。测井技术可以帮助识别地层的岩性特征，如砂岩、泥岩、页岩等，从而判断岩石的储油性能。

（2）储层评价。通过测井数据分析，可以评价储层的孔隙度、渗透率、饱和度等参数，为储层的开发提供技术支持。

（3）含油气性评估。测井数据还可以帮助评估地层的含油气性质，包括含油气饱和度、油气类型等信息[83]。

3. 地质地球物理方法

除了地震勘探和测井技术外，地质地球物理方法还包括重力测量、磁测技术、电磁法等。这些方法在产量规划中的作用主要包括：

（1）地质结构分析。通过重力、磁测技术可以揭示地下的构造、断裂带、隆起、坳陷等地质结构特征，为产量规划提供重要信息。

（2）裂缝检测。电磁法等技术可以检测地下裂缝的分布情况，对于寻找裂缝型油气藏

具有重要意义[84]。

（3）水文地质分析。地球物理方法还可以用于水文地质分析，包括水文地质参数的测定和水文地质构造的解析，为水驱油田的规划提供技术支持[85]。

地质勘探技术在油气产量规划中起着不可替代的作用，通过获取地质信息、评估储量潜力、确定开发方案等方式，为油气产量规划提供了重要的数据和支持。

第三节　地质条件评价方法和模型

一、地质条件评价的基本方法和步骤

地质条件评价是指对地质条件进行综合分析和评估的过程，其结果对于油气勘探和开发具有重要意义。下面介绍地质条件评价的基本方法和步骤，以及在油气行业中的应用。

1. 地质条件评价的基本方法

地质条件评价主要依靠地质调查、地质勘探和地质分析等手段，采用多种方法对地质条件进行综合评估。以下是地质条件评价的基本方法：

（1）地质调查。地质调查是对地质条件进行系统、全面的调查和观测，主要包括地表地貌、地层分布、岩性组合、构造特征等内容。地质调查可采用实地考察、航空摄影、遥感技术等手段获取地质信息[86]。

（2）地质勘探。地质勘探是通过钻探、测井等方法获取地下地质信息的过程。包括岩心取样、地层测井、地震勘探等技术，可以获取地下岩石的性质、储量情况等信息。

（3）地质分析。地质分析是对采集到的地质数据进行加工处理和综合分析，包括地层解释、储层评价、构造分析等内容。通过地质分析可以揭示地质条件的特点和规律[87]。

2. 地质条件评价的基本步骤

地质条件评价的基本步骤包括：确定评价目标、收集地质数据、分析地质条件、评估地质资源等。

（1）确定评价目标。首先需要明确评价的目标，包括评估地下储量、研究地质构造、分析地层特征等，根据不同的目标确定评价的重点和方法。

（2）收集地质数据。收集各种地质数据，包括地质调查报告、地质勘探数据、地球物理勘探资料等，获取地质信息的基础数据。

（3）分析地质条件。对采集到的地质数据进行分析，包括地层解释、构造分析、岩性鉴定等，揭示地质条件的特点和规律。

（4）评估地质资源。根据地质条件的分析结果，评估地下储量、勘探潜力等地质资源，为油气勘探和开发提供技术支持与决策依据。

3. 地质条件评价在油气行业中的应用

在油气勘探和开发中，地质条件评价是一项重要的前期工作，对于确定钻探目标、设计开发方案、评估储量潜力等具有重要意义。地质条件评价的结果直接影响到油气勘探成败和开发效益。因此，在油气行业中，地质条件评价被用于以下四个方面：

（1）勘探区域评价。对潜在的油气勘探区域进行地质条件评价，确定勘探优先顺序和目标区域[88]。

（2）储量评估。根据地质条件评价的结果，评估地下储量的大小和分布情况，为资源开发提供依据。

（3）工程设计。根据地质条件评价的结果，设计钻井方案、井位布局等工程内容，提高勘探开发的效率和成功率。

（4）风险评估。地质条件评价还可以用于评估勘探和开发的风险，为决策者提供科学依据[89]。

可见，地质条件评价是油气勘探和开发的重要环节，通过多种方法对地质条件进行综合分析与评估，为勘探开发提供了重要的技术支持和决策依据。

二、常用的地质条件评价模型和工具

地质条件评价是油气勘探和开发过程中的重要环节，其结果直接影响到勘探成功率和开发效益。在进行地质条件评价时，常用的模型和工具可以帮助工程师和地质学家更准确、全面地分析地质条件，评估地下储量，优化勘探开发方案。下面介绍一些常用的地质条件评价模型和工具，包括地震反演、地层模型、地质统计学等。

1. 地震反演

地震反演是一种通过分析地震波在地下传播的方式来推断地下地质结构的方法。地震勘探通常使用地震震源激发地下的地震波，通过地表或井下的接收器接收反射波，然后利用地震反演技术对地下地质结构进行成像。地震反演可以提供地下地层的速度、密度等参数，为地质条件评价提供重要的数据支持。

2. 地层模型

地层模型是对地下地层进行描述和模拟的数学模型，常用于地质条件评价和油气勘探中的地震解释、地质建模等。地层模型可以基于地震数据、岩心分析、地质调查等数据构建，用于预测地下地层的性质、厚度、构造等信息。地层模型的建立可以帮助工程师更好地理解地下地质条件，指导勘探和开发活动[90]。

3. 地质统计学

地质统计学是将统计学方法应用于地质学研究的学科，常用于地质条件评价和资源评估中。通过收集地质数据、建立统计模型，可以对地下地质条件进行定量分析和预测。地质统计学可以用于确定地层参数的空间分布、储量的不确定性分析等，为勘探和开发提供科学依据。

4. 地质信息系统

地质信息系统（GIS）是一种将地理信息和地质信息进行整合、管理、分析和展示的信息系统。在地质条件评价中，GIS可以用于整合地质勘探数据、地质地图、地震剖面图等数据，进行地质条件的空间分析和可视化展示。GIS技术可以帮助工程师更好地理解地质条件的空间分布特征，指导勘探和开发活动。

5. 地质建模软件

地质建模软件是专门用于构建地下地质模型的软件工具，常用于地层建模、构造建模、岩性建模等。地质建模软件通常具有多种功能，包括数据导入、地质建模、参数优化等，可以帮助工程师更准确地描述地下地质结构，指导勘探和开发活动[91]。

6. 数值模拟软件

数值模拟软件是用于模拟地下流体运移、油气运移等过程的数值模拟工具，常用于地质条件评价和油气资源评估。数值模拟软件可以通过建立数学模型、设置边界条件等方式，模拟地下流体在地层中的运移过程，预测油气的分布、储量等信息，为油气勘探和开发提供重要的技术支持[92]。

综上所述，地质条件评价模型与工具在油气勘探和开发中起着重要作用，可以帮助工程师更准确、全面地分析地质条件，评估地下储量，优化勘探和开发方案，提高勘探开发的效率和成功率。

第四节 地质条件对油气产量规划的具体影响

一、地层结构对油气产量的影响

地层结构是指地球内部不同地层的分布和排列方式，包括地层的厚度、倾角、断裂构造等特征。在油气产量方面，地层结构对于储层的分布、油气的运移和聚集、开采方式等都有着重要影响。下面探讨地层结构对油气产量的影响,包括储层分布、地层构造、断裂带、孔隙特征等方面。

1. 储层分布

地层结构对储层的分布具有重要影响。在地质历史长期作用下,地层经历了古地貌变迁、海陆变化、沉降抬升等过程,形成了不同类型的储层,如砂岩、页岩、煤层等。地层结构的复杂性会影响储层的分布规律和连通性,对油气的聚集和产量分布产生影响[93]。

2. 地层构造

地层结构对地层构造的形成和演化有着直接影响。地层构造是指地下岩石层的受力、变形和变位状态,包括褶皱、断裂、褶皱断裂带等。不同地层结构形成了不同的地层构造,如隆起、坳陷、山脊、盆地等,这些地层构造对油气的聚集和运移路径产生影响。

3. 断裂带

断裂带由地壳运动引起的地质变形形成。断裂带常常是油气的聚集和运移通道,对储层的分布和油气的产量分布产生重要影响。断裂带可以促进地下流体的运移和聚集,形成富集油气的区域[94]。

4. 孔隙特征

地层结构对储层的孔隙特征也有重要影响。孔隙是岩石中的空隙,是油气的主要储集空间。地层结构不同会影响岩石的孔隙发育程度、孔隙连通性以及孔隙的大小和分布规律,从而影响储层的储集能力和油气的产量。

5. 地层厚度

地层厚度是指地层在垂直方向上的厚度。地层结构的不同导致了地层厚度的差异,地层厚度对储层的发育和储集能力有着直接影响。厚度较大的地层通常具有更好的储集条件,更有利于油气的聚集和产量。

6. 地层岩性

地层岩性是指地层岩石的性质和组成。不同地层岩性具有不同的孔隙结构和渗透性,对油气的储集和运移产生重要影响。例如,砂岩层通常具有较高的孔隙度和渗透性,利于油气的储集和产量。

7. 地层流体性质

地层结构也会影响地层流体的性质,包括渗透性、孔隙度、饱和度等,从而直接影响油气的储集和运移行为,对油气的产量和开采方式产生重要影响[95]。

8. 地层变形

地层结构的变形会改变地层的物理性质和储集条件，进而影响油气的产量。例如，地层的挤压、拉伸、扭曲等变形会改变储层的孔隙结构和渗透性，对油气的储集和产量分布产生影响。

综上所述，地层结构对油气产量具有重要影响，包括储层分布、地层构造、断裂带、孔隙特征、地层厚度、地层岩性、地层流体性质和地层变形等方面。了解地层结构的特征和影响，对于制定合理的勘探开发方案、优化油气产量具有重要意义。

二、储层性质对油气产量的影响

储层是指地下含有油气等可燃矿产的岩石层，是油气的主要储集空间。储层的性质对油气产量具有重要影响，包括孔隙结构、渗透性、饱和度、岩性、孔隙流体性质等方面。下面分析储层性质对油气产量的影响及其影响作用机制。

1. 孔隙结构

储层的孔隙结构是指岩石中的孔隙大小、形状、分布以及孔隙之间的连通性。孔隙结构直接影响着岩石的渗透性和储集能力。通常情况下，孔隙结构越复杂，孔隙连通性越好，渗透性越高，储层的含油气量和产量就越大。

2. 渗透性

渗透性是指岩石对流体（如油、气、水）渗透的能力，是储层的重要物性之一。储层的渗透性直接影响着油气的运移速度和产量。一般来说，渗透性越高，岩石对流体的渗透能力越强，储层的产能就越大[96-97]。

3. 饱和度

饱和度是指岩石孔隙中被流体填充的程度，通常以有效孔隙体积中流体的体积比例来表示。饱和度对于储层的产量具有重要影响。当储层的饱和度较高时，即储层中含有较多的油气，其产量也相对较高。

4. 岩性

岩性是指岩石的成分、结构和组织特征。不同的岩性对油气的储集和运移具有不同的影响。例如，砂岩通常具有较好的孔隙结构和渗透性，利于油气的储集；而页岩等致密岩石则通常具有较低的渗透性，储层的开发难度较大[98]。

5. 孔隙流体性质

孔隙流体性质包括流体类型、黏度、密度、流动性等参数。这些参数直接影响着油气的流动性和产量。例如，高黏度的油或气体对储层的渗透性影响较大，降低了储层的有效渗透性，从而影响了油气的产量。

6. 储层压力

储层压力是指储层内部的压力状态，是储层的重要参数之一。储层压力对于油气的产量具有重要影响。适当的储层压力有利于油气的自然排出，提高了油气的采收率和产量[99]。

7. 地层构造

地层构造是指地层构造形态和变形特征，包括褶皱、断裂、隆起、坳陷等地质构造。地层构造对储层的发育、形成和分布具有重要影响，进而影响油气的产量。

8. 孔隙流体压力

孔隙流体压力是指储层孔隙中流体的压力。孔隙流体压力直接影响着油气的运移和产量。适当的孔隙流体压力有利于油气的排出和采收。

综上所述，储层的性质对于油气的产量具有重要影响，包括孔隙结构、渗透性、饱和度、岩性、孔隙流体性质、储层压力、地层构造和孔隙流体压力等方面。了解和评价储层的性质，对于制定合理的勘探开发方案和提高油气产量具有重要意义。

三、不同地质类型对油气产量规划的影响比较

1. 沉积岩层

沉积岩层是指在地球表面由岩屑、有机物等沉积物堆积而成的岩石层，包括砂岩、泥岩、页岩等。这些岩层通常具有良好的孔隙结构和渗透性，适合作为油气的储集和运移层。对于油气产量规划来说，沉积岩层的特点主要体现在以下几个方面：

（1）孔隙结构和渗透性。沉积岩层通常具有较好的孔隙结构和渗透性，有利于油气的储集和流动。例如，砂岩储层具有较大的孔隙空间和良好的渗透性，适合作为油气的储层。

（2）地层构造。沉积岩层的地层构造通常较简单，形成了水平或近水平的层状结构，有利于油气的储集和开采。例如，泥页岩储层通常呈层状分布，便于进行水平井开发，提高油气产量。

（3）岩性差异。沉积岩层中不同的岩性对油气的储集和产量具有不同影响。例如，泥岩通常具有较低的渗透性，但在有机质丰富的情况下可以富集大量油气，对油气产量有一定的贡献。

2. 碳酸盐岩层

碳酸盐岩层是由碳酸盐类矿物组成的岩石层，包括石灰岩、白云岩等。这些岩层具有较为复杂的孔隙结构和渗透性，对油气的储集和产量有着特殊的影响。

（1）孔隙结构和渗透性。碳酸盐岩层的孔隙结构通常比较复杂，包括溶洞、裂缝、孔隙等多种形式，其渗透性受溶蚀作用的影响较大。例如，石灰岩中的溶洞和裂缝是油气的重要储集空间，对产量起着关键作用。

（2）岩性特点。碳酸盐岩层的岩性特点对油气的储集和产量具有重要影响。例如，白云岩具有较高的渗透性和孔隙度，有利于油气的储集。

（3）溶蚀作用。碳酸盐岩层常受到水文作用的影响，形成溶洞、溶蚀缝等空间，这些空间对于油气的储集和产量具有重要意义。例如，中国南方的岩溶地貌区域就是碳酸盐岩储层的重要分布区域之一，溶洞型油气藏的开发对产量规划具有重要意义。

3. 火山岩层

火山岩层是由火山喷发产生的岩浆经冷却凝固形成的岩石层，包括玄武岩、安山岩、流纹岩等。火山岩层具有独特的物理性质和地质特征，对油气的储集和产量也有着特殊的影响。

（1）孔隙结构和渗透性。火山岩层的孔隙结构和渗透性通常较低，因为岩浆在喷发过程中形成的岩石晶粒较为紧密。然而，火山岩层中的裂缝和断裂带等构造特征会提高其渗透性，对油气产量具有一定的影响。

（2）岩石性质。火山岩层的岩性对油气的储集和产量具有重要影响。例如，玄武岩通常具有较高的密度和较低的孔隙度，储气的能力较强，但储油能力较弱。

（3）热效应。火山岩层受到火山喷发的热效应影响，导致地层温度升高，对油气的生成和运移产生影响。火山岩层中的油气藏受到热作用的影响，产量规划需要考虑地层的温度变化对油气产量的影响。

4. 盐岩层

盐岩层是由盐类矿物组成的岩石层，包括岩盐、石膏等。盐岩层在油气勘探和开发中具有独特的地质特点，对产量规划有着重要影响。

（1）密封性。盐岩层具有较好的密封性，常常形成天然的封盖层，阻隔了地下流体的运移，有利于形成大型油气藏。但盐岩层也可能存在断裂、溶蚀等地质构造，导致密封性不均，影响油气的储集和产量。

（2）褶皱和断裂。盐岩层在地质演化过程中发生褶皱和断裂等构造变形，形成了多种类型的构造圈闭，是油气的重要储集空间。产量规划需要对盐岩层的构造特征进行综合分析，确定最优的开发方案。

（3）溶蚀作用。盐岩层常常受到水文作用的影响，形成丰富的溶蚀空间，如盐穴、岩盐溶洞等。这些溶蚀空间可能成为油气的附加储集空间，对产量规划有着重要影响。

5.构造地质条件

构造地质条件是指地球内部的构造形态和构造特征，包括断裂、褶皱、断层、隆起、坳陷等。这些构造特征对油气的储集和产量具有重要影响。

（1）断裂和断层。断裂和断层是地球内部岩石体发生破裂和错动形成的裂隙与断裂面，常常成为油气的运移通道和储集空间。在产量规划中，需要充分考虑断裂和断层的分布规律，确定最优的开发方案。

（2）隆起和坳陷。隆起和坳陷是地球表面上地质体积的上升和下沉，常常形成复杂的地质构造，对油气的储集和分布产生重要影响。在产量规划中，需要充分考虑隆起和坳陷的地质特征，确定合理的开发方案。

（3）地层倾角。地层倾角是指地层与水平面的夹角，不同的地层倾角会影响油气的运移和分布。在产量规划中，需要根据地层倾角合理确定井位布局和开采方式，以提高油气产量。

在产量规划中，需要综合考虑地质类型的影响，采取合适的勘探、开发与生产措施，以最大限度地提高油气产量和经济效益。

第五节 案例分析与实证研究

一、典型油气田的地质条件与产量规划分析

在油气产量规划过程中，地质条件是至关重要的因素之一。不同地质条件下的油气田具有各自的特点和挑战，因此需要针对性地制定产量规划策略。下面通过四个典型油气田的案例分析，探讨其地质条件与产量规划之间的关系，并分析产量规划策略的制定过程。

［案例一］ 美国巴肯油田。

巴肯油田是美国加利福尼亚州的一个典型油田，地质条件复杂，包括多层砂岩和页岩，油藏压力较高。在产量规划中，首先需要进行地质勘探，了解油田的地质结构和油气分布情况。通过地震勘探和岩心分析，确定油气层的位置和厚度，为产量规划提供了基础数据[100]。

针对巴肯油田的地质条件，制定了水平井钻井和水力压裂技术相结合的开发方案。通过水平井的开采，可以更好地利用油田的地质构造，提高单井产量；而水力压裂技术则可

以有效提高油藏的开采率。在产量规划中，还考虑到油价波动和环境保护等因素，制定了灵活的生产调整策略。

[案例二] 巴西圣地亚哥盆地天然气田。

圣地亚哥盆地天然气田位于巴西东南部，地质条件较为简单，主要由砂岩组成，天然气储量丰富。在产量规划中，通过地质条件评价和地震勘探，确定了天然气储层的分布和厚度，为产量规划提供了依据。

针对圣地亚哥盆地天然气田的地质条件和天然气市场需求，制定了适合该地区的产量规划策略。采用水平井钻井和水力压裂技术，提高了天然气产量和开采效率。同时，加强了天然气管道建设和运输系统优化，确保了天然气的顺利输送与销售。

[案例三] 中国塔里木盆地油田。

塔里木盆地是中国西部的一个重要油气产区，地质条件复杂多变，油藏类型多样。在产量规划中，需要充分考虑盆地内部的地质构造和油气分布特点，以及区域的地表地貌和气候条件[101]。

针对塔里木盆地油田的地质条件和区域特点，制定了多层次、多技术手段相结合的产量规划方案。通过水平井开采、CO_2驱油和热采等技术手段，提高了油田的开采效率和产量水平。同时，加强了油田管理和环境保护措施，保障了油田的持续稳定生产。

[案例四] 澳大利亚库克因勒盖斯盆地天然气田。

库克因勒盖斯盆地天然气田是澳大利亚的一个重要天然气产区，地质条件复杂，包括砂岩、页岩和煤层气等多种类型的油气藏。在产量规划中，需要充分了解油气田的地质结构和储量分布情况，制定合理的产量规划策略。

针对该气田的地质条件，采用了多技术手段相结合的开发方案。通过水平井钻井、水力压裂和CO_2注入等技术手段，提高了油气田的开采效率和产量水平。同时，加强了管道建设和天然气输送系统的优化，确保了天然气的顺利销售和利用。

通过以上四个案例的分析，可以看到不同地质条件下油气田的产量规划策略各有不同，但都需要充分考虑地质条件的影响，并结合市场需求和环境保护等因素制定合理的规划方案，以实现油气资源的有效开发和利用。

二、实地调查和数据分析的案例研究

实地调查和数据分析是油气产量规划中至关重要的步骤之一。通过对地质条件、油气储量、地表地貌和环境因素等进行调查及分析，可以为产量规划提供可靠的依据和支持。下面介绍四个案例，以展示实地调查和数据分析在产量规划中的应用。

[案例一] 北海油田地质调查和油气储量评估。

北海是世界著名的油气产区之一，地质条件复杂多变，涉及海底地质、地下构造等多方面因素。在进行产量规划前,需要对北海油田进行全面地质调查和储量评估[102]。

首先,通过海洋地质勘探船舶和声呐设备对海底地貌和地质构造进行详细调查,获取海底地质数据。同时,利用地震勘探技术对地下油气层进行探测,获取油气层的位置、厚度和分布情况。然后,通过岩心分析和地质化验,对油气储层的物理性质和化学组成进行评估,确定油气资源量。

通过实地调查和数据分析,可以全面了解北海油田的地质条件与油气储量情况,为产量规划提供可靠的依据。

[案例二] 艾伯塔油砂地区环境评估和生态影响分析。

艾伯塔油砂地区是加拿大的重要油气产区之一,但油砂开采对环境造成的影响较大,包括土地破坏、水资源污染和温室气体排放等问题。在产量规划前,需要进行环境评估和生态影响分析,确保油砂开采的可持续性和环境友好性。

通过实地调查和数据分析,对艾伯塔油砂地区的生态系统、水资源和大气环境进行评估。同时,通过生态调查和野外观测,对当地的植被、野生动物和鸟类进行调查,评估油砂开采对当地生态系统的影响。

通过环境评估和生态影响分析,可以科学评估油砂开采的环境风险和生态影响,为产量规划提供科学依据和决策支持。

[案例三] 巴西前陆盆地油气资源勘探与评价。

巴西前陆盆地是南美洲最重要的油气产区之一,但地质条件复杂,油气资源分布不均匀。在产量规划前,需要对前陆盆地的油气资源进行全面的勘探和评价[103]。

通过地震勘探和地质化验,对前陆盆地的油气资源进行探测与评估。同时,通过地层分析和储层评价,确定油气储量和产能。然后,利用地质统计和空间分析技术,对油气资源的分布规律和潜力进行评估,确定产量规划的重点区域和开发方向。

通过实地调查和数据分析,可以科学评估巴西前陆盆地的油气资源潜力,为产量规划提供科学依据和决策支持。

[案例四] 中国渤海油田海底管道敷设方案的优化。

中国渤海油田是我国重要的海洋油气产区之一,海底管道的敷设对油气输送起着至关重要的作用。在制定海底管道敷设方案时,需要进行全面的实地调查和数据分析,以优化敷设方案,确保管道安全稳定运行[104]。

通过海洋勘探船舶和声呐设备对海底地貌及地下地质进行调查,获取海底地质数据。同时,通过水下摄像和测量设备对管道敷设线路进行勘察和测量,确定管道敷设的最佳路径和位置。

通过实地调查和数据分析,可以优化中国渤海油田海底管道的敷设方案,减少工程风险并降低成本，确保管道的安全稳定运行。

　　以上四个案例展示了实地调查和数据分析在产量规划中的重要性和应用价值。通过全面、准确的调查和分析，可以为产量规划提供可靠的依据和决策支持，确保油气资源的有效开发与利用。

第四章 技术进步与油气产量规划

随着油气行业面临日益严峻的资源挑战与环境压力,技术进步成为推动油气产量提升和可持续发展的重要驱动力。从油气勘探到开采阶段,新技术的不断涌现正在深刻改变传统的油气开发模式。数字化、智能化、绿色低碳技术的应用,不仅提高了油气开发的效率和精度,也使得资源的开发更加环保和经济。本章将探讨技术进步对油气产量规划的影响,重点分析智能油藏管理系统、数字孪生技术、人工智能辅助勘探、碳捕集和储存等前沿技术在油气产量规划中的应用。通过这些技术的引入,可以优化产量预测、提升资源回收率,并有效应对低碳转型带来的挑战,为油气产业在低碳背景下的可持续发展提供技术支持。

第一节 技术进步对油气产量规划的影响

一、技术进步在油气产业中的重要性

技术进步在油气产业中扮演着至关重要的角色,它不仅影响着油气勘探开发的效率和成本,还直接关系到整个产业的可持续发展和国家能源安全。以下将从多个角度探讨技术进步在油气产业中的重要性,并详细分析其对产业发展、能源供应和环境保护等方面的影响。

1. 提高勘探效率

油气勘探是油气产业的基础,而技术进步可以极大地提高勘探效率。通过引入先进的地球物理勘探技术、遥感技术和数据处理算法,可以更准确地发现潜在的油气储集层,降低勘探风险。同时,随着地震勘探、重力勘探、电磁勘探等技术的不断发展,油气勘探的空间分辨率和深度分辨率得到了极大提高,有助于挖掘更深层的油气资源[105]。

2. 提高开发效率

技术进步也可以提高油气开发的效率。随着水平钻井、压裂、注水等技术的不断创新和应用,可以实现油气田的高效开发。例如,水平井技术可以在一个垂直井眼内完成多个

水平侧钻，从而最大限度地提高了油气的开采效率；而压裂技术则可以有效提高储层的渗透率，增加油气产量。此外，智能油田技术的应用，如自动化生产系统和远程监控系统，可以提高油田的管理效率，降低生产成本，实现数字化油田的建设[106]。

3. 降低生产成本

技术进步不仅提高了生产效率，还可以降低生产成本。例如，水力压裂技术的不断改进和推广，使得压裂作业的成本大幅下降，为页岩气等非常规油气资源的开发提供了技术保障；智能化生产系统的应用可以减少人力投入和能源消耗，提高生产效率，降低生产成本；机器学习和数据分析技术的应用可以优化生产过程，减少生产中的浪费，提高资源利用效率[107]。

4. 推动产业升级

技术进步也是推动油气产业升级和转型的关键。随着全球能源转型的推进，清洁能源和可再生能源在能源结构中的比重不断增加。因此，油气产业需要不断引进和应用新技术，加强油气勘探开发的智能化和数字化水平，推动传统油气产业向低碳、智能、可持续的方向发展。同时，技术进步也为油气产业带来了新的增长点和发展机遇，如碳捕集利用技术、天然气液化技术等的应用，为油气产业注入了新的活力和动力[108]。

5. 保障能源安全

技术进步对于保障国家能源安全也具有重要意义。油气产业是国家经济发展的支柱产业，而技术进步可以提高油气资源的开采利用率，增加资源储量，确保国家能源供应的稳定性和安全性。同时，技术进步也有助于提高油气产业的国际竞争力，减少对进口能源的依赖，保障国家能源安全[109-110]。

6. 环境保护和可持续发展

技术进步也为油气产业的环境保护和可持续发展提供了新的机遇。传统油气勘探开发过程中存在着一定程度的环境污染和生态破坏问题，而技术进步可以提高生产过程中的资源利用效率和能源利用效率，减少污染排放，实现绿色发展。例如，利用油气田地下储气库的储气能力，储存清洁能源，缓解能源供需之间的矛盾，促进清洁能源的发展和利用。

由此可见，技术进步在油气产业中具有不可替代的重要性，它影响着产业的发展方向、效率和可持续性。因此，各国政府、企业和科研机构应加强技术创新，提高自主创新能力，加大技术引进和应用力度，不断推动油气产业向智能化、绿色化、可持续化方向发展，为实现能源安全、促进经济发展和保护环境作出更大的贡献。同时，应加强国际合作，共同应对全球能源挑战，推动油气产业实现可持续发展，共建美好的能源未来。

7.油气产业技术进步的案例分析

为了展示技术进步在油气产业中的重要性,以下将通过几个案例来详细分析技术创新对油气勘探开发的影响。

(1)水平井技术在页岩油开发中的应用。水平井技术的应用是现代油气勘探开发中的重要创新之一。以美国页岩油气开发为例,水平井技术的广泛应用极大地提高了页岩油气的开采效率。通过水平井技术,可以在一个垂直井眼内侧钻多个水平井段,从而使得油气开采面积大幅增加,有效提高了单井的产量和储量。此外,水平井技术还可以有效降低水平井段的渗透阻力,增加油气流入井眼的速度,提高开采效率。因此,水平井技术的应用使得页岩油气等非常规油气资源得到了大规模开发,极大地改变了全球油气市场格局[111]。

(2)智能化油田技术在油气生产中的应用。智能化油田技术的应用是提高油气生产效率和降低生产成本的重要途径之一。以中国大庆油田为例,通过引入智能化生产系统和远程监控技术,大庆油田成功实现了油田管理的智能化和数字化。通过实时监测井下数据、优化生产参数和自动调节井口装置,可以实现油井的远程监控和自动化调控,从而降低了生产人力投入,提高了生产效率。此外,智能化油田技术还可以通过预测油井的产量变化和生产状况,提前发现问题并采取措施,避免了生产事故和停产损失。因此,智能化油田技术的应用不仅提高了油气生产的效率和质量,还降低了生产成本,为油气产业的可持续发展提供了重要支撑[112]。

(3)数据分析和人工智能技术在油气勘探中的应用。数据分析和人工智能技术在油气勘探中的应用也取得了显著成效。以数据挖掘技术在油气勘探中的应用为例,通过分析地震、地质、地球化学等多源数据,可以发现油气藏的隐蔽性目标,提高了勘探的准确性和效率。而人工智能技术的应用,则可以通过建立地质模型与储层模型,优化勘探方案和开发方案,实现油气资源的最优配置。此外,人工智能技术还可以通过模拟地层运移和储层产能,预测油气田的产量和生产动态,为油气勘探开发提供科学依据。因此,数据分析和人工智能技术的应用为油气勘探开发提供了新的思路和方法,有效提高了勘探开发的效率和成功率[113]。

二、技术进步对油气产量规划的影响机制

技术进步在油气产量规划中发挥着至关重要的作用,它不仅可以提高油气资源的勘探开发效率,降低生产成本,还可以促进油气产业的可持续发展。以下从多方面探讨技术进步对产量规划的影响机制,并详细阐述其在油气产业中的具体应用。

1.地质勘探技术的提升

随着地质勘探技术的不断提升,油气产量规划也得以优化和调整。现代地质勘探技

术，如三维地震勘探、地震波形反演技术、地震数据处理与解释技术等，为油气资源的精细化勘探提供了有力支持。这些技术的应用可以帮助勘探人员更准确地识别油气储集层的位置、厚度、构造和性质，为后续的产量规划提供重要依据。

2. 生产技术的改进与创新

油气产量规划的执行依赖生产技术的改进与创新。随着水平井钻探、多级水平井完井、油藏压裂技术等新技术的应用，油气开采的效率得到了显著提高。水平井和多级水平井完井技术可以有效提高油气开采的比例和速度，增加油气产量；而油藏压裂技术则可以提高储层的渗透率，促进油气流向井眼。这些新技术的应用，使得油气产量规划可以更加精准地进行，提高了资源利用效率和经济效益。

3. 数据采集与处理的革新

数据采集与处理技术的革新也对产量规划产生了深远的影响。现代油气勘探开发过程中产生的海量数据，需要通过先进的数据采集和处理技术进行分析与挖掘。例如，通过数据挖掘、机器学习和人工智能等技术，可以从海量的地质、地球物理和生产数据中发现隐藏的规律与特征，为产量规划提供科学依据。同时，新型的数据采集技术，如井下传感器、遥感技术等，也为油气产量规划提供了更加丰富和精确的数据支持。

4. 智能化管理与决策支持

随着信息技术的不断发展，智能化管理与决策支持系统已经成为油气产量规划的重要组成部分。利用现代信息技术，可以建立智能化的生产管理系统和决策支持系统，实现对油气生产过程的实时监控、数据分析和优化调度。这些系统可以根据实时生产数据和地质信息，自动进行产量规划和调整，使得产量规划更加科学合理，提高了生产的稳定性和效率。

5. 研发投入和政策支持

除了技术本身的进步外，研发投入和政策支持也是推动技术进步对产量规划影响的重要因素。政府和企业对油气勘探开发领域的研发投入不断增加，加大了新技术的研发和应用力度。同时，相关政策的出台和支持也为技术创新提供了良好的环境和条件。例如，一些国家对清洁能源和新能源技术的政策支持，推动了油气产量规划向清洁、低碳方向发展，促进了产业结构的优化和转型。

综上所述，技术进步对产量规划的影响主要体现在地质勘探技术、生产技术、数据采集与处理、智能化管理和政策支持等方面。随着技术的不断创新和应用，油气产量规划将更加科学、精准和高效，为油气资源的合理开发利用和产业的可持续发展提供了有力支撑。因此，政府、企业和科研机构应加强技术创新与合作，不断推动技术进步对产量规划的深入应用和发展。

三、技术进步对油气产量规划的挑战与机遇

技术进步为油气产量规划带来了巨大的挑战与机遇。以下从多个方面探讨技术进步对油气产量规划的影响，分析其中的挑战与机遇，并提出应对策略。

1. 挑战

（1）复杂性增加。随着油气勘探开发的深入和技术的不断更新，油气田的地质条件变得越来越复杂，储层的含油气性、岩性、渗透率等参数存在巨大的空间和时间差异，给产量规划带来了巨大挑战。

（2）数据处理压力。随着油气勘探开发过程中数据量的急剧增加，数据处理和分析的压力也越来越大。大量的地质、地震、生产等数据需要进行收集、整理和分析，以提供准确可靠的产量规划依据，这对技术和人力资源提出了较高的要求。

（3）技术更新换代。油气产量规划依赖于各种先进的技术手段，而这些技术手段在不断更新换代，更新速度之快令人目不暇接。因此，产量规划人员需要不断学习和更新知识，以保持竞争力。

2. 机遇

（1）数据驱动的产量规划。随着大数据、人工智能和机器学习等技术的发展，数据驱动的产量规划正在成为可能。利用先进的数据分析和挖掘技术，可以从海量数据中发现隐藏的规律和特征，为产量规划提供更为准确且可靠的依据。

（2）先进技术的应用。尽管技术更新换代带来了挑战，但同时也为油气产量规划带来了更多的机遇。新型勘探技术、生产技术和数据处理技术的应用，可以提高油气勘探开发的效率和成本效益，为产量规划提供更多的选择和支持。

（3）跨界合作与创新。面对技术带来的挑战，跨界合作和创新成为重要途径。不同领域的专家和机构可以共同合作，共同攻克技术难题，推动技术进步对产量规划的应用和发展。同时，政府和企业也可以加大对技术创新的支持与投入，为产量规划提供更多的创新动力。

3. 应对策略

（1）加强人才培养和技术更新。加强对产量规划人员的培训和技术更新，提高其对新技术的应用能力和适应能力，以应对技术更新换代带来的挑战。

（2）提高数据处理和分析能力。加强数据处理和分析能力的培训与技术支持，利用先

进的数据处理和挖掘技术,提高数据的利用效率和价值。

(3)推动跨界合作与创新。政府、企业和科研机构应加强跨界合作与创新,共同攻克技术难题,推动技术进步对产量规划的应用和发展。

(4)完善政策支持和管理机制。加大对技术创新和产业发展的政策支持和投入,建立健全的管理机制和评估体系,为技术进步提供良好的环境和条件。

技术进步对油气产量规划既带来了挑战,也提供了机遇。面对挑战,产量规划人员需要加强技术学习和更新,提高数据处理及分析能力;同时,政府和企业也需要加大对技术创新的支持和投入,推动技术进步对产量规划的深入应用和发展。通过共同努力,技术进步将成为推动油气产量规划不断提升的重要动力。

第二节　油气勘探中的新技术

油气勘探领域近年来迎来了许多新技术的应用,这些技术在提高勘探效率、降低成本、减少环境影响等方面发挥着重要作用。以下对其中几项关键技术进行详细深入的分析。

一、无人机在油气勘探中的应用

1. 技术原理

无人机(UAV)在油气勘探中的应用是基于先进的航空遥感技术。无人机搭载各类传感器,如多光谱、红外、激光雷达等,通过航拍获取地表数据,包括地貌、地形、植被覆盖等,并通过数据处理和分析生成高分辨率的地图和影像[114]。

2. 技术流程

(1)筹备阶段:确定勘探区域、选择合适的无人机和传感器。

(2)飞行任务规划:制定飞行计划,包括航线、高度、飞行速度等。

(3)数据采集:无人机执行飞行任务,搭载传感器进行航拍,获取地表数据。

(4)数据处理和分析:对采集到的数据进行处理和分析,生成地图、影像等产品。

(5)结果解译和应用:对处理后的数据进行解译,提取有用信息。

3. 技术优势

(1)高效快速:无人机飞行灵活,可快速获取大范围的地表数据,提高勘探效率。

(2)高分辨率:搭载多种传感器,获取高分辨率地表影像,提供详细的勘探信息[115]。

(3)低成本:相比传统航空遥感手段,无人机勘探成本更低,适用于各类地形环境。

4. 技术局限性

（1）飞行限制：受气象条件、飞行区域限制等因素影响，飞行任务受到限制。

（2）数据处理挑战：大量地表数据需要进行处理和分析，对数据处理能力有要求。

5. 效果与效益

（1）提高勘探效率：无人机能够快速获取高分辨率的地表数据，提高了勘探工作的效率。

（2）降低勘探成本：相对于传统航空遥感手段，无人机降低了勘探成本。

（3）提升勘探精度：高分辨率地表影像提供了更加详细的勘探信息，提升了精度。

二、地下储层微观成像技术

1. 技术原理

地下储层微观成像技术是利用先进的地球物理和成像技术，对油气储层进行微观尺度的成像和分析。通过地震波、电磁波等的反射、折射特性，获取地下储层的微观结构和性质[116]。

2. 技术流程

（1）数据采集：利用地震勘探、电磁勘探等手段，采集地下储层的数据。

（2）数据处理：对采集到的数据进行处理和分析，提取地下储层的微观信息。

（3）成像分析：通过成像技术，生成地下储层的微观结构图像。

（4）数据解释：对成像结果进行解释，分析地下储层的岩性、孔隙结构等特征。

3. 技术优势

（1）高分辨率：地下储层微观成像技术具有较高的分辨率，能够获取地下储层微观结构的详细信息。

（2）高灵敏度：对地下储层的岩性、孔隙结构等特征具有较高的灵敏度，能够提供准确的勘探信息。

（3）非侵入性：成像技术不需要对地下储层进行直接干预，对地下储层没有破坏性，具有较好的安全性。

4. 技术局限性

（1）数据解释难度大：成像结果需要经过专业解释和分析，对技术人员的要求较高。

（2）成本较高：地下储层微观成像技术需要大量的设备和专业人员支持，成本较高[117]。

5. 效果与效益

（1）提高勘探精度：地下储层微观成像技术能够提供地下储层的微观结构信息，提高了勘探的精度。

（2）降低勘探风险：准确的勘探信息降低了勘探风险，提升了勘探成功率。

（3）优化开发方案：通过对地下储层的微观成像分析，优化了油气田的开发方案，提高了开发效率和经济效益。

三、智能地震解释技术

1. 技术原理

智能地震解释技术利用人工智能和机器学习算法，对地震勘探数据进行自动解释和分析。通过数据特征提取和模式识别，实现对地下构造和储层信息的智能识别[118]。

2. 技术流程

（1）数据准备：整理和预处理地震勘探数据，包括数据清洗、去噪等。

（2）特征提取：利用机器学习算法提取地震数据的特征，如反射波形、频谱特征等。

（3）模型训练：建立地震解释模型，通过训练数据对模型进行训练，优化模型参数。

（4）数据解释：利用训练好的模型对新的地震数据进行解释和分析，自动识别地下构造和储层信息。

3. 技术优势

（1）自动化：智能地震解释技术实现了对数据的自动解释，减少了人工干预和误差。

（2）高效性：智能算法能够快速处理大量地震数据，提高了勘探工作的效率。

（3）智能化：利用机器学习算法，智能地震解释技术不断学习优化，提高了解释的准确性和可靠性。

4. 技术局限性

（1）数据质量要求高：智能地震解释技术对地震数据的质量要求较高，对数据的准备和预处理工作有一定要求。

（2）模型训练难度：建立有效的地震解释模型需要大量的训练数据和专业知识，训练过程较为复杂[119]。

5. 效果与效益

（1）提高解释准确性：智能地震解释技术能够自动识别地下构造和储层信息，提高了解释的准确性。

（2）降低勘探成本：自动化的解释过程减少了人工干预，降低了勘探成本。

（3）提升勘探效率：智能地震解释技术能够快速处理大量数据，提高了勘探工作的效率。

四、全电磁勘探技术

1. 技术原理

全电磁勘探技术利用地球电磁场的变化规律，通过测量地下电阻率分布情况，获取地下储层的信息。该技术包括电磁法、磁法等多种方法，通过测量地下电磁场的参数变化，反演地下储层的电性参数。

2. 技术流程

（1）数据采集：在勘探区域布设电磁探测设备，进行地下电磁场数据的采集。

（2）数据处理：对采集数据进行处理和分析，包括滤波、去噪、反演等处理步骤。

（3）地下结构解释：根据处理后的数据结果，解释地下储层的电性结构和分布情况。

（4）地质勘探应用：将电磁勘探结果应用于地质勘探工作，指导油气勘探和开发。

3. 技术优势

（1）非侵入性：电磁勘探技术无需对储层进行直接干预，对地下环境没有破坏性。

（2）高分辨率：电磁勘探技术能够获取地下储层的电性参数，具有较高的分辨率。

（3）多样性：该技术包括多种方法，如电磁法、磁法等，适用于不同地质环境。

4. 技术局限性

（1）数据解释困难：电磁勘探数据需要专业人员解释和分析，对技术人员要求较高。

（2）地质环境限制：该技术在不同地质环境下的适用性有差异，受地质条件限制。

5. 效果与效益

（1）提高勘探精度：全电磁勘探技术能够提供地下储层的电性参数信息，提高了勘探精度。

（2）降低勘探风险：准确的地质信息降低了勘探风险，提升了勘探成功率。

（3）优化开发方案：电磁勘探结果为油气田的开发提供了重要参考，优化了开发方案，提高了开发效率和经济效益。

五、区块链技术

1. 技术原理[120]

区块链技术是一种去中心化的分布式账本技术，将数据以区块的形式链接起来，每个区块包含前一个区块的哈希值,形成不可篡改的数据链。在油气勘探领域,区块链技术可以用于建立安全、透明的数据交换和共享平台,提高数据的可信度和安全性。

2. 技术流程

(1)数据采集:利用传感器等设备采集油气勘探过程中产生的各类数据。

(2)数据上链:将采集到的数据经过加密和验证后上传至区块链网络。

(3)数据共享:授权相关方访问区块链上的数据,实现数据的共享和透明化。

3. 技术优势

(1)数据安全:基于加密技术和去中心化特性,保障数据的安全性和完整性。

(2)透明性:区块链数据可被授权方实时查看,提高了数据的透明度和可信度。

(3)可追溯性:每个数据都有唯一身份标识,可以追溯数据的来源和修改历史。

4. 技术局限性

(1)数据存储成本高:区块链数据存储需要大量的计算和存储资源。

(2)隐私保护:需要解决数据共享和隐私保护之间的平衡问题[121]。

5. 效果与效益

(1)提高数据可信度:通过区块链技术确保数据的安全和透明,提高可信度。

(2)降低合作成本:数据共享平台降低了数据的传输和管理成本,提高了合作效率。

六、人工智能辅助勘探

1. 技术原理[122]

人工智能辅助勘探利用机器学习和深度学习等技术,对大量地质、地球物理和地震等数据进行分析和挖掘,识别潜在的油气藏位置和性质。

2. 技术流程

(1)数据采集:收集勘探过程中的各类数据,包括地质、地球物理、测井等。

(2)数据预处理:清洗、标准化和特征提取等数据预处理工作。

(3)模型训练:利用机器学习和深度学习算法建立勘探模型,通过大数据进行训练。

(4)结果评估:对模型进行验证和评估,选择最优的勘探方案。

3. 技术优势

(1)自动化:减少了人力资源和时间成本,提高了勘探效率。

(2)精准性:通过大数据和算法分析,提高了勘探结果的准确性。

(3）实时性：能够实时监测数据变化，及时调整勘探策略。

4. 技术局限性

（1）数据质量：模型受数据质量和数量影响，需保证数据的准确性和完整性。

（2）模型可解释性：部分模型缺乏可解释性，难以理解其决策过程。

5. 效果与效益

（1）提高勘探效率：自动化和智能化的勘探过程极大提高了勘探效率。

（2）降低勘探成本：减少了人力资源和时间成本，降低了勘探成本。

（3）增加发现潜力：通过精准的勘探技术，增加了发现新油气藏的可能性。

第三节　油气开发中的新技术

近年来，油气田开发领域持续涌现出许多新技术，这些新技术的应用不仅在提高油气资源勘探开发效率和增加产量方面发挥着重要作用，还在提升生产安全性、降低成本、减少环境污染等方面带来了显著的效益。

一、智能油藏管理系统

1. 技术原理

智能油藏管理系统基于物联网、大数据、人工智能技术，通过实时监测油气田各项数据，实现对油藏生产状态的智能化管理和优化调控。系统将地下油气田的生产数据与地表设备、传感器等联网设备进行连接，实现对生产过程的实时监测和数据分析[123]。

2. 技术流程

（1）数据采集：利用传感器、监测设备等实时采集地下油气田的生产数据，包括油井产量、压力、温度等。

（2）数据传输：将采集到的数据通过网络传输到云端服务器，实现数据的集中管理和存储。

（3）数据分析：利用大数据分析和人工智能算法对采集到的数据进行实时监测和分析，识别出潜在的问题并提出优化方案。

（4）智能调控：根据数据分析结果，系统自动调整油井的生产参数，实现对油气田生产过程的智能化管理和优化调控。

3. 技术优势

（1）实时监测：智能油藏管理系统能够实时监测油气田的生产状态，及时发现问题并采取相应措施。

（2）智能化管理：系统利用人工智能算法实现智能决策，自动优化生产方案，提高了生产效率和经济效益。

（3）数据驱动决策：系统基于大数据分析，能够提供科学的决策依据，减少了管理决策的主观性。

4. 技术局限性

（1）成本较高：智能油藏管理系统需要投入大量资金用于设备采购、数据处理等，成本较高。

（2）技术依赖性：系统的稳定运行需要良好的网络环境和技术支持，对技术人员的要求较高[124]。

5. 效果与效益

（1）提高生产效率：智能油藏管理系统能够及时发现生产问题并进行调整，提高了生产效率和产量。

（2）降低生产成本：通过优化生产方案和资源利用，降低了生产成本与能源消耗。

（3）提升安全性：系统实时监测油气田的生产状态，能够及时发现安全隐患并采取措施，提升了生产安全性。

二、数字孪生技术

1. 技术原理

数字孪生技术利用数字化仿真模型，将实际油气田的物理系统映射到虚拟仿真环境中，实现实时监测、模拟和预测油气田的生产状态[125]。

2. 技术流程

（1）建模：将油气田的地质、工艺、设备等信息数字化建模。

（2）联网监测：利用传感器实时采集油气田数据，与数字模型同步更新。

（3）模拟预测：基于数字模型进行实时模拟和预测，优化生产方案和决策。

3. 技术优势

（1）实时性：能够实现对油气田生产状态的实时监测和预测。

（2）智能化：通过算法优化生产方案和决策，提高生产效率。

（3）风险降低：预测模型可帮助识别潜在风险，并采取预防措施。

4. 技术局限性

（1）数据准确性：模型的准确性取决于输入数据的质量和准确性。

（2）计算资源需求：需要大量的计算资源来维护和更新数字模型。

5. 效果与效益

（1）提高产量：通过优化生产方案，提高油气采收率，增加产量。

（2）降低成本：减少资源浪费和能耗，降低生产成本。

（3）风险预防：预测模型帮助识别潜在风险，降低生产安全风险。

三、碳捕集和储存技术

1. 技术原理

碳捕集和储存（CCS）技术是一种用于减少大气中二氧化碳排放量的技术。它包括三个主要步骤：碳捕集、运输和储存。首先，二氧化碳从燃烧或工业生产过程中被捕集并分离出来。然后将捕集到的二氧化碳通过管道或船舶运输到地下储存地点。最后，二氧化碳被注入地下岩层或盐水中储存[126]。

2. 技术流程

（1）碳捕集：通过化学吸收、物理吸附从燃烧产生的废气中分离出二氧化碳。

（2）运输：将捕集到的二氧化碳通过管道或船舶运输到地下储存地点。

（3）储存：将二氧化碳注入地下岩层或盐水中，实现长期的储存。

3. 技术优势

（1）减少碳排放：能将二氧化碳永久储存于地下，减少大气中二氧化碳排放量。

（2）增加油气采收率：将二氧化碳注入油藏中增加油气采收率，提高油气的开发效率。

（3）基础设施利用：利用现有的油气输送管道等基础设施进行二氧化碳运输，节约了建设成本。

4. 技术局限性

（1）高成本：碳捕集、运输和储存过程中的设备和能源成本较高。

（2）地质条件限制：需要具备适合的地质条件才能进行二氧化碳的储存，不是所有地区都适合。

5. 效果与效益[127-128]

（1）减少碳排放：捕集和储存CO_2，减少大气中的碳排放量，助力应对气候变化。

（2）增加油气采收率：将CO_2注入地层，提高油气采收率，增加资源利用率。

四、微生物增强油气采收技术

1. 技术原理

微生物增强油气采收技术是利用微生物的代谢活动改变油气藏中的地质环境，促进原油或天然气的流动和采收。微生物可以通过产生表面活性剂、改变岩石渗透性等方式来增强油气采收[129]。

2. 技术流程

（1）微生物筛选：筛选出适合条件的微生物菌种，具有产生表面活性剂或改善岩石渗透性的能力。

（2）微生物注入：将筛选出的微生物菌种注入油气藏，与地下水和油气共同作用。

（3）增油效果评价：监测油气产量的变化，评价微生物增强油气采收技术的效果。

3. 技术优势

（1）环保可持续：与传统的化学物质注入相比，微生物注入技术对环境影响更小，更具可持续性。

（2）提高采收率：微生物的代谢活动能够改变油气藏的地质环境，促进原油或天然气的流动和采收，提高油气采收率。

4. 技术局限性

（1）适用范围有限：微生物增强油气采收技术对油气藏的地质环境要求较高，不是所有油气藏都适用。

（2）需要时间：微生物增油效果需要一定时间才能显现，需要耐心等待。

5. 效果与效益

（1）增加采收率：微生物增强油气采收技术成功提高了油气采收率，增加了油气资源的开采量。

（2）环保节能：相比传统的化学物质注入技术，微生物增强油气采收技术对环境影响更小，更符合低碳转型的要求。

五、水力压裂的数字化优化技术

1. 技术原理

水力压裂技术是一种通过注入高压水和特定化学品混合物来裂解油气储层岩石，增加储层渗透性以提高油气产量的方法。数字化优化则是利用数字化技术，包括物联网、数据分析和人工智能等，对水力压裂过程进行实时监测和优化调控，提高水力压裂的效果和经济效益[130]。

2. 技术流程

（1）数据采集：利用传感器等设备实时采集水力压裂过程中的各项数据，包括注入压力、裂缝扩展情况、地层响应等。

（2）数据传输：将采集到的数据通过网络传输到中央数据处理中心。

（3）数据分析与优化：中央数据处理中心利用大数据分析和人工智能算法对采集到的数据进行实时分析，并根据地质特征和压裂效果进行优化调度。

（4）控制与反馈：根据分析结果，通过远程控制系统对水力压裂参数进行调控，并及时反馈优化效果。

3. 技术优势

（1）实时监测：能够实现对水力压裂过程的实时监测和数据采集，及时发现问题并采取调控措施。

（2）智能优化：通过大数据分析和人工智能算法对水力压裂参数进行优化，提高了压裂效果和产量。

（3）节能减排：优化压裂参数，降低了能源消耗和碳排放，实现了低碳生产。

4. 技术局限性

（1）技术复杂：数字化优化需要高度的技术支持和专业知识，部署与维护成本较高。

（2）数据安全：对采集到的地质和生产数据的安全性和隐私保护提出了更高的要求，需要加强数据加密和网络安全措施。

5. 效果与效益

（1）提高产量：通过数字化优化，提高了水力压裂的效果和产量，增加了油气产量。

（2）降低成本：优化压裂参数和调度，降低了生产成本，提高了经济效益。

（3）环境友好：减少了水和化学品的使用量，降低了对地下水和环境的影响，实现了低碳生产。

六、智能井技术

1. 技术原理

智能井技术是利用传感器、数据采集和远程控制技术实现对油气井状态与生产过程的实时监测和控制。通过收集井下数据,并通过人工智能算法进行分析和优化,实现对油气井的智能化管理和运营。

2. 技术流程

(1)传感器部署:在油气井内部安装传感器,用于实时监测井底情况、油气产量和地层压力等参数。

(2)数据采集和传输:传感器采集的数据通过无线或有线网络传输到地面数据中心。

(3)数据分析和控制:地面数据中心利用人工智能算法对收集到的数据进行实时分析,并根据分析结果进行智能化的控制和优化。

(4)远程操作:运营人员可以通过远程监控系统对油气井进行实时监控和远程操作。

3. 技术优势

(1)实时监测:能够实时监测油气井的状态和生产参数,及时发现并处理问题。

(2)自动化控制:通过人工智能算法实现对油气井的智能化控制和优化,提高了生产效率与安全性。

(3)节约成本:减少了人力资源和时间成本,提高了油气井的生产效率和经济效益。

4. 技术局限性

(1)初始投资高:智能井需投入大量资金用于传感器和数据采集系统的建设。

(2)数据安全:对数据的安全性和隐私保护提出了更高的要求,需要加强数据加密和网络安全措施。

5. 效果与效益

(1)提高生产效率:智能井技术通过实时监测和优化控制,提高了油气井的生产效率和采收率。

(2)减少运营成本:通过自动化和智能化控制,降低了运营成本和人力资源投入,提高了油气生产的经济效益。

第四节 技术进步评价

一、技术进步评价指标体系

技术进步评价指标体系是对技术发展和应用情况进行综合评价的重要工具，用于评估技术的效果、影响和贡献，指导决策和规划。一个全面有效的技术进步评价指标体系包括多个方面的指标，涵盖技术的各个方面及其对社会、经济和环境的影响。

1. 技术创新与发展指标[131]

（1）研发投入：技术创新的资金投入情况，包括研发经费占比、研发人员数量和研发设施投入等。

（2）技术创新产出：新技术、新产品和新服务的研发成果数量及质量，包括专利申请数量、论文发表情况、新产品推出情况等。

（3）技术更新周期：技术迭代更新的速度和频率，反映技术创新的敏捷性和效率。

2. 技术应用与推广指标

（1）技术应用范围：在不同领域和行业的应用情况，包括应用覆盖范围和应用深度[132]。

（2）技术转化率：科研成果向实际应用转化的效率和速度，包括科研成果产业化率、技术转让情况等[133]。

（3）技术推广效果：技术应用后的效果和影响，包括技术应用效益、用户满意度等。

3. 技术竞争力指标

（1）技术水平：包括国际引文频次、国际专利申请情况等。

（2）优势领域：在特定领域的核心竞争力和优势，包括领先市场的技术和产品。

（3）技术跟踪和预警：对竞争对手技术动态的跟踪和预警能力，包括竞争对手技术发展趋势和行动情况等[134-135]。

4. 社会经济效益指标

（1）经济效益：技术应用对企业经济效益的影响，包括技术成本节约、生产效率提升、市场占有率提高等。

（2）社会效益：技术应用对社会的影响和贡献，包括就业创造、社会服务改善、生活质量提高等。

（3）环境效益：技术应用对环境的改善，包括资源利用效率提升、污染减少等。

5. 可持续发展指标

（1）技术与环境协调性：技术应用对环境可持续性的影响，包括资源利用效率、能源消耗情况等。

（2）社会责任履行：技术应用过程中企业的社会责任履行情况，包括社会公益活动参与、员工福利保障等。

（3）长期发展潜力：技术应用对企业长期发展和社会发展的潜在影响，包括技术创新动力、产业发展前景等[136]。

6. 创新环境指标

（1）政策支持度：政府和相关部门对技术创新和应用的政策支持程度，包括政策法规、财政支持、税收优惠等。

（2）人才储备：技术创新和应用所需人才的储备情况，包括人才培养机制、科研团队建设等。

（3）产学研合作：企业、高校和科研机构之间的合作情况，包括合作项目数量、合作成果质量等[137]。

技术进步评价指标体系应该是一个动态的、可调整的评价体系，在实际应用中需要根据具体情况和需求进行调整与补充。不同行业、不同技术领域需要有针对性地设计评价指标体系，以更准确地评估技术的发展和应用情况，推动科技创新和产业发展。

二、技术进步评价方法和模型

技术进步评价方法和模型是评估技术发展与应用效果的重要工具，它们可以帮助分析技术创新的影响因素、评估技术应用的效果，并为决策提供科学依据。

1. 计量分析方法

计量分析方法是一种基于数据统计和分析的技术进步评价方法，通过对技术指标和经济指标的量化分析，评估技术发展和应用的效果。常用的计量分析方法包括以下三种。

（1）回归分析：通过建立技术指标与经济效益之间的数学模型，分析它们之间的相关关系和影响程度。例如，可以建立技术投入与产出之间的回归模型，评估技术对企业经济效益的贡献程度。

（2）时间序列分析：对技术指标和经济指标的历史数据进行分析，发现技术发展和应用的趋势与规律。例如，可以通过时间序列分析技术投入和产出的变化趋势，评估技术发展的动态变化。

（3）因果关系分析：通过控制其他影响技术发展和应用的因素，分析技术指标与经济效益之间的因果关系。例如，可以利用因果关系分析方法评估技术创新对企业产业结构调整的影响。

2. 综合评价方法

综合评价方法是一种多指标、多因素的综合分析方法，通过对各种指标和因素进行综合评价，得出综合评价结果。常用的综合评价方法包括以下三种。

（1）层次分析法（AHP）：将评价对象分解为若干个层次，建立层次结构模型，通过专家打分和权重分配，对各层次指标进行评估和排序。例如，可以利用AHP方法对技术创新项目的综合效益进行评估。

（2）模糊综合评价法：将不确定性因素引入评价过程，利用模糊数学理论对技术发展和应用效果进行模糊综合评价。例如，可以利用模糊综合评价法评估技术创新项目的风险程度。

（3）主成分分析法（PCA）：通过降维和提取主成分的方法，将多指标综合评价问题转化为少数几个主成分的评价问题，简化评价过程。例如，可以利用PCA方法对技术绩效评价指标进行降维处理，提高评价效率[138]。

3. 案例分析方法

案例分析方法是通过具体案例的分析和比较，评估技术发展及应用效果的方法。通过对不同案例的对比分析，总结经验和教训，提出改进建议。案例分析方法包括以下三种。

（1）比较案例分析法：通过对不同地区、不同行业或不同企业的技术发展和应用情况进行比较分析，发现差异和规律。例如，可以比较不同地区企业的技术创新和应用效果，找出成功经验和不足之处。

（2）典型案例分析法：选择代表性的典型案例，深入剖析其技术发展和应用过程，总结经验教训。例如，可以选择某个行业的领先企业作为典型案例，分析其技术创新和应用路径。

（3）历史案例分析法：通过对历史上的技术发展和应用案例进行回顾分析，总结技术进步的规律和趋势。例如，可以分析某个行业过去几十年的技术发展历程，探讨技术创新对行业发展的影响。

技术进步评价方法和模型是评估技术发展及应用效果的重要工具，各种方法和模型都有其适用的场景和特点。在实际应用中，可以根据具体情况和需求选择合适的方法与模型，进行综合评价分析，为技术创新和应用提供科学依据。

三、技术进步评价案例分析

技术进步评价方法和模型是评估技术发展和应用效果的重要工具，可以帮助分析技术创新的影响因素、评估技术应用的效果，并为决策提供科学依据。

1. 计量分析方法

计量分析方法是一种基于数据统计和分析的技术进步评价方法，通过对技术指标和经济指标的量化分析，评估技术发展和应用的效果。常用的计量分析方法包括以下三种。

（1）回归分析：通过建立技术指标与经济效益之间的数学模型，分析它们之间的相关关系和影响程度。例如，可以建立技术投入与产出之间的回归模型，评估技术对企业经济效益的贡献程度。

（2）时间序列分析：对技术指标和经济指标的历史数据进行分析，发现技术发展和应用的趋势与规律。例如，可以通过时间序列分析技术投入和产出的变化趋势，评估技术发展的动态变化。

（3）因果关系分析：通过控制其他影响技术发展和应用的因素，分析技术指标与经济效益之间的因果关系。例如，可以利用因果关系分析方法评估技术创新对企业产业结构调整的影响。

2. 综合评价方法

综合评价方法是一种多指标、多因素的综合分析方法，通过对各种指标和因素进行综合评价，得出综合评价结果。常用的综合评价方法包括以下三种。

（1）层次分析法（AHP）：将评价对象分解为若干个层次，建立层次结构模型，通过专家打分和权重分配，对各层次指标进行评估和排序。例如，可以利用 AHP 方法对技术创新项目的综合效益进行评估。

（2）模糊综合评价法：将不确定性因素引入评价过程，利用模糊数学理论对技术发展和应用效果进行模糊综合评价。例如，可以利用模糊综合评价法评估技术创新项目的风险程度。

（3）主成分分析法（PCA）：通过降维和提取主成分的方法，将多指标综合评价问题转化为少数几个主成分的评价问题，简化评价过程。例如，可以利用 PCA 方法对技术绩效评价指标进行降维处理，提高评价效率。

3. 案例分析方法

通过具体案例的分析和比较，评估技术发展及应用效果的方法。通过对不同案例的对比分析，总结经验和教训，提出改进建议。常用的案例分析方法包括以下三种。

（1）比较案例分析法：通过对不同地区、不同行业或不同企业的技术发展和应用情况进行比较分析，发现差异和规律。例如，可以比较不同地区企业的技术创新和应用效果，找出成功经验和不足之处。

（2）典型案例分析法：选择代表性的典型案例，深入剖析其技术发展和应用过程，总结经验教训。例如，可以选择某个行业的领先企业作为典型案例，分析其技术创新和应用路径。

（3）历史案例分析法：通过对历史上的技术发展和应用案例进行回顾分析，总结技术进步的规律和趋势。例如，可以分析某个行业过去几十年的技术发展历程，探讨技术创新对行业发展的影响。

技术进步评价方法和模型是评估技术发展及应用效果的重要工具，各种方法和模型都有其适用的场景和特点。在实际应用中，可以根据具体情况和需求选择合适的方法和模型，进行综合评价和分析，为技术创新和应用提供科学依据。

第五节 大数据与人工智能技术对油气产量规划的实际作用

在油气田的开发中，技术进步对产量规划起着至关重要的作用。以下介绍大数据与人工智能技术在油气田开发中的应用，并分析技术进步对油气产量规划效果的影响，最后探讨技术进步对油气产量规划的启示和展望。

一、大数据与人工智能技术在油气田开发中的应用

1. 技术原理[139]

大数据与人工智能技术在油气田开发中的应用基于数据驱动的理念，通过采集、存储和分析海量的地质、地震、工程、生产等数据，运用人工智能算法进行模式识别、数据挖掘和预测分析，从而实现对油气田的精细化管理和优化决策。

2. 技术流程

（1）数据采集与整理：收集各个环节产生的数据，包括地质勘探、地震勘探、生产监测等数据，将其整理为结构化数据。

（2）数据存储与处理：建立大数据存储系统，利用分布式数据库和云计算等技术，存储和管理海量数据，并利用数据处理技术进行清洗、融合和预处理。

（3）数据分析与建模：运用机器学习、深度学习等人工智能算法，对数据进行模式识别、特征提取和预测分析，构建地质模型、油藏模型等。

（4）决策支持与优化：基于数据分析结果，辅助决策者进行油气田开发的规划、优化和调整，提高开发效率和产量。

3. 技术优势[140]

（1）提高油气田开发的精细化程度，实现对油气藏的全面监测和管理。

（2）提高开发决策的科学性和准确性，降低开发风险和成本。

（3）实现油气田生产的智能化和自动化，提高生产效率和产量。

（4）创新性地利用大数据和人工智能技术，开辟了油气田开发的新思路和新方法。

4. 技术局限性[141]

（1）数据质量和数据安全问题：需要解决数据质量和数据安全的问题，确保数据的准确性和完整性。

（2）技术成本和人才短缺：大数据和人工智能技术的应用需要投入大量的资金和人力资源，而且相关人才相对稀缺。

二、大数据与人工智能技术对油气产量规划效果的影响

技术进步对油气产量规划效果的影响主要体现在以下三个方面。

1. 生产效率的提升

通过大数据与人工智能技术的应用，可以对油气田的生产过程进行实时监测和分析，及时发现生产异常和优化空间，从而提高生产效率。例如，可以通过分析生产数据，及时调整注采比例和生产参数，优化生产方案，提高油气产量。

2. 生产预测的准确性

利用人工智能算法对历史数据进行分析和建模，可以预测油气田未来的产量变化趋势和规律，为产量规划提供科学依据。例如，可以利用机器学习算法对油气田的生产数据进行分析，预测未来的产量波动情况，从而调整生产计划和生产策略[142]。

3. 生产决策的科学性

大数据与人工智能技术为决策者提供了更多的数据支持和分析工具，使其能够基于数据进行决策，降低决策的盲目性和风险性。例如，可以利用数据挖掘技术发现油气田生产中的潜在问题和优化空间，为决策者提供决策建议。

三、大数据分析与预测技术的实际应用案例分析

为了更具体地说明大数据与人工智能技术在油气产量规划中的应用，以下是两个实际案例的详细描述。

［案例一］ 智能化生产优化系统在海上油田的应用[143]。

一家国际能源公司拥有位于北海的多个海上油田，这些油田的开发面临着复杂的地质

条件和海洋环境，产量规划受到多种因素的影响，传统的生产优化方法已经无法满足生产需求。

（1）技术原理：该公司引入了智能化生产优化系统，基于大数据和人工智能技术。系统通过实时监测海上油田的生产数据、天气数据、设备状态等信息，利用机器学习算法进行数据分析和模式识别，从而实现对油田生产过程的智能化优化。

（2）技术流程：

① 数据采集：采集海上油田的生产数据、海洋环境数据、设备状态数据等信息。

② 数据存储与处理：将数据存储在云平台上，并进行数据清洗、融合和预处理。

③ 数据分析与建模：利用机器学习算法对数据进行分析和建模，构建油田生产模型和预测模型。

④ 决策支持与优化：系统根据数据分析结果，为生产决策者提供智能化的决策支持和优化建议，包括生产参数调整、生产方案优化等。

（3）技术优势：实现了海上油田生产的智能化管理和优化决策，提高了油田生产效率和产量，降低了生产成本和风险，提升了生产决策的科学性和准确性，加快了决策响应速度。

（4）效果与效益：通过智能化生产优化系统的应用，该公司成功实现了对海上油田生产过程的智能化管理和优化决策，生产效率得到了显著提升，每口井的产量平均增加了10%，同时生产成本降低了5%，为公司带来了可观的经济效益。

［案例二］ 大数据分析与预测技术在陆上页岩气田的应用[144]。

一家页岩气开发公司在美国拥有大面积的陆上页岩气田，该公司希望通过利用大数据分析与预测技术，提高页岩气田的生产效率和产量，降低生产成本。

（1）技术原理：该公司建立了基于大数据分析和预测技术的生产管理系统，通过对页岩气田的大量生产数据进行收集、存储、分析和建模，利用机器学习和数据挖掘算法，预测页岩气田的产量变化趋势和规律，从而指导生产决策和优化方案。

（2）技术流程：

① 数据采集与整理：收集页岩气田的生产数据、地质数据、地质勘探数据等信息。

② 数据存储与处理：建立大数据存储系统，将数据进行清洗、融合和预处理。

③ 数据分析与建模：利用机器学习算法对数据进行分析和建模，构建页岩气田的生产模型和预测模型。

④ 决策支持与优化：基于数据分析结果，为生产决策者提供智能化的决策支持和优化建议，优化生产方案与生产参数。

（3）技术优势：

① 提高了陆上页岩气田的生产效率和产量，降低了生产成本。

② 实现了生产决策的智能化和科学化，加快了决策响应速度。

③ 提升了生产决策的准确性和稳定性，降低了生产风险。

（4）效果与效益：通过大数据分析与预测技术的应用，该公司成功实现了陆上页岩气田的生产管理智能化，生产效率和产量显著提升，每口井的产量平均增加了15%，生产成本降低了8%，为公司带来了可观的经济效益。

四、技术进步对油气产量规划的启示和展望

技术进步对油气产量规划的推动作用显著，但同时也带来了一系列挑战。展望未来，随着技术的持续突破和广泛应用，油气产量规划将面临更多机遇与挑战。

1. 启示

（1）推动技术创新与研发：需持续加大对大数据与人工智能技术在油气田开发中的研发投入，探索其在预测分析、优化决策和动态管理中的深度应用。

（2）完善数据管理与安全机制：建立健全的数据管理体系，确保数据质量的可靠性和安全性，避免数据泄露及其带来的潜在风险。

（3）强化人才队伍建设：大力培养掌握大数据与人工智能技术的专业人才，为油气产量规划的智能化提供坚实的人才基础[145]。

2. 展望

（1）预测性维护：利用大数据与人工智能技术，提前预测油气设备及管道的故障风险，优化维护时机和方式，从而提升设备利用率与生产效率。

（2）智能决策支持：借助数据分析和模型预测，开发智能化决策支持系统，优化油气田生产的实时调控，提升决策精准度和效率。

（3）生产自动化管理：结合物联网与云计算技术，构建油气田的自动化生产管理平台，实现生产全过程的自动化监控与管理，增强生产的效率和安全性。

大数据与人工智能技术的深度应用，正逐步为油气产量规划开辟新的路径。这些技术不仅可以提升管理的精细化水平，还能够优化决策过程，推动油气田开发向可持续发展迈进。通过技术创新和科学管理的结合，油气产量规划将更具前瞻性和适应性，助力行业迎接未来的挑战与机遇。

第五章 市场需求与油气产量规划

油气行业的产量规划不仅受到地质条件和技术进步的影响，市场需求变化也是不可忽视的重要因素。随着全球能源结构的转型和清洁能源的崛起，传统油气需求正在面临前所未有的挑战，尤其是电动汽车的普及、可再生能源的大规模应用等因素，对油气产品的需求产生了深远影响。因此，精准预测和有效应对市场需求变化，是确保油气产量规划科学性和合理性的关键。本章将分析市场需求对油气产量规划的影响，探讨如何利用需求预测模型（如时间序列分析、回归分析等）评估市场变化对油气产量的潜在影响，尤其是在低碳能源替代和需求波动的背景下，为制定灵活且适应性强的产量规划策略提供理论依据和实践指导。

第一节 市场需求对油气产量规划的影响

一、市场需求与油气产量规划的关系

市场需求与油气产量规划之间存在着密切的关系，因为油气产量的规划直接影响着市场供需平衡、价格波动以及能源市场的稳定运行。

1. 市场需求与油气产量规划的基本关系

（1）市场需求的作用。市场需求是油气产量规划的基础，它直接反映了市场对能源的需求量。能源是现代社会运转的基础，而石油和天然气是主要的能源来源之一。市场需求的增加意味着对石油和天然气的需求量也会增加，因此，为了满足市场需求，必须进行相应的油气产量规划[146]。

（2）油气产量规划的目的。油气产量规划旨在调控油气产量，以满足市场需求，并维持能源市场的供需平衡。通过合理规划产量，可以避免供应过剩或供应不足的情况发生，保持市场价格的稳定，促进能源市场的健康发展[147]。

（3）两者的关系。市场需求与油气产量规划之间存在着相互作用的关系。市场需求的增加会促使油气产量的增加，以满足市场需求；而油气产量的规划则会受到市场需求的影响，调整产量以适应市场的变化。

2. 实践探索

（1）市场需求的增加。世界各国的经济发展和工业化进程加剧了对能源的需求，尤其是对石油和天然气的需求。例如，中国作为全球最大的能源消费国之一，其能源需求量持续增长。在这种情况下，油气产量规划需要根据市场需求的增加进行调整，增加油气产量以满足市场需求[148]。

（2）油气产量规划的调整。根据市场需求的变化，各个油气开发国家和地区都需要及时调整油气产量规划。例如，OPEC（石油输出国组织）就是一个根据市场需求情况调整石油产量的典型组织。当市场需求增加时，OPEC 成员国可以通过增加产量来满足市场需求，以维持市场的供需平衡。

3. 市场需求与油气产量规划的影响

（1）供需平衡与价格稳定。市场需求与油气产量规划之间的良好协调能够维持能源市场的供需平衡，防止供应过剩或供应不足的情况发生，从而保持市场价格的稳定。这对于保障能源供应和促进经济发展具有重要意义。

（2）资源开发与环境保护。市场需求对油气产量规划的影响还体现在资源开发与环境保护之间的平衡上。过度开采会导致资源枯竭和环境破坏，因此需要在满足市场需求的同时，注重资源的可持续开发和环境的保护[149]。

市场需求与油气产量规划之间的关系是复杂而又密切的，它直接影响着能源市场的稳定运行和经济的发展。随着全球能源需求的不断增加和能源结构的不断优化，市场需求与油气产量规划之间的关系将变得更加紧密，人们需要进一步加强对这一关系的研究和认识，以推动能源产业的可持续发展。

二、清洁能源市场需求对传统油气产量规划的挑战

清洁能源市场需求对传统油气产量规划带来了诸多挑战，这些挑战涉及能源供需结构的调整、能源市场格局的改变以及能源产业的转型升级。

1. 清洁能源市场需求的增加

清洁能源市场需求的增加是当前全球能源格局的重要变化之一。随着环境保护意识的提升和气候变化问题的日益严重，各国纷纷加大对清洁能源的投资力度，促进了清洁能源市场的迅速发展。以可再生能源为代表的清洁能源，包括太阳能、风能、水能等，正在逐渐取代传统的化石能源，成为能源供应的重要组成部分[150-151]。

2. 传统油气产量规划面临的市场挤压效应

（1）能源供需结构的调整。清洁能源市场需求的增加导致了能源供需结构的调整。传

统的油气产量规划主要依赖于对化石能源的开采和利用,而随着清洁能源市场需求的增加,能源供应结构将逐渐向清洁能源转型。这对传统油气产量规划提出了新的挑战,需要调整产量规划策略,适应新的能源供需结构。

(2)能源市场格局的改变。清洁能源市场需求的增加也将改变能源市场的格局。传统的油气市场将面临来自清洁能源市场的竞争,传统油气企业将面临市场份额的逐渐减少和盈利能力的下降。这对传统油气产量规划带来了新的挑战,需要重新评估市场格局和竞争态势,调整产量规划策略,提升竞争力[152]。

3. 实践探索

(1)欧洲清洁能源市场的发展。欧洲是全球清洁能源市场的领头羊之一,该地区在可再生能源发展方面取得了显著进展。以德国为例,该国通过实施能源转型政策,大力发展风能和太阳能等清洁能源,逐步减少对化石能源的依赖。这种清洁能源市场需求的增加对欧洲传统的油气产量规划提出了新的挑战,需要调整产量规划策略,适应新的能源供需格局[153]。

(2)亚洲清洁能源市场的崛起。亚洲地区是全球清洁能源市场增长最快的地区之一,中国、印度等国家正在积极推动清洁能源产业的发展。以中国为例,该国通过实施能源革命计划,大力发展太阳能、风能等清洁能源,以应对环境污染和气候变化等问题。这种清洁能源市场需求的增加对亚洲传统的油气产量规划带来了挑战,需要调整产量规划策略,加快能源转型步伐。

清洁能源市场需求对传统油气产量规划提出了新的挑战,但同时也为能源产业的转型升级提供了机遇。面对清洁能源市场需求的增加,传统油气产量规划需要加强创新,积极响应国际能源转型的呼声,推动能源供应结构的调整,实现可持续发展。随着清洁能源技术的进步和市场的不断发展,能源产业将迎来更美好的未来。

三、市场需求变化对产量规划的影响机制

市场需求变化对产量规划的影响机制是一个复杂而重要的课题,涉及市场经济、产业发展、供需关系等多个方面的因素。

1. 市场需求变化对产量规划的基本影响机制

市场需求变化对产量规划的影响机制主要体现在以下三个方面。

(1)供需关系的调整。市场需求的变化会引起供需关系的调整,从而影响产量规划的制定。当市场需求增加时,供需关系将发生向右移动,产量规划需要相应增加以满足市场需求;相反,当市场需求减少时,供需关系将向左移动,产量规划需要相应减少以避免过剩产能。

(2)产业结构的调整。市场需求变化还会引起产业结构的调整,从而影响不同行业的产量规划。当某些行业的市场需求增加时,相应行业的产量规划将增加;而当某些行业的市场需求减少时,相应行业的产量规划将减少。这种产业结构的调整将直接影响到相关产

业的发展方向和产量规划。

（3）技术进步的影响。市场需求变化还会影响到技术进步的方向和速度，进而影响到产量规划。当市场需求对某种新技术的应用需求增加时，相关行业将加大对该新技术的研发和应用力度，产量规划也会相应调整以适应新技术的发展；反之，当市场需求对某种技术的应用需求减少时，相关行业将减少对该技术的投入，产量规划也会相应调整以适应技术的变化[154]。

2. 市场需求变化对产量规划的具体影响

1）市场需求增加的影响

当市场需求增加时，产量规划将面临以下影响：

（1）增加产量规划。为满足市场需求，相关行业将增加产量规划，加大生产力投入，提高产量水平。

（2）调整产业结构。市场需求的增加将导致产业结构的调整，相关行业将加大对高需求产品的生产力投入，加大相关产业的产量规划。

2）市场需求减少的影响

当市场需求减少时，产量规划将面临以下影响：

（1）减少产量规划。为避免过剩产能，相关行业将减少产量规划，降低生产力投入，调整产量水平。

（2）调整产业结构。市场需求的减少将导致产业结构的调整，相关行业将减少对低需求产品的生产力投入，调整相关产业的产量规划。

3. 实际案例分析

1）市场需求增加的案例：新能源汽车市场

随着环保意识的提升和能源危机的加剧，新能源汽车市场呈现出爆发式增长的态势。以特斯拉为代表的电动汽车生产商，面对市场需求的增加，不断扩大产能规模，加大技术研发投入，以满足市场对清洁能源汽车的需求。

2）市场需求减少的案例：传统煤炭市场

随着环保政策的不断加强和清洁能源市场的快速发展，传统煤炭市场面临着市场需求减少的挑战。在中国，随着清洁能源替代煤炭的力度加大，许多煤矿纷纷关闭或减少产能，以应对市场需求的减少，调整产量规划，避免过剩产能导致资源浪费和环境污染。

市场需求变化对产量规划的影响机制是一个动态的过程，需要根据市场需求的变化及时调整产量规划，以适应市场的需求变化。随着低碳转型和数字转型的不断深入，市场需求将更加多样化和个性化，产量规划也将更加灵活和精准。未来，需要不断探索新的产量规划方法，适应市场需求的变化，实现产业可持续发展。

第二节　清洁能源市场需求的增长趋势与变化规律

一、清洁能源市场的发展背景和趋势

随着全球环境问题日益严重,人们对能源可持续性和环境友好性的关注越来越高,清洁能源作为一种替代传统化石能源的可再生能源,其发展备受关注。清洁能源市场的兴起和发展,不仅是环保理念的推动,更是由于技术进步、政策支持和市场需求的共同作用。

1. 清洁能源市场的发展趋势

(1) 技术进步推动市场发展。随着科技的不断进步,清洁能源技术不断创新和突破,成本逐渐降低,效率不断提升。例如,太阳能光伏技术、风能技术、生物能技术等都取得了长足的发展,使得清洁能源的利用更加普及且经济可行[155]。

(2) 政策支持助推市场增长。各国政府纷纷出台鼓励清洁能源发展的政策和措施,包括补贴政策、税收优惠、能源政策法规等。这些政策的出台有效降低了清洁能源的投资门槛,增加了市场的发展潜力[156]。

(3) 市场需求不断增长。随着环境保护意识的提高和可再生能源技术的成熟,市场对清洁能源的需求不断增长。清洁能源的广泛应用已经渗透到家庭、工业、交通等各个领域,成为未来能源发展的主要方向[157]。

2. 清洁能源市场的实践

(1) 光伏发电市场的发展。光伏发电是清洁能源的重要组成部分,其市场规模不断扩大。以中国为例,中国是全球最大的光伏发电市场之一,政府出台了一系列支持政策,包括国家补贴、上网电价优惠等,鼓励光伏发电项目的建设和运营。随着技术进步和成本降低,光伏发电已经逐渐实现了平价上网,成为一种经济实用的清洁能源[158]。

(2) 风能发电市场的增长。风能发电是另一种重要的清洁能源形式,其市场也在不断增长。欧洲国家是风能发电的主要市场之一,其中丹麦、德国等国家的风能发电装机容量居全球前列。随着技术的进步和风电成本的降低,风能发电已经成为一种成熟的清洁能源形式,并且在市场上逐渐占据主导地位。

3. 清洁能源市场的未来展望

清洁能源市场有着广阔的发展前景和潜力,未来几年将呈现以下趋势:

(1) 技术创新。随着科技的发展,清洁能源技术将不断创新和突破,成本会进一步下降,效率会进一步提高。

（2）政策支持。各国政府将继续出台支持清洁能源发展的政策，以促进市场的健康发展。

（3）市场需求增长。随着环境保护意识的提高和能源结构调整的加速，市场对清洁能源的需求将进一步增长。

清洁能源市场的发展已经成为全球能源发展的主要趋势之一，其在技术、政策和市场需求方面都呈现出良好的发展态势。未来，随着技术的不断创新和市场需求的不断增长，清洁能源市场将进一步壮大，为全球能源可持续发展作出更大的贡献。

二、清洁能源市场需求的主要变化因素

清洁能源市场需求的变化受到多种因素的影响，包括技术创新、政策调整、市场竞争、消费者偏好等。以下从这些方面展开详细的分析，结合实际案例，探讨清洁能源市场需求的主要变化因素。

1. 技术创新驱动

（1）技术的成本下降。随着清洁能源技术的不断创新和发展，其成本逐渐下降，使得清洁能源变得更加具有竞争力。例如，太阳能光伏技术的成本已经大幅下降，风能技术的效率也在不断提升，这促使更多的消费者和企业选择清洁能源作为替代传统能源的选择。

（2）技术的效率提升。清洁能源技术的不断进步还体现在其效率的提升上。以太阳能光伏技术为例，新一代的光伏电池材料和设计使得光伏发电的效率大幅提升，提高了清洁能源的利用效率和经济性[159]。

2. 政策调整与支持

（1）政府补贴与奖励政策。政府在清洁能源领域出台的补贴和奖励政策对市场需求起到了重要的推动作用。例如，一些国家出台了太阳能发电补贴政策，通过提供补贴来鼓励消费者和企业采用太阳能发电系统。

（2）环境保护法规的制定。环境保护法规的制定对市场需求也产生了影响。随着环境法规的日益严格，企业和消费者对清洁能源的需求也在增加。例如，一些国家出台了碳排放交易制度，企业需要购买排放配额，这促使企业采用清洁能源来减少碳排放[15]。

3. 市场竞争与供需关系

（1）清洁能源市场竞争激烈。清洁能源市场竞争激烈，各种清洁能源技术和产品层出不穷。市场上的竞争不仅促使企业不断创新，提高产品质量和性能，也推动了清洁能源的市场普及和发展。

（2）供需平衡。清洁能源市场的需求与供给之间的平衡也是影响市场变化的重要因素。当市场需求增加时，供给方会相应增加生产能力和投入，以满足市场需求[160]。

4. 消费者偏好与意识提升

（1）环保意识的增强。随着人们环保意识的增强，越来越多的消费者和企业开始重视清洁能源的使用。他们愿意为环保作出贡献，选择清洁能源产品和服务，从而推动了市场需求的增长。

（2）偏好的变化。消费者偏好的变化也会影响市场需求的变化。随着清洁能源技术的不断发展和普及，越来越多的消费者倾向于选择清洁能源产品，如购买电动汽车、安装太阳能发电系统等。

5. 实践探索

[**案例一**] 中国光伏产业的快速发展。

近年来，中国政府出台了一系列支持光伏产业发展的政策和措施，包括国家补贴、税收优惠、上网电价政策等。这些政策的出台促使中国光伏产业迅速发展，市场需求不断增长，光伏发电已经成为中国清洁能源市场的主导形式之一。

[**案例二**] 欧洲风电市场的持续增长。

欧洲是全球风电市场的重要地区之一，欧洲各国政府出台了一系列支持风电发展的政策和措施，使风电市场持续增长。例如，德国、丹麦等国家在风电装机容量和风电发电量方面居于全球领先地位，清洁能源已经成为欧洲能源转型的重要组成部分[161]。

清洁能源市场受到多种因素的影响，技术创新、政策调整、市场竞争、消费者偏好等都在推动着市场的发展。通过合理的政策支持、技术创新和市场竞争，清洁能源市场将迎来更加广阔的发展前景，为可持续能源发展和环境保护作出更大的贡献。

三、清洁能源市场需求在不同地区的差异分析

清洁能源市场需求在不同地区受到多种因素的影响，包括地理条件、经济发展水平、政策支持、环境意识等。以下从这些方面展开详细的分析，结合实际案例，探讨清洁能源市场需求在不同地区的差异性。

1. 地理条件和资源分布

（1）光照条件。不同地区的光照条件存在差异，影响着太阳能发电的利用率。例如，赤道附近地区的光照强度较高，适合发展太阳能发电项目，而高纬度地区的光照强度较低，太阳能发电的效率也相应较低。

（2）风能资源。地形和气候对风能资源的分布产生影响，从而导致不同地区风能资源的差异。例如，海岸线附近和山地地区的风能资源较丰富，适合发展风电项目，而内陆地区的风能资源相对较弱。

2. 经济发展水平

（1）发展水平不同。不同地区的经济发展水平存在差异，导致对清洁能源的需求和接受程度不同。发达地区的清洁能源市场需求相对较高，而发展中国家的清洁能源市场需求相对较低。

（2）能源消费结构。经济发展水平不同的地区，能源消费结构也存在差异。一些发达地区的能源消费主要依赖于清洁能源，对清洁能源的需求较高，而一些发展中国家的能源消费主要依赖于化石能源，对清洁能源的需求相对较低。

3. 政策支持和法规制度

（1）政策差异。不同地区的政府在清洁能源政策支持方面存在差异。一些地区出台了激励政策，鼓励清洁能源的发展，如提供补贴和奖励；而另一些地区的政策支持相对较少，清洁能源发展受到限制。

（2）法规制度不同。清洁能源市场发展还受到法规制度的影响。一些地区的法规制度对清洁能源的发展提供了支持和保障，如明确的能源转型目标和时间表，而另一些地区的法规制度相对较为模糊或者不够完善，制约了清洁能源市场的发展。

4. 环境意识和消费习惯

（1）环保意识差异。不同地区的环保意识和消费者对清洁能源的认知程度存在差异。一些地区的消费者更加重视环保，愿意选择清洁能源产品，而另一些地区的消费者对清洁能源的认知程度较低，清洁能源市场需求相对较弱。

（2）消费习惯不同。消费习惯也会影响清洁能源市场的需求。一些地区的消费者习惯于使用传统能源产品，对清洁能源的接受程度较低；而另一些地区的消费者更加倾向于选择清洁能源产品，形成了较高的市场需求。

5. 实践探索

[案例一] 德国与中国的清洁能源市场差异。

德国作为清洁能源先行者之一，在政策支持和法规制度方面积极推动清洁能源的发展，形成了成熟的清洁能源市场，市场需求较高。相比之下，中国的清洁能源市场发展相对较晚，政策支持和法规制度还不够完善，清洁能源市场需求相对较低[162]。

[案例二] 北欧国家与中东地区的风能市场差异。

北欧国家由于地理条件和政策支持等因素，风能资源丰富，形成了发达的风能市场，市场需求较高。相比之下，中东地区风能资源相对较少，政府对清洁能源的政策支持也相对较少，清洁能源市场需求相对较低。

清洁能源市场需求在不同地区存在差异，受到地理条件、经济发展水平、政策支持、环境意识等多种因素的影响。了解这些差异性，有助于制定针对性的政策和战略，推动清洁能源的发展和应用，实现可持续能源转型的目标。

第三节 市场需求预测模型

市场需求预测模型是企业预测市场需求的重要工具，不同的模型适用于不同的情况和数据类型。时间序列分析模型适用于历史数据较为完整、趋势性明显的情况；回归分析模型适用于多个自变量对因变量的影响较为复杂的情况；时间序列分解模型适用于具有明显季节性和趋势性的数据。企业可以根据实际情况选择合适的预测模型，提高市场需求的预测准确性和可靠性。

一、市场需求预测原理

市场需求预测是企业决策和战略制定的重要依据，通过对市场需求的合理预测，企业可以制定相应的生产计划、销售策略和市场推广活动，从而更好地满足市场需求、提高竞争力。市场需求预测的基本原理主要包括以下三方面内容。

1. 消费者行为理论

市场需求预测的基本原理之一是消费者行为理论。消费者行为受到多种因素的影响，包括个人偏好、收入水平、价格变化、市场环境等。了解消费者的行为特征和心理需求，可以帮助企业更准确地预测市场需求。

2. 历史数据分析

市场需求预测还依赖于历史数据。通过对历史销售数据、市场份额和趋势的分析，可以发现市场的周期性、季节性和趋势性，从而为未来的市场需求提供参考依据[163]。

3. 经济环境和政策因素

市场需求预测还需要考虑经济环境和政策因素的影响。宏观经济指标、政府政策、法律法规都会对市场需求产生重要影响，企业需要对这些因素进行综合分析和预测。

市场需求预测是企业决策和战略制定的重要环节，依托于消费者行为理论、历史数据分析、经济环境和政策因素等基本原理，采用时间序列分析法、调查问卷法、模拟模型法及利用大数据和人工智能技术等多种方法进行市场需求的预测。这些方法各有优劣，可以根据具体情况选择合适的方法，提高预测的准确性和可靠性。

二、时间序列分析模型

时间序列分析是一种基于历史数据的预测方法,通过对时间序列数据的分析和建模,预测未来的市场需求。常用的时间序列分析模型包括移动平均法、指数平滑法、趋势分析法等。

1. 移动平均法

移动平均法是一种简单有效的时间序列分析方法,它通过计算一系列连续时间段内的平均值来平滑数据,从而预测未来的市场需求。移动平均法可以分为简单移动平均法和加权移动平均法两种。例如,某销售公司使用简单移动平均法对过去 12 个月的销售数据进行分析,得出每月平均销量为 1000 立方米,然后利用这个平均值来预测未来几个月的销量。

2. 指数平滑法

指数平滑法是一种基于加权平均的时间序列分析方法,它对历史数据进行加权平均处理,使得近期数据的权重较大,从而更加灵活地反映市场的变化趋势。例如,某销售公司使用指数平滑法对最近几个季度的销售数据进行分析,得出加权平均值为 1200 立方米每季,然后利用这个加权平均值来预测未来几个季度的销量[164]。

3. 趋势分析法

趋势分析法是一种通过分析历史数据的趋势来预测未来市场需求的方法,它通常包括线性趋势分析、指数增长趋势分析等。趋势分析法适用于市场需求具有明显趋势性的情况。例如,某设备制造公司利用趋势分析法对过去几年的设备销量数据进行分析,发现销量呈现逐年增长的趋势,因此可以预测未来几年的销量也会继续增长。

三、回归分析模型

回归分析通过建立数学模型来描述自变量和因变量之间的关系,并利用这个模型来进行预测的方法。常用的回归分析模型包括线性回归、多元线性回归、逻辑回归等。

1. 线性回归模型

线性回归模型是一种最简单的回归分析方法,它假设自变量和因变量之间存在线性关系,并通过拟合直线来进行预测。线性回归模型适用于自变量和因变量之间呈现线性关系的情况。例如,某销售公司使用线性回归模型分析市场广告投入和销售额之间的关系,通过拟合回归直线来预测未来的销售额。

2. 多元线性回归模型

多元线性回归模型是一种考虑多个自变量对因变量的影响的回归分析方法,它可以更准确地描述自变量和因变量之间的复杂关系,从而提高预测的准确性。例如,某零售企业使用多元线性回归模型分析销售额与促销活动、季节因素和竞争对手销售额之间的关系，以便制定更有效的市场推广策略[165]。

四、时间序列分解模型

时间序列分解模型是一种将时间序列数据分解成趋势、季节性和随机成分的方法，然后对这些分量进行分析和预测。时间序列分解模型适用于具有明显季节性和趋势性的数据。例如，某零售商利用时间序列分解模型对历史销售数据进行分析，将销售额分解成季节性、趋势和随机成分，然后根据分解后的数据进行未来销售额的预测。

第四节　市场需求预测技术

市场需求预测是企业制定营销策略、生产计划和供应链管理的重要基础，它能够帮助企业更好地把握市场趋势、提高资源利用率、降低生产成本，从而提升竞争力。以下围绕市场需求预测的关键技术和工具展开详细的分析，探讨其原理、流程、优势、局限性以及应用案例。

一、数据分析技术

数据分析技术是市场需求预测的基础，它通过对历史数据和市场信息的分析，识别潜在的市场趋势和规律，为预测模型的构建提供数据支持。

1. 技术原理

数据分析技术基于对数据的收集、清洗、处理和分析，通过统计学、机器学习和人工智能等方法，从海量数据中提取有价值的信息和规律。

2. 技术流程[166]

（1）数据收集。收集相关的历史销售数据、消费者调查数据、市场调研报告等信息。

（2）数据清洗。对采集到的数据进行清洗和预处理，去除异常值、缺失值和重复值，确保数据质量。

（3）数据分析。利用统计分析、数据挖掘和机器学习等方法对清洗后的数据进行分析，识别潜在的市场趋势和规律。

（4）模型建立。根据数据分析的结果构建预测模型，选择合适的模型类型和算法进行建模。

（5）模型评估。对建立的模型进行评估和验证，检验其预测的准确性和可靠性。

（6）结果应用。利用建立的模型对未来市场需求进行预测，并将预测结果应用于企业的决策和规划中。

3. 技术优势

（1）数据驱动。数据分析技术能够从大量数据中挖掘出有价值的信息和规律，为决策提供科学依据[167]。

（2）预测准确。通过对历史数据的分析和建模，数据分析技术能够提高市场需求预测的准确性和可靠性。

（3）实时更新。随着数据的不断更新和积累，数据分析技术能够及时调整预测模型，保持预测结果的实时性和准确性。

4. 技术局限性

（1）数据质量。数据质量对于数据分析的结果具有重要影响，如果数据存在异常值、缺失值或者错误值，将影响分析结果的准确性。

（2）模型选择。在建立预测模型时，需要根据实际情况选择合适的模型类型和算法，否则导致预测结果不准确。

（3）不确定性。市场需求受到多种因素的影响，存在一定的不确定性，预测结果可能存在偏差。

二、人工智能技术

人工智能技术是近年来发展迅速的一种数据分析技术，它通过模拟人类智能的思维过程和行为，实现对数据的自动识别、分类、分析和预测。

1. 技术原理

人工智能技术基于机器学习和深度学习等算法，通过大量数据的训练和学习，构建模型来实现对数据的自动处理和分析。

2. 技术流程[168]

（1）数据准备。收集、清洗和预处理数据，为后续建模做准备。

（2）模型选择。选择合适的人工智能模型，如神经网络、决策树等。

（3）模型训练。利用历史数据训练模型，不断调整参数以提高模型的准确性。

（4）预测应用。利用训练好的模型预测未来市场需求，为企业决策提供参考。

3. 技术优势

（1）自动化处理。人工智能技术能够实现大数据自动处理和分析，节省人力成本。

（2）高效性。相比传统数据分析方法，人工智能技术能够快速识别和分析数据。

（3）精准性。通过不断的模型训练和优化，人工智能技术能够提高预测的准确性。

4. 技术局限性

（1）数据需求。人工智能技术对于大量高质量的数据有较高的要求，如果数据质量不佳，将会影响模型的准确性。

（2）参数调整。人工智能模型的参数调整对于模型的性能影响较大，需要专业人员进行调整和优化。

（3）预测不确定性。市场需求受多种因素的影响，存在一定的不确定性，人工智能技术的预测结果也可能存在偏差。

三、强化学习

1. 技术原理

强化学习是一种基于智能体与环境交互的机器学习方法，利用智能体不断与环境交互，通过尝试和错误来学习获得最优策略。在市场需求预测中，强化学习，通过智能体对市场环境的不断观察和交互，学习到最优的决策策略，从而实现精准预测[169]。

2. 技术流程

（1）数据收集。收集市场需求的历史数据、相关环境因素等数据。

（2）智能体建模。构建强化学习模型，包括状态、动作、奖励等要素的定义。

（3）策略学习。智能体与环境交互，根据环境反馈调整策略，不断优化预测模型。

（4）预测输出。根据学习到的最优策略，生成市场需求的预测结果。

3. 技术优势

（1）适应性强。强化学习，根据环境的变化自动调整策略，适应不同的市场情况。

（2）学习能力强。智能体通过与环境的交互不断学习，可以实现自主学习和优化。

（3）可解释性好。强化学习模型，能够清晰地表达出不同决策对应的奖励值，提高预测结果的可解释性。

4. 技术局限性

（1）数据需求高。强化学习需要大量历史数据进行训练，对数据质量要求较高。

（2）训练时间长。由于需要不断与环境交互学习，强化学习的训练时间较长，且对计算资源要求较高。

5. 效果与效益

（1）提高预测准确性。强化学习能够根据市场环境的变化不断调整预测策略，从而提高了市场需求预测的准确性。

（2）降低生产成本。通过精准的市场需求预测，企业可以合理安排生产计划和库存管理，降低生产成本。

（3）提高市场竞争力。准确的市场需求预测能够帮助企业更好地满足市场需求，提高产品销售量和市场份额，增强企业的市场竞争力。

四、神经网络

1. 技术原理

神经网络是一种模仿人类大脑神经元结构和功能的计算模型，通过多层神经元之间的连接和信息传递，实现对复杂数据的学习和处理。在市场需求预测中，神经网络可以通过对历史数据的学习，构建出一个多层次的非线性映射关系，从而实现对未来市场需求的预测[170]。

2. 技术流程

（1）数据准备。准备市场需求历史数据和其他相关因素的数据。

（2）神经网络建模。构建神经网络模型，包括网络结构、激活函数的选择等。

（3）训练网络。利用历史数据训练网络，不断调整模型参数使其逼近真实数据。

（4）预测输出。利用训练好的神经网络模型对未来市场需求进行预测。

3. 技术优势

（1）能够捕捉非线性关系。神经网络模型具有强大的非线性拟合能力，能够更好地捕捉市场需求数据中的非线性关系。

（2）可扩展性强。神经网络模型可以通过增加隐藏层节点数、增加层数等方式来增强模型的表达能力，适应不同复杂度的市场需求数据。

（3）稳健性好。神经网络模型具有较强的稳健性，对于数据中的噪声和异常值有一定的容错能力。

（4）技术局限性。

① 参数调整困难。神经网络模型具有大量的参数需要调整，而且参数调整通常需要通过大量的实验来完成，存在一定的困难。

② 数据需求高。神经网络模型需要大量的历史数据进行训练，而且对数据的质量要求较高，数据不足或质量不佳会影响模型的预测效果。

（5）效果与效益。

① 提高预测准确性。神经网络模型能够充分利用历史数据中的信息，通过非线性拟合的方式更准确地预测未来市场需求。

② 降低生产成本。准确的市场需求预测有助于企业合理安排生产计划和库存管理，

从而降低生产成本。

③ 提高市场竞争力。精准的市场需求预测可以帮助企业更好地满足市场需求，提高产品销售量和市场份额，增强市场竞争力。

五、趋势分析法

趋势分析是一种基于历史数据的预测方法，通过分析数据的趋势变化来预测未来的市场需求。它的主要原理是假设过去的趋势将延续到未来一段时间内。

1. 技术原理

（1）收集历史市场需求数据，并进行整理和分析。

（2）利用统计方法或图形方法，对历史数据的趋势进行分析，如通过拟合趋势线或绘制趋势图等方法。

（3）基于已识别的趋势，预测未来一段时间内的市场需求。

2. 技术流程

（1）数据收集：收集历史市场需求数据。

（2）数据分析：对历史数据进行趋势分析，识别出趋势模式。

（3）趋势预测：根据已识别的趋势模式，预测未来市场需求的趋势。

3. 技术优势

（1）简单易行，不需要复杂的数学模型或计算方法。

（2）可用于短期和中期的预测[171-174]，适用范围广泛。

（3）对于长期趋势明显的市场需求具有较好的预测效果。

4. 技术局限性

（1）对于突发事件或外部因素的影响反应较慢，难以应对市场变化。

（2）依赖于历史数据的质量和完整性，如果历史数据不充分或不准确，会影响预测结果的准确性。

5. 效果与效益

（1）能够提供较为简单直观的市场需求预测结果，为企业决策提供参考依据。

（2）通过对趋势的预测，企业可以及时调整生产计划和库存管理，降低生产和库存成本，提高资源利用率。

（3）对于长期趋势明显的市场，趋势分析可以提供较为可靠的预测结果，帮助企业更好地规划未来发展方向。

六、模拟模型

模拟模型是一种通过构建数学模型模拟市场需求变化的方法，它基于对市场需求影响因素的分析和建模，通过模拟不同因素的变化对市场需求的影响进行预测。

1. 技术原理

（1）首先对市场需求的影响因素进行识别和分析，包括内部因素和外部因素。

（2）基于影响因素分析，构建相应的数学模型，模拟市场需求随各因素的变化。

（3）通过对模型的运行和仿真，得到未来市场需求的预测结果。

2. 技术流程

（1）影响因素分析：识别和分析影响市场需求的各种因素，包括产品价格、消费者偏好、竞争对手行为等。

（2）模型构建：基于因素分析，构建数学模型描述市场需求与各因素之间的关系。

（3）参数估计：利用历史数据对模型参数进行估计和优化。

（4）模型验证：通过对历史数据和实际情况的拟合程度进行验证，验证模型的准确性和可靠性。

（5）预测结果：利用已建立的模型，对未来市场需求进行预测和模拟。

3. 技术优势

（1）能够较全面地考虑市场需求的各种影响因素，对市场需求的变化进行全面分析和预测。

（2）可以灵活应对不同情况下的市场需求预测需求，提高预测的准确性和灵活性。

4. 技术局限性

（1）模型的构建和参数估计需要大量的数据及专业知识支持，成本较高。

（2）模型的准确性和可靠性依赖于对影响因素的准确分析和模型的有效构建，如果分析不足或者模型不合理，也会影响预测结果的准确性。

5. 效果与效益

（1）能够提供较为准确的市场需求预测结果，为企业决策提供重要参考依据。

（2）可以帮助企业更好地应对市场变化，优化生产计划和库存管理，提高生产效率和市场竞争力[175]。

（3）通过模拟不同情景下的市场需求变化，帮助企业制定灵活的应对策略，降低市场风险，提高企业盈利能力。

第五节　市场需求影响油气产量规划的案例分析

一、案例一——石油价格波动对产量规划的影响

某油公司在进行产量规划时，需要考虑全球石油市场的供需情况以及价格波动对生产的影响[176-178]。

1. 影响因素分析

（1）经济形势。经济增长率对石油需求影响较大，经济增长趋缓导致石油需求减少。

（2）地缘政治因素。地缘政治事件（如战争、制裁等）会影响某些地区的石油供应，进而影响全球石油价格。

（3）产油国政策。产油国的石油产量政策对全球石油供应和价格有重要影响。

2. 数据分析

通过历史数据分析，可以发现石油价格的波动对石油公司的产量规划有着直接影响。例如，当石油价格上涨时，石油公司会增加产量以获取更高的利润；而当价格下跌时，则减少产量以避免亏损。

3. 效果与效益

（1）通过对石油价格的敏感度分析，石油公司可以调整产量规划，降低价格波动对企业盈利的影响。

（2）合理的产量规划可以帮助石油公司更好地应对市场变化，保持盈利稳定。

二、案例二——新能源替代对天然气需求的影响

随着环保意识的提升和新能源技术的发展，一些国家和地区开始逐渐转向清洁能源，如风能、太阳能等，这对天然气的需求产生了一定的影响[179-181]。

1. 影响因素分析

（1）新能源技术。新能源技术的发展可减少对传统化石能源的需求。

（2）环保政策。一些国家和地区出台了环保政策，鼓励、支持清洁能源的发展。

2. 数据分析

通过对清洁能源市场增长率、新能源技术成本等数据的分析，可以预测未来清洁能源对天然气需求的影响程度。

3. 效果与效益

（1）对市场需求变化进行全面分析，可以帮助天然气公司及时调整产量规划，应对市场变化，降低市场风险。

（2）天然气公司可以加大对清洁能源领域的投资，拓展业务领域，降低对传统能源市场的依赖，提高企业竞争力。

三、案例三——电动汽车市场的崛起对汽油需求的影响

随着全球环保意识的提升和电动汽车技术的日益成熟，电动汽车市场正经历着快速增长。这一趋势对传统燃油汽车市场造成了巨大的冲击，直接影响了石油需求和产量规划[182-184]。

1. 影响因素分析

（1）技术进步。电动汽车技术的创新和成本下降使得电动汽车的市场份额不断扩大。

（2）政策支持。很多国家和地区出台了鼓励购买电动汽车的政策，如减税、补贴、免费停车等，进一步推动了电动汽车市场的发展。

（3）消费者偏好。随着环保意识的提高，越来越多的消费者倾向于选择环保、节能的电动汽车。

2. 数据分析

据统计，2024年全球电动汽车销量超过1700万辆，较上年增长25%。

3. 效果与效益

（1）减少石油需求。电动汽车的普及将大幅减少对石油的需求，对石油产量规划提出了新的挑战。

（2）转型升级。石油公司需要加速能源结构的转型，逐步减少对燃油车市场的依赖，转向新能源领域，以保持竞争优势。

（3）增加就业机会。电动汽车产业的兴起带动了相关产业链的发展，创造了更多的就业机会和经济效益。

四、案例四——新兴市场需求的增长对油气产量规划的影响

新兴市场的经济发展迅速，工业化和城镇化进程加速，这导致了对能源的需求量不断增加。

1. 影响因素

（1）经济增长。新兴市场的经济增长率远高于发达国家，导致能源需求迅速增加。

（2）工业化进程。随着新兴市场的工业化进程加速，能源在生产和制造过程中的需求也相应增加。

（3）城镇化进程。随着城镇化进程的推进，人口流动和城市建设对能源的需求也在增加。

2. 数据分析

根据国际能源署发布的数据显示，新兴市场的能源需求增长迅猛，其中中国和印度等国家是能源需求增长的主要推动力。根据相关机构的研究报告显示，预计未来几年新兴市场的能源需求将继续保持较快增长。

3. 效果与效益

（1）市场扩大。新兴市场的增长为石油和天然气等能源提供了更大的市场空间，带来了更多的销售机会和收入增长。

（2）资源配置。石油公司需要根据新兴市场的能源需求情况调整资源配置和产量规划，以满足市场需求。

（3）技术合作。新兴市场的能源需求增长也为技术合作提供了更多的机会，促进了国际能源合作的深入发展。

第六章 政策法规与油气产量规划

在全球能源转型和应对气候变化的背景下，政策法规对油气产业的影响日益增强。各国政府通过制定和实施清洁能源政策、碳排放法规以及能源安全政策，直接或间接地影响着油气产量的规划和资源开发方式。特别是在低碳转型过程中，严格的环境保护法规、碳排放交易机制和可持续发展目标对油气生产的方式和规模提出了新的要求。本章将探讨政策法规在油气产量规划中的重要作用，分析低碳能源政策、碳定价机制、能源结构调整等对油气产量的约束与引导，结合具体的政策案例，讨论如何在政策法规框架下优化油气产量规划，以确保能源开发的可持续性、经济性和合规性。

第一节 政策法规对油气产量规划的影响

一、政策法规与油气产量规划的关系

政策法规在很大程度上影响着油气产量规划，它们不仅对行业发展和运营环境产生直接影响，还会引导企业在产量规划方面进行相应的调整。

1. 政策法规的制定

政策法规的制定通常由政府或监管机构负责，旨在引导和规范油气行业的发展及运营。这些政策法规通常涉及资源开采、环境保护、能源安全、税收政策等方面。在油气产量规划中，政策法规的制定起到了引导和规范作用，指导企业制定符合国家政策的产量规划[185]。

2. 政策法规调整对产量规划的影响

政策法规的调整会直接影响到企业的产量规划。例如，政府出台新的资源税收政策，对石油和天然气的开采进行限制或者鼓励，这将直接影响到企业的产量规划。此外，环保政策的加强、能源政策的调整等都会对产量规划产生影响[186]。

3. 实例分析

（1）国家减排政策对煤炭产量规划的影响。中国政府出台了一系列减排政策，包括限

制高耗能行业的发展、推动清洁能源的利用等。这些政策的实施导致了煤炭需求的下降，许多煤矿面临关闭或减产的压力。为了适应政策的变化，煤炭企业不得不调整产量规划，减少煤炭产量，增加清洁能源的产量[187]。

（2）美国页岩气革命对天然气产量规划的影响。美国页岩气革命导致了天然气产量的快速增长，改变了全球天然气市场格局。在这种情况下，其他国家的天然气产量规划不得不进行调整，以适应市场的变化。一些国家调整产量规划，增加天然气产量以应对市场竞争，而另一些国家则会加强天然气的进口，减少国内产量。

4. 发展趋势

未来政策法规对产量规划的影响将更加显著。随着全球环保意识的提高和能源转型的加速推进，政府会出台更多的减排政策，鼓励清洁能源的发展，限制化石能源的开采和使用。因此，油气企业需要密切关注政策法规的变化，及时调整产量规划，以适应市场和政策的变化。

综上所述，政策法规对油气产量规划有着重要的影响，企业需要根据政策法规的变化及时调整产量规划，以适应市场和政策的变化。政府和监管机构也应该根据行业发展与国家需求及时制定和调整政策法规，促进油气产量规划的科学合理。

二、低碳能源转型政策对油气产量规划的影响机制

随着全球对气候变化和环境保护的关注不断增强，各国政府纷纷制定了低碳能源转型政策，旨在减少碳排放、推动清洁能源的发展，实现经济可持续发展和环境保护的双重目标。这些政策的实施不仅影响了能源产业的发展方向和格局，也直接影响到油气产量规划。

1. 低碳能源转型政策背景和目标

低碳能源转型政策是各国政府为了应对气候变化和环境污染问题，推动经济向低碳、环保方向转型而制定的一系列政策措施。这些政策通常包括减排目标、能源结构调整、清洁技术支持等内容。主要目标包括减少温室气体排放、降低对传统石油和天然气等化石能源的依赖，促进清洁能源的发展和利用[188]。

2. 政策调控对油气产量规划的多维影响

（1）能源结构调整。低碳能源转型政策鼓励能源结构向清洁能源方向调整，减少对传统石油和天然气等化石能源的依赖。因此，政府可能通过控制新建油气项目的数量、限制碳排放等方式，对油气产量规划产生直接影响。

（2）限制新项目开发。为了实现低碳能源转型目标，政府可能限制新的油气项目的开发。例如，可能会对高碳排放的项目进行限制或加大环境审批的难度。这会导致企业在新

项目投资和产量规划上受到限制。

（3）清洁技术支持。为了推动清洁能源的发展，政府可能通过各种政策手段支持清洁技术的研发和应用。这些清洁技术包括太阳能、风能、生物能等。企业可能受到政府政策的鼓励和支持，增加对清洁能源的开发和利用，从而调整产量规划。

（4）碳排放交易机制。一些国家和地区建立了碳排放交易机制，对碳排放进行交易和定价。这种机制通过碳市场的形式，提供了一种经济激励机制，鼓励企业减少碳排放，从而影响了油气产量规划[189]。

3. 实例分析

[案例一] 欧洲碳排放交易体系对石油产量规划的影响。

欧洲碳排放交易体系是欧盟为应对气候变化问题而建立的一个碳排放交易体系。该体系规定了欧盟成员国的碳排放配额，并通过碳市场进行交易。石油企业受到碳排放配额的限制，必须购买足够的碳排放配额才能开展业务。这导致石油企业必须调整产量规划，减少碳排放，提高清洁能源比例。

[案例二] 中国可再生能源发展目标对天然气产量规划的影响。

中国政府提出了到2030年非化石能源占一次能源消费比例达到20%的目标，并出台了一系列政策措施支持可再生能源的发展。这导致天然气产量规划受到一定影响，一些天然气项目的开发受到限制，企业必须调整产量规划，减少天然气产量，增加对可再生能源的投资和开发。

4. 发展趋势

随着全球对低碳能源转型的要求不断提高，各国政府会出台更加严格的低碳能源转型政策。这将进一步影响油气产量规划，推动油气行业向清洁能源转型。同时，油气企业需要加大对清洁技术的研发和应用，以适应低碳能源转型的趋势。

综上所述，低碳能源转型政策对油气产量规划产生了重要影响，政府、企业和社会应共同努力，制定和实施更加科学、合理的政策，推动油气产量规划与低碳能源转型目标的协调发展。

三、政策法规对油气产量规划的约束与指导作用

政策法规在油气产量规划中扮演着至关重要的角色。不仅对产量规划的制定、实施和监督提供指导，而且通过约束力量确保产量规划的合法性、合理性和可持续性。

1. 政策法规对制定油气产量规划的指导

政策法规对油气产量规划的制定提供了明确的指导，主要体现在以下几个方面：

（1）能源规划指导。国家和地方政府制定能源规划，明确能源产业的发展方向、目标和重点领域。产量规划必须与能源规划一致，符合国家和地方的能源发展战略。

（2）资源管理要求。政策法规对油气资源的开发、利用和管理提出了具体要求。例如，要求合理开发利用油气资源、保护环境、确保资源的可持续性等。

（3）市场准入条件。政策法规规定了油气产业的市场准入条件和标准。企业在进行产量规划时必须考虑到这些条件和标准，确保规划的合法性和符合市场规则。

（4）技术要求。政策法规对油气开采和生产技术提出了要求，包括安全、环保、高效等方面。产量规划必须符合这些要求，确保油气开采和生产的安全与有效性。

2. 政策法规对油气产量规划的约束作用

政策法规对油气产量规划的约束作用主要体现在以下几个方面：

（1）合规性要求。政策法规规定了油气产量规划必须符合法律法规的规定，合规性是产量规划的基本要求。任何违反法律法规的产量规划都将受到处罚或追责。

（2）环保要求。政策法规对油气产量规划提出了严格的环保要求，包括对排放标准、环境保护设施等方面的规定。产量规划必须考虑到环保要求，保护环境和生态系统。

（3）资源利用要求。政策法规规定了油气资源的合理开发利用要求，产量规划必须遵循资源可持续利用的原则，防止资源的过度开发和浪费。

（4）市场监管要求。政策法规规定了油气市场的监管要求，包括价格、竞争、垄断等方面的规定。产量规划必须符合市场监管的要求，保证市场秩序的正常运行。

3. 实例分析

[案例一] 美国页岩气开采政策对产量规划的影响。

美国页岩气开采政策对页岩气产量规划产生了重要影响。政府对页岩气开采制定了一系列环保和技术标准，如禁止使用地下水水平压裂、规定废水处理标准等。这些政策要求企业必须在开采过程中严格遵守环保标准，否则将受到处罚。同时，政府对页岩气开采实行了市场化监管，通过竞争拍卖等方式管理开采权，促进了页岩气市场的发展和规范[190-191]。

[案例二] 中国油气产量调控政策的影响。

中国政府制定了一系列油气产量调控政策，对产量规划产生了重要影响。政府通过设定油气资源开发总量控制、生产许可证制度、油气价格调整等措施，引导和调控油气产量，保障国家能源安全和经济发展。例如，政府根据国家能源需求和资源供给情况，设定了年度油气开采总量目标，并对各个地区和企业进行产量分配和调整，以确保油气产量的稳定和可持续性[192]。

4. 发展趋势

政策法规对油气产量规划起着至关重要的约束和指导作用。政府应继续完善相关政策法规，加强对油气产量规划的监管和管理，促进油气产业的健康发展。同时，企业应加强对政策法规的学习和理解，积极响应政策法规的要求，提升产量规划的合法性和可持续性。

第二节 低碳能源转型政策对油气产量规划的影响分析

一、低碳能源转型政策的主要内容和目标

低碳能源转型政策是各国政府为应对气候变化、减少碳排放、推动可持续发展而制定的重要政策。该政策旨在促进能源生产和消费方式的转型，降低碳排放，实现清洁、低碳和可持续能源的发展和利用。

1. 主要内容

低碳能源转型政策的主要内容通常包括以下五个方面。

（1）能源结构调整。低碳能源转型政策旨在推动能源结构向清洁、可再生能源方向转变。这包括减少对化石能源的依赖，增加可再生能源比重，如风能、太阳能、水能等，以及发展核能等清洁能源[193]。

（2）碳排放控制。能源转型政策通过设定碳排放目标并实施碳排放交易、碳税等措施，鼓励企业和个人减排，减少温室气体排放量，从而达到减缓气候变化的目的[194]。

（3）能源效率提升。政策通常鼓励推广能源节约技术和设备，提高能源利用效率，减少能源浪费。这包括改善工业生产工艺、建筑节能改造、推广节能家电等措施。

（4）技术创新支持。低碳能源转型政策还会鼓励和支持技术创新，推动新能源技术的研发与应用，以提高清洁能源的产业化水平和市场竞争力[195]。

（5）政策法规制定。政府会制定相关的法律法规和政策措施，明确低碳能源转型的政策目标、路径和具体措施，为各方提供政策指导和保障。

2. 主要目标

低碳能源转型政策的主要目标是实现能源生产和消费方式的转型，降低碳排放，促进经济可持续发展。具体目标通常包括以下四方面内容。

（1）减缓气候变化。通过减少碳排放和温室气体排放，减缓全球气候变化的趋势，保护地球环境和生态系统。

（2）实现碳中和。制定政策措施，促进碳排放的减少和吸收，实现碳中和或碳负排放，为可持续发展奠定基础。

（3）提高能源安全。降低对传统能源的依赖，发展清洁、可再生能源，提高能源供应的多样性和稳定性，提高能源安全水平[196]。

（4）促进经济增长。低碳能源转型政策还有助于推动新能源产业的发展，促进就业增长，提升经济竞争力和可持续发展水平。

3. 实例分析

[案例一] 欧盟《绿色新政》。

欧盟《绿色新政》是欧盟关于低碳能源转型的重要政策文件，旨在到2050年实现碳中和，并在2030年前减少温室气体排放量至少55%。该政策包括设定碳排放目标、推动可再生能源发展、提高能源效率、支持绿色技术创新等措施[197]。

[案例二] 中国"碳达峰碳中和"目标。

中国政府提出了"碳达峰碳中和"的目标，力争在2030年前实现碳排放达峰，2060年前实现碳中和。为实现这一目标，中国政府采取了一系列政策措施，包括减少煤炭消费、推动清洁能源发展、加强碳交易市场建设等。

4. 发展趋势

低碳能源转型政策的制定和实施对全球气候变化、经济发展和社会可持续性具有重要意义。各国政府应加强国际合作，共同应对气候变化挑战，推动全球低碳能源转型进程。同时，企业和社会各界也应积极响应政策，共同推动低碳经济的发展，为人类社会的可持续发展作出积极贡献。

二、政策法规对油气勘探、开发和生产的影响分析

政策法规在油气勘探、开发和生产过程中发挥着重要的指导和规范作用。

1. 政策法规对油气勘探的影响

（1）环境保护法规。环境保护法规对油气勘探活动的影响主要体现在减少环境污染、保护生态环境方面。例如，政府可能会制定严格的环保标准和审批程序，要求勘探公司在勘探过程中采取措施减少地面和水源污染，并保护当地的生物多样性。

（2）土地管理法规。土地管理法规对油气勘探活动的影响主要涉及土地使用、流转和补偿等方面。政府可能会规定土地使用的范围和条件，对于油气勘探需要占用的土地进行审批和管理，同时要求勘探公司按照相关规定对土地使用进行补偿。

（3）能源政策。能源政策对油气勘探活动的影响较大，主要体现在资源开发利用的政

策导向上。政府可能会根据国家能源战略和需求,对油气勘探项目进行规划和支持,鼓励投资者参与油气勘探活动,推动资源的有效开发利用。

2. 政策法规对油气开发的影响

(1) 资源开发管理法规。资源开发管理法规对油气开发活动的影响主要体现在资源的开发和管理方面。政府可能会制定相关法规和政策,规范油气资源的开发利用行为,保障资源的合理开采与利用。

(2) 技术标准和规范。技术标准和规范对油气开发活动的影响较大,对开发项目的设计、施工和运营提出了具体要求。政府可能会制定相关的技术标准和规范,对油气开发活动进行规范,确保项目的安全可靠运行。

(3) 资源税收政策。资源税收政策是开展油气开发活动的重要影响因素之一。政府可能会根据资源的性质和开发阶段制定不同的税收政策,对油气生产企业进行税收调节,促进资源的合理开发利用。

3. 政策法规对油气生产的影响

(1) 产量管理政策。产量管理政策对油气生产活动的影响主要体现在产量的管理和控制方面。政府制定相关的产量管理政策,规定油气生产企业的产量目标和限额,对产量进行调控和管理,以维护资源的可持续利用和市场供需平衡。

(2) 安全生产法规。安全生产法规对油气生产活动的影响较大,涉及生产过程中的安全管理、设备维护和事故应急处理等方面。政府制定相关的安全生产法规和标准,要求油气生产企业建立健全的安全管理制度,确保生产过程的安全稳定运行。

4. 实例分析

[案例一] 美国页岩气开发政策的影响。

美国政府在页岩气开发方面采取了一系列政策措施,如放宽能源开发准入、简化审批流程、提供税收优惠等,鼓励企业参与页岩气勘探和开发。这些政策的实施促进了美国页岩气产量的快速增长,提高了国家能源自给率,推动了相关产业链的发展[198]。

[案例二] 挪威北海油田开发管理制度。

挪威政府在北海油田开发中实行严格的资源管理制度和环境保护政策,要求企业严格遵守环保法规、安全标准和社会责任要求,同时采取措施减少油气生产对环境的影响。这种管理制度的实施有效保护了北海生态环境,确保了油气生产的安全和可持续发展[199]。

5. 发展趋势

政策法规对油气勘探、开发和生产活动具有重要影响,能够引导和规范企业行为,保障资源的合理开发利用和环境保护。未来，各国政府应加强油气产业监管，进一步健全法律法规体系，促进油气产业可持续发展。

三、政策法规对油气产量规划的具体要求和限制

政策法规在油气产量规划中起着重要的指导和约束作用。

1. 环境保护要求

环境保护是油气产量规划的重要考量因素之一。政府部门会制定一系列环保法规，要求油气生产企业在规划产量时充分考虑环境影响，并采取有效措施减少排放和污染。具体要求和限制包括以下内容。

（1）排放标准。政府规定油气生产企业的排放标准，包括废气、废水和固体废物等方面的限制，要求企业符合相关排放标准。

（2）环境影响评估。在制定产量规划前，政府要求企业进行环境影响评估，评估产量规划对周边环境的影响，并提出相关的环境保护措施。

例如，加拿大政府对油砂项目的产量规划制定了严格的环境保护要求，要求企业在开发过程中最大限度地减少对当地环境的影响，确保对水源和野生动植物的保护[200]。

2. 资源开发管理要求

资源开发管理是政府对油气产量规划的重要管理手段之一。政府部门会根据国家能源战略和资源供需情况，制定相应的资源开发管理政策，对产量规划进行引导和调控。具体要求和限制包括以下内容。

（1）开发许可。政府会根据资源开发计划和法规，对油气生产企业进行开发许可管理，要求企业符合相关条件和标准才能获取开发许可。

（2）资源管理。政府会建立资源管理体系，对油气资源的开发和利用进行规划与管理，确保资源的合理开发和利用。

例如，挪威政府对北海油田的产量规划进行严格管理，要求企业在开发过程中遵守相关法规和标准，确保资源的可持续开发利用。

3. 能源安全要求

能源安全是政府制定油气产量规划的重要考量因素之一。政府会根据国家能源安全战略，对油气产量进行规划和调控，确保能源供应的安全稳定。具体要求和限制包括以下内容。

（1）供需平衡。政府根据国家能源需求和供应情况，制定油气产量规划，确保供需平衡，防止出现能源短缺和价格波动。

（2）战略储备。政府建立油气战略储备，对油气产量进行调控，确保在紧急情况下有足够的能源储备供应。

例如，沙特阿拉伯政府根据国家的能源需求和市场情况，制定石油产量规划，保持产量在一个稳定的水平，确保全球能源市场的稳定和安全。

4. 社会责任要求

社会责任是政府对油气产量规划的重要要求之一。政府部门会要求油气生产企业承担社会责任，促进当地经济发展，保障当地居民的利益。具体要求和限制包括以下内容。

（1）就业机会。政府要求油气生产企业在产量规划中考虑到当地就业机会，促进就业增长，改善当地居民的生活水平。

（2）社区发展。政府要求企业在产量规划中注重对当地社区的发展支持，投入资金和资源，改善当地社区基础设施和公共服务水平。

例如，巴西政府对深海油气勘探项目的产量规划要求企业在勘探和开发过程中充分考虑到当地社区的利益，促进当地经济发展，增加就业，改善当地居民的生活条件。

5. 发展趋势

政策法规对油气产量规划的具体要求和限制涉及环境保护、资源开发管理、能源安全和社会责任等多个方面。未来，政府应进一步完善相关法规和政策，促进油气产量规划的科学、合理与可持续发展。

第三节　政策法规评估

政策法规评估是保障政策法规有效实施的重要手段，具有重要的理论和实践意义。未来将进一步完善评估方法和技术，提高评估的科学性和准确性，为政府决策提供更加可靠的依据。

一、政策法规评估的基本原理

政策法规评估是对政府制定或实施的政策法规进行系统评估和监督，以评估其实施效果、合规性和社会影响，从而为政府决策提供科学依据。评估的基本原则包括以下三方面。

1. 有效性原则

政策法规评估的首要原则是评估政策法规的有效性。有效性原则要求评估者考察政策法规是否达到了既定的目标和预期效果，是否对问题产生了积极的影响，并且是否能够满足社会各方的需求[201]。

2. 公正性原则

政策法规评估应当遵循公正、客观、公开和透明的原则，确保评估过程的公正性。评估者应当客观公正地对待评估对象，不受个人或团体的影响，保持独立性和客观性，确保评估结果的真实性和可信度[202]。

3. 可持续发展原则

政策法规评估应当体现可持续发展的理念，综合考虑经济、社会和环境的三重目标。评估者需要评估政策法规对经济发展、社会进步和环境保护的影响，确保政策法规的制定和实施符合可持续发展的要求[203]。

二、政策法规的评估方法

1. 定性评估方法

对政策法规进行定性分析和评价，主要通过文献分析、专家访谈、问卷调查等方法收集和分析相关信息，对政策法规的实施效果、社会影响和问题反馈进行综合评估。例如，对某国环境保护政策进行定性评估。评估者通过文献调研和专家访谈，收集了政策实施后的环境保护效果、社会反馈和问题反映等信息，对政策的有效性和问题进行了评估和分析。

2. 定量评估方法

通过数据收集和统计分析，对政策法规的实施效果进行量化评估。主要采用统计分析、模型建立和数学模拟等方法，对政策法规的影响因素和效果进行定量分析。例如，对某国经济发展政策进行定量评估。评估者通过收集和分析相关统计数据，采用经济模型和数学模拟方法，对政策实施后的经济增长率、就业率、物价水平等指标进行量化评估，评估政策的效果和影响[204]。

3. 混合评估方法

将定性评估和定量评估相结合，综合运用定性和定量的研究方法，对政策法规进行全面、深入的评估和分析。通过定性研究和定量分析相互印证，提高评估结果的可信度和准确性。例如，对某国教育政策进行混合评估。评估者既采用定性方法了解政策实施后的教育改革效果和社会反馈，又运用定量方法收集和分析相关数据，对政策的影响因素与效果进行综合评估[205]。

三、政策法规的评估步骤

1. 确定评估目标

评估者首先需要明确评估的目标和范围，明确评估的重点和重点问题，确定评估的目标和评估指标。

2. 收集信息和数据

评估者需要收集相关的信息和数据，包括政策法规的文本资料、相关统计数据、专家意见和社会反馈等，为评估提供必要的信息和数据支持。

3. 分析和评估

评估者根据收集的信息和数据，运用相应的评估方法，对政策法规进行分析和评估，评估政策的有效性、合规性和社会影响等方面。

4. 形成评估报告

评估者根据评估结果，撰写评估报告，详细介绍评估的目标、方法和结果，提出政策改进的建议和意见，为政府决策提供科学依据。

第四节　常用的政策法规评估模型

政策法规评估是对政府制定或实施的政策法规进行系统评估和监督的过程。为了更好地评估政策法规的有效性、合规性和社会影响，评估者需要运用各种模型进行分析和评估。

一、成本效益分析

成本效益分析（Cost-Benefit Analysis，CBA）是评估政策法规实施效果的常用方法之一，通过比较政策法规实施前后的成本和效益，评估政策法规的经济效果和社会效益。CBA 常用于评估经济政策、环保政策和基础设施建设等领域[206]。

1. 评估步骤

（1）确定评估对象：确定政策法规的评估对象和范围，明确评估的目标和指标。

（2）收集数据：收集政策实施前后的相关数据，包括成本、收益、效益和影响等。

（3）成本分析：对政策实施前后的成本进行分析和比较，包括直接成本和间接成本。

（4）效益评估：对政策实施前后的效益进行评估和估算，包括经济效益和社会效益。

（5）比较分析：比较政策实施前后的成本和效益，计算成本效益比，评估政策的经济合理性和社会效果。

（6）结果解释：根据分析结果，解释政策的成本效益情况，提出政策改进的建议和意见。

2. 美国清洁能源政策评估实例

美国通过《2021年基础设施投资和就业法案》和《2022年通胀削减法案》（IRA）推广清洁能源，政府利用成本—效益分析（CBA）评估其效果[207]，比较政策前后（2010—2025年）的成本与效益，分析对经济增长、环境保护和社会发展的影响。

1）政策前情景

政策前，美国依赖化石燃料（煤炭占电力50%），经济增长受能源价格波动影响，碳排放导致空气污染和气候变化，健康成本高企，低收入社区受污染更重。

2）成本

（1）直接成本：基础设施（如风能、太阳能）和电网升级耗资约5000亿美元，电动汽车税收抵免最高7500美元/辆。

（2）间接成本：煤炭就业降至4万人，工人再培训和短期电价上升增加约1000亿美元负担。

3）效益

（1）经济增长：可再生能源就业超50万人，技术创新（如电池储能）提升经济活力，预计2030年减排40%（以2005年为基准），节约长期成本。

（2）环境保护：与2000年相比，2020年空气质量改善30%，减少排放$PM_{2.5}$和温室气体，减缓气候损失。

（3）社会发展：健康成本每年节省数千亿美元，低收入家庭获太阳能补贴，社会公平程度提升。

4）CBA结果

总成本约6000亿美元，总效益约9000亿美元（经济增长效益为3000亿美元，环境效益为4000亿美元，社会效益为2000亿美元），净效益为3000亿美元（贴现率3%），表明政策长期划算。

二、多准则决策分析

多准则决策分析（Multi-Criteria Decision Analysis，MCDA）是一种综合性的决策方法，用于评估多个决策方案的优劣，适用于政策法规评估中的多目标决策问题。MCDA将多个评价指标进行加权组合，综合评估不同决策方案的优先级和效果。

1. 评估步骤

（1）确定评估指标：包括经济效益、社会影响、环境效益等方面。

（2）指标权重确定：通过专家调查、层次分析法等方法确定各评价指标的权重。

（3）方案评估：对各方案进行评估和打分，根据评价指标和权重进行综合评分。

（4）方案排序：根据评分结果，对各决策方案进行排序，确定优选方案和次优方案。

（5）结果解释：解释各决策方案的评分与排序结果，提出政策选择的建议和意见。

2. 中国城市交通规划决策实例

中国城市化进程加速，交通拥堵和环境问题日益严重，政府常利用多准则决策分析（MCDA）评估交通规划方案，综合经济效益、交通拥堵和环境保护等指标，选出最佳方案。以某大城市为例[208]，假设评估三种方案：方案 A（扩建道路）、方案 B（发展公共交通）、方案 C（推广共享出行）。

1）MCDA 框架

MCDA 通过加权评分比较方案，步骤包括：

（1）确定准则：经济效益（成本与收益）、交通拥堵（通行效率）、环境保护（排放与噪声）。

（2）权重分配：根据城市需求，如经济权重定为 40%，拥堵权重定为 30%，环保权重定为 30%。

（3）评分：各方案在 0～100 分范围内评分。

2）方案评估

（1）方案 A：扩建道路。

经济效益（60 分）：初期投资约 50 亿元，长期提升物流效率，但维护成本高。

交通拥堵（70 分）：短期缓解拥堵，但诱发更多私家车使用，效果有限。

环境保护（40 分）：增加排放和土地占用，噪声污染加剧。

总分：60×40%+70×30%+40×30%=57 分。

（2）方案 B：发展公共交通。

经济效益（70 分）：地铁和公交投资约 80 亿元，长期降低出行成本，带动就业。

交通拥堵（85 分）：提高通行效率，减少出行对私家车的依赖。

环境保护（80 分）：排放减少 20%，噪声控制较好。

总分：70×40%+ 85×30%+ 80×30%=77.5 分。

（3）方案 C：推广共享出行。

经济效益（65 分）：初期成本低（约 20 亿元），但收益依赖于用户接受度。

交通拥堵（60分）：减少车辆总数，但高峰期效果有限。

环境保护（70分）：共享电动车减排15%，噪声中等。

总分：65×40%+60×30%+70×30%=65分。

对比以上方案，方案B（发展公共交通）得分最高（77.5分），在经济、拥堵和环保方面表现均衡，适合中国城市需求。政府可优先投资地铁和公交系统，同时辅以共享出行，优化交通结构。

三、影响评估模型

影响评估模型（Impact Assessment Models，IAM）是评估政策法规对经济、环境和社会等方面影响的模型工具，常用于环境影响评价、社会影响评估等领域。这些模型能够定量分析政策法规实施后的影响程度和范围。

1. 常见模型

（1）环境影响评价模型：用于评估政策法规对环境的影响，如空气质量模型、水质模型等。

（2）社会影响评估模型：用于评估政策法规对社会的影响，如社会成本效益模型、社会风险评估模型等。

（3）经济影响评估模型：用于评估政策法规对经济的影响，如输入产出模型、投入产出模型等。

2. 欧盟碳排放交易政策评估实例

欧盟碳排放交易体系（EU ETS）自2005年起实施[209]，旨在通过市场机制减少温室气体排放。政府利用环境影响评价（EIA）模型定量评估政策实施后的环境影响，重点分析对大气污染、气候变化和生态系统的影响。

1）EIA模型框架

EIA通过数据模拟和指标量化评估政策效果。

（1）评估范围：2005—2025年，覆盖电力、工业和航空等行业。

（2）关键指标：CO_2排放量、空气污染物（如SO_2、NO_x）、气候变化参数（如温度上升）、生态系统健康（如生物多样性）。

2）政策实施前情景

2005年政策实施前，欧盟年排放约24亿吨CO_2，大气污染严重（如酸雨），气候变暖趋势明显，生态系统受损（如森林退化）。

3）政策实施后影响评估

（1）大气污染：至2020年，因煤炭使用减少，SO_2和NO_x排放分别下降约40%和

30%，使得空气质量得以改善，酸雨发生率降低，公众健康成本减少约 50 亿欧元 / 年。

（2）气候变化：2020 年 CO_2 排放降至 18 亿吨，减排约 25%（以 2005 年为基准），预计 2030 年减排 40%。减缓全球升温约 0.1℃（模型估算），降低了极端天气发生的频率。

（3）生态系统：排放减少使土地酸化率下降 15%，森林覆盖率恢复约 2%。使得生物多样性受损速度减缓，湿地和物种栖息地得到一定保护。

4）综合评估

EU ETS 通过碳价激励（2023 年约 90 欧元 / 吨）推动减排，环境效益显著：大气污染减轻，气候变化压力缓解，生态系统获益。但模型显示，部分高排放行业（如钢铁）减排成本高，需技术支持。

综上所述，政策有效改善了环境质量，2030 年目标可期。建议提高碳价至 120 欧元 / 吨，并投资清洁技术，增强生态保护效果。

四、决策树分析

决策树分析（Decision Tree Analysis，DTA）是一种决策支持工具，用于评估不同决策方案的风险和效益，并选择最佳的决策方案。决策树分析将决策问题分解为一系列决策节点和结果节点，通过计算各节点的期望值和概率，进行决策方案的比较和选择。

1. 分析步骤

（1）确定决策节点：确定政策法规评估的决策节点和结果节点，构建决策树模型。

（2）确定决策方案：确定不同的决策方案和可能的结果，分析各方案的优劣。

（3）计算期望值：计算各节点的期望值，即每个结果的预期效果。

（4）风险分析：分析各决策方案的风险和不确定性，考虑各种可能性和概率。

（5）选择最佳方案：根据决策树分析结果，选择期望值最高的方案作为最佳方案。

2. 某国能源政策选择决策实例

某国政府面临能源结构调整，利用决策树分析评估三种政策方案：A（以煤炭为主）、B（利用可再生能源）、C（天然气过渡），综合经济效益、环境影响和社会接受度，选择最优方案。

1）决策树框架

决策树通过概率和收益量化比较方案。

（1）节点：初始决策、可能情景（如技术进步、市场变化）。

（2）权重：经济效益占 40%，环境影响占 35%，社会接受度占 25%。

（3）结果：各方案的期望值（货币化收益）。

2）方案评估

（1）方案 A：以煤炭为主。

经济效益（80分）：成本低（年投资10亿美元），短期收益高，但长期衰退。期望值：40亿美元。

环境影响（20分）：CO_2排放增加30%，空气污染严重。期望值：-20亿美元。

社会接受度（50分）：就业稳定，但健康问题引发不满。期望值：5亿美元。

总期望值：40×40%+（-20）×40%+5×25%=16-7+1.25=10.25亿美元。

（2）方案B：利用可再生能源。

经济效益（60分）：初期投资50亿美元，长期收益高（技术进步概率80%）。期望值：60亿美元。

环境影响（90分）：减排40%，生态改善。期望值：30亿美元。

社会接受度（70分）：绿色形象受欢迎。期望值：10亿美元。

总期望值：60×40%+30×40%+10×25%= 24+10.5+2.5=37亿美元。

（3）方案C：天然气过渡。

经济效益（70分）：投资30亿美元，收益稳定。期望值：50亿美元。

环境影响（50分）：减排15%，污染中等。期望值：10亿美元。

社会接受度（60分）：过渡性获认可。期望值：8亿美元。

总期望值：50×40%+10×35%+8×25%=20+3.5+2= 25.5亿美元。

由此可见，方案B（可再生能源）期望值最高（37亿美元），兼顾经济、环境和社会效益，是最优选择。政府应优先投资可再生能源，同时关注初期成本控制。

五、系统动态模拟

系统动态模拟（System Dynamics Modeling，SDM）是一种用于模拟和分析系统动态演变过程的方法，常用于政策法规的长期影响评估和预测。该方法基于系统动态的原理，构建政策影响系统模型，模拟政策实施后的动态演变过程[210]。

1. 模拟步骤

（1）建立模型：基于政策影响系统的关键因素和关系，建立系统动态模型。

（2）参数设定：设定模型中的参数和变量，确定政策的影响因素和影响路径。

（3）模拟分析：运行系统动态模型，模拟政策实施后的系统动态演变过程，分析政策的长期影响和变化趋势。

（4）验证和优化：验证模型的合理性和准确性，优化模型的参数和结构，提高模拟结果的可信度和准确性。

（5）结果解释：解释模拟结果，评估政策的长期影响和预测效果，提出政策调整的建议和意见。

2. 气候变化政策影响评估实例

某国政府利用系统动态模拟（System Dynamics）评估气候变化政策长期影响，比较三种方案：方案 A（无政策干预）、方案 B（碳税）、方案 C（可再生能源补贴），预测其对经济、环境和社会的影响路径和趋势（2025—2050 年）。

1）系统动态模拟框架

模型基于反馈循环和变量交互。

（1）关键变量：GDP 增长、CO_2 排放、气温升幅、社会福祉。

（2）时间范围：2025—2050 年。

（3）反馈机制：排放影响气候，气候反作用于经济和社会。

2）方案模拟

（1）方案 A：无政策干预。

经济：GDP 短期增长 5%/年，但 2050 年因气候灾害（如洪水）下降 15%。

环境：CO_2 排放增至 20 亿吨/年，气温升幅 3℃，生态系统崩溃。

社会：健康成本增加 30%，移民和冲突加剧。

趋势：短期繁荣，长期衰退。

（2）方案 B：碳税（50 美元/吨）。

经济：初期 GDP 增速降至 3%，企业转型后 2050 年稳增长 4%，累计损失减少 10%。

环境：排放降至 12 亿吨，气温升幅控制在 2℃，森林退化减缓 50%。

社会：能源价格上涨 10%，但健康成本降 20%，社会稳定。

趋势：短期阵痛，长期均衡。

（3）方案 C：可再生能源补贴（100 亿美元/年）。

经济：投资拉动 GDP 增长 4.5%，2050 年因技术进步增 10%，就业增加 200 万。

环境：排放降至 10 亿吨，气温升幅 1.8℃，生态恢复 20%。

社会：能源可及性提高 15%，公众满意度提升，贫困减少。

趋势：持续正向发展。

3）综合评估

（1）方案 A：无干预导致经济和环境恶化，社会风险激增。

（2）方案 B：碳税有效减排，经济长期受益，但需缓解初期压力。

（3）方案 C：补贴政策综合效益最高，经济、环境和社会协同改善。

对比表明，方案 C（可再生能源补贴）表现最佳，2050 年实现排放减半、GDP 增长和社会福祉提升。政府应加大新能源补贴并优化分配。

第五节 政策法规评估在油气产量规划中的应用案例

一、案例一——国家环境保护政策对油气产量规划的影响

近年来，越来越多的国家和地区开始重视环境保护，采取了一系列环境保护政策，以减少温室气体排放，改善环境质量，保护生态环境。这些政策对油气产量规划产生了深远影响，推动了油气行业向低碳、清洁、可持续方向转型。

1. 政策法规对产量规划的影响

国家环境保护政策的实施直接影响了油气产量规划。企业在制定产量规划时不仅需要考虑到市场需求和技术条件，还需要充分考虑政府对碳排放和环境质量的要求，以确保生产活动与环境法规的合规性。政策影响体现在以下四个方面。

（1）技术转型：国家环保政策的实施促使油气企业加大了对清洁技术的研发和应用，推动了技术转型。例如，企业采取了减排设施、环境监测系统等措施，以降低碳排放、减少污染物排放[211]。

（2）资源调整：面对环保政策的压力，部分油气企业开始调整资源配置，逐步减少对高碳、高排放项目的投资，增加对清洁能源的投入。这包括加大对天然气、风能、太阳能等清洁能源的开发和利用[212]。

（3）市场定位调整：环保政策的实施影响了油气产品的市场需求和价格。为了适应市场变化，油气企业调整了市场定位，增加了对清洁能源产品的生产，以满足消费者对环保和清洁能源的需求。

（4）合规管理：企业加强了环保法规的遵从和管理，提升了环境保护意识和责任意识。加大环境保护投入，强化环保设施建设和运营，确保生产过程中的环境风险得到有效控制。

2. 实例分析

以某国石油公司为例，面对政府环保政策的影响，该公司积极响应，加大了对清洁技术的研发和应用。通过引进先进的污染治理设备和环境监测技术，有效降低了油气生产过程中的排放量。同时，公司加大了对天然气等清洁能源的开发力度，逐步减少了对高碳、高排放项目的投资。这些举措不仅有助于公司适应环保政策的要求，还提升了企业的竞争力和可持续发展能力。

数据显示，自实施环保政策以来，公司的碳排放量减少了约30%，同时清洁能源产量占比从政策实施前的10%增长至25%。这些数据充分展示了环保政策对油气产量规划的实际影响，以及企业在环保方面的积极响应和取得的成果。

由此可见，国家环境保护政策的实施直接影响着油气产量规划，促使油气企业加大了对清洁技术的研发和应用，调整了资源配置和市场定位，提升了合规管理水平。环保政策对油气产量规划具有实际影响，并为企业在环保方面的进一步改进提供了借鉴和参考。

二、案例二——国际贸易政策对油气产量规划的影响

国际贸易政策是指国家或地区为了调整其对外经济关系而采取的一系列政策措施，包括关税调整、贸易限制、贸易协定等。这些政策措施直接影响着油气产量规划，因为油气行业是全球化的产业，受到国际贸易政策的影响较大。

1. 国际贸易政策对产量规划的影响

国际贸易政策的调整会导致油气市场供求格局发生变化，从而影响油气产量规划。具体表现在以下四个方面。

（1）市场准入限制。一些国家或地区采取贸易限制措施，如提高关税、实施配额限制等，导致油气产品的市场准入受到限制。这会影响油气企业的出口市场和销售渠道，从而对产量规划产生影响[213-214]。

（2）贸易协定调整。国际贸易政策的调整涉及贸易协定的重新谈判或调整，导致贸易伙伴关系发生变化。对油气企业的贸易伙伴选择和市场开拓产生影响，进而影响产量规划。

（3）价格波动。国际贸易政策的调整导致国际油气价格波动，从而影响油气企业的盈利水平和投资决策。在面对价格波动时，企业会调整产量规划以应对市场变化。

（4）技术合作。一些国际贸易政策会鼓励或限制技术合作与转让，影响油气企业的技术获取和创新能力，进而影响产量规划的制定和实施。

2. 实例分析

（1）市场准入限制。以美国对伊朗实施的制裁政策为例，美国单方面退出伊朗核协议，并对伊朗实施了一系列制裁措施，其中包括对伊朗石油出口的制裁。这导致伊朗石油产品的国际市场准入受到限制，影响了伊朗石油产量规划和出口预期[215-216]。

（2）贸易协定调整。英国脱欧后与欧盟重新谈判贸易协定，导致英国与欧盟的贸易关系发生变化。这会影响英国油气企业与欧盟的贸易合作和市场准入，进而影响英国油气产量规划和出口预期[217]。

（3）价格波动。地缘政治紧张局势、贸易战等因素导致国际油气价格的波动。例如，中美贸易摩擦升级导致全球原油需求下降，进而影响国际油价。这会直接影响油气企业的盈利水平和产量规划。

（4）技术合作。一些国家通过贸易政策限制对某些关键技术的进口，导致油气企业难以获取先进技术。例如，美国针对中国等国家实施的技术出口管制政策限制了中国油企获

取美国先进油气开采技术，影响了中国油气产量规划和技术创新能力。

3. 效果与效益

国际贸易政策的调整对油气产量规划的影响不仅体现在产量水平和市场份额的变化上，还反映在企业盈利能力、技术创新能力、市场开拓能力等方面。合理应对国际贸易政策的变化，调整产量规划，积极开拓多元化的市场渠道，加强技术创新，对油气企业具有重要的意义，有助于提升企业的竞争力和可持续发展能力。

三、案例三——国家能源政策对油气产量规划的影响

国家能源政策是指国家为了调控能源产业发展、保障能源安全、促进经济可持续发展而制定的一系列政策措施。这些政策措施直接影响着油气产量规划，因为油气产业是能源行业的重要组成部分，受到国家能源政策的指导和影响。

1. 国家能源政策对产量规划的影响

国家能源政策对油气产量规划的影响主要体现在以下四个方面。

（1）能源结构调整。国家能源政策会影响能源结构，通过提倡低碳清洁能源，限制传统煤炭、石油等高碳能源的开发和使用。政府通过减少对传统油气资源的投入与支持来鼓励和推动新能源的发展和应用，进而影响到油气产量规划。

（2）资源开发限制。为了保护环境和生态，国家能源政策会对一些环境敏感地区或者重要生态功能区实施资源开发限制，限制油气勘探和开发活动，从而导致一些潜在的油气资源无法开发，进而对油气产量规划造成直接的影响。

（3）技术创新支持。国家能源政策会鼓励和支持油气行业的技术创新和发展，通过政策引导，提高油气资源的勘探开发效率，减少对环境的影响。新技术的应用会提高油气资源的可采储量和采收率，因此会对油气产量规划产生积极影响。

（4）国际能源合作。国家能源政策通过国际合作来促进油气资源的开发和利用，开展跨境油气管道建设、能源互联网等合作项目。跨境能源合作会影响国内外油气资源的开发和交易模式，因此会对油气产量规划产生重要影响[218]。

2. 实例分析

（1）能源结构调整。以中国的能源政策为例，中国政府提出了"能源生产和消费革命"的战略目标，提倡清洁低碳能源的发展，鼓励新能源的应用。这导致中国油气产业在产量规划上逐渐向清洁能源转型，加大了对天然气等清洁能源的投入和支持，相应地减少了对传统煤炭和石油的依赖。

（2）资源开发限制。北极地区的油气开发受到国际环保组织和一些国家政府的关注

与限制，因为北极地区是全球重要的生态环境之一，开发油气资源会对环境造成严重的影响。因此，一些国家政府通过立法和政策措施来限制或者暂停北极地区的油气勘探开发活动，这直接影响了相关油气企业的产量规划和战略布局。

（3）技术创新支持。挪威是一个以油气资源为主要能源的国家，政府通过《挪威能源政策报告》等文件提出，未来将继续支持油气行业的技术创新，加大对海上油气开发技术的研发和应用。这些政策的出台，将进一步提升挪威油气产业的技术水平，增加油气产量规划的灵活性和可持续性。

（4）国际能源合作。中俄天然气管道项目是中俄两国政府间的重要合作项目，该项目的建设将加强中俄之间的天然气贸易合作，对两国的能源安全和经济发展具有重要意义。该项目的实施将直接影响中国的天然气供应结构和产量规划，因此，中国政府在相关政策制定和资源配置上需要考虑国际能源合作的影响。

四、案例四——税收政策对油气产量规划的影响

税收政策是国家用税收手段对经济活动进行引导和调控的一种重要方式。在油气产业中，税收政策对产量规划有着重要的影响，通过税收政策的调整，政府可以引导油气企业的开采行为，影响其产量规划和战略布局。

1. 税收政策对油气产量规划的影响

（1）资源税政策。政府可以通过资源税政策对油气产量规划进行影响。资源税是对自然资源的开采和利用所征收的一种税收，根据资源的稀缺程度和开采成本，制定不同的资源税率。较高的资源税率会增加油气企业的生产成本，降低其盈利水平，从而对产量规划产生影响。

（2）环境税政策。为了保护环境和生态，政府会通过环境税政策对油气产量规划进行调控。环境税是对污染和资源消耗行为征收的一种税收，对于高排放和高耗能的油气企业而言，环境税的增加将增加其生产成本，影响其产量规划和生产决策。

（3）税收优惠政策。为了鼓励油气企业增加产量和投资开发，政府会实施税收优惠政策。例如，给予油气企业在新能源开发、技术创新等方面的税收减免或者税收优惠，以降低其生产成本，提高其盈利水平，从而对产量规划产生积极的影响。

（4）税收调整政策。政府根据国家经济发展和产业政策需要从而调整税收政策，包括税率、税收扣除项目等内容。这种调整会直接影响油气企业的经营成本和盈利水平，进而影响其产量规划和战略决策。

2. 实例分析

（1）资源税政策。以挪威为例，挪威是一个油气资源丰富的国家，政府实施了严格

的资源税政策。根据挪威的资源税制度，油气企业需要按照产量和销售额支付相应的资源税，税率较高。这一政策的实施，增加了油气企业的生产成本，对其产量规划和投资决策产生了直接影响。

（2）环境税政策。欧盟是一个环境保护意识较强的地区，政府实施了严格的环境税政策。在油气产业领域，政府对高排放和高污染的油气企业征收高额环境税，以鼓励企业采取环保措施，降低排放。这种环境税政策的实施，迫使油气企业加大环保投入，限制了其产量规划中对环境的影响。

（3）税收优惠政策。美国政府为了促进页岩油气开发，实施了一系列税收优惠政策。例如，对页岩气勘探和开发项目给予税收减免和补贴，降低了企业的生产成本，增加了开发的吸引力。这种政策的实施，促进了美国页岩油气产量的增长，调动了企业的开发积极性。

（4）税收调整政策。中国政府根据经济发展和产业结构调整的需要，对油气产业的税收政策进行了多次调整。例如，近年来中国政府陆续降低了石油资源税和增值税税率，以减轻油气企业的税收负担，鼓励其增加投资和产量。这种税收调整政策的实施，促进了中国油气产量的增长，提升了油气产业的竞争力。

税收政策作为一种重要的宏观调控手段，对油气产量规划产生着深远的影响。不同国家和地区的税收政策差异较大，但都具有直接影响油气企业生产行为和决策的作用。因此，在进行油气产量规划时，必须充分考虑税收政策的影响，及时调整生产策略和战略规划，以适应税收政策的变化。

第七章　地缘政治风险与油气产量规划

地缘政治风险是油气产业面临的重大外部挑战之一，对油气产量规划的影响深远且复杂。全球油气市场的供需平衡常常受到地区冲突、国际制裁、贸易限制等政治因素的影响，尤其在不稳定的地缘政治环境下，油气资源的生产、运输和销售可能会受到严重干扰。因此，如何评估和应对地缘政治风险，成为制定有效油气产量规划的重要课题。本章将分析地缘政治风险的不同类型及其对油气产量规划的影响，探讨如何通过情景分析、风险评估矩阵等方法，评估地缘政治风险；同时，本章还将介绍地缘政治风险管理策略，为油气企业在多变的国际形势下制定灵活、稳健的产量规划提供理论指导和实践经验。

第一节　地缘政治风险的相关概念与原理

本节将解释地缘政治风险的定义、与其他类型风险的区别和特点、重要性和影响，并对其进行分类，包括地区冲突、政治动荡、国际制裁、贸易限制等方面的风险，同时提出应对地缘政治风险的措施。

一、地缘政治风险的定义

低碳能源转型和可持续发展是全球范围内能源行业发展的主要趋势，而地缘政治风险则是影响油气产量规划和能源供应的重要因素之一。在考虑低碳能源转型和可持续发展的同时，地缘政治风险变得尤为重要。

1. 地缘政治风险的概念

地缘政治风险指的是由于不同国家、地区之间的政治、经济、文化等方面的利益冲突或竞争而产生的潜在不确定性和危险[219]。这些风险包括地区冲突、政治动荡、国际制裁、贸易限制等，将对油气产量规划和运营活动带来不利影响。

2. 地缘政治风险对低碳能源转型的影响

地缘政治风险将导致资源国家采取保护政策，限制对可再生能源的开发和利用。例如，一些国家会对进口的可再生能源课征高额关税，影响其在国内市场上的竞争力[220]。此外，地缘政治紧张局势会导致资源供应中断，给低碳能源的供应带来不确定性。

3. 地缘政治风险对可持续发展油气产量规划的影响

地缘政治风险会导致资源国家之间的冲突和竞争加剧，影响油气开发的稳定性和可持续性。例如，某些国家在争夺油气资源方面采取侵略性政策，导致地区局势紧张，影响相关油气产量规划和投资决策。

4. 地缘政治风险对能源供应链的影响

地缘政治风险将导致能源供应链中断或不稳定，影响能源的生产、运输和分配。例如，地缘政治紧张局势会导致关键的输油管道或运输通道被关闭或遭受破坏，导致能源供应中断，进而影响到全球能源市场的稳定性。

5. 地缘政治风险对能源市场价格的影响

地缘政治风险会导致能源市场价格的波动和不确定性增加。当地缘政治紧张局势升级时，投资者会对能源市场产生恐慌，导致价格剧烈波动。这种波动会影响到油气产量规划和能源公司的投资决策。

6. 地缘政治风险对投资环境的影响

地缘政治风险将导致投资环境不稳定，影响到油气产量规划和开发项目的实施。例如，政治动荡和地区冲突会导致投资者对项目的前景感到担忧，从而减少对相关项目的投资，影响到油气产量规划的执行。

7. 地缘政治风险的缓解措施

为了应对地缘政治风险，企业可以采取多种措施，包括多元化能源供应来源、建立稳定的合作关系、加强地缘政治风险评估和监测、积极参与政治外交等。通过这些措施，企业可以降低地缘政治风险带来的不利影响，确保油气产量规划和能源供应的稳定性和可持续性。

综上所述，地缘政治风险对低碳能源转型和可持续发展油气产量规划的影响不容忽视。企业应充分认识到地缘政治风险的存在和影响，采取有效的措施加以应对，以确保能源供应的安全稳定和可持续发展。

二、地缘政治风险与其他类型风险的区别和特点

在考虑低碳能源转型和可持续发展的背景下，地缘政治风险与其他类型风险在油气产量规划中有一些区别和特点。

1. 地缘政治风险的特点

（1）全球性影响。地缘政治风险通常具有全球性的影响，不仅影响到单个国家或地区，而且对全球能源市场产生广泛影响[221]。例如，地缘政治紧张局势导致国际原油价格上涨，影响到全球能源供应和需求。

（2）长期性影响。地缘政治风险的影响往往是长期性的。与其他类型的风险相比，地缘政治风险更加复杂和持久，导致长期的不确定性和市场波动。

（3）政治因素主导。地缘政治风险通常是政治因素引起的，例如国际关系紧张、地区冲突或国际制裁等。政治因素的不稳定性导致油气产量规划面临更多的风险和挑战[222]。

（4）跨行业性影响。地缘政治风险不仅影响能源行业，还对其他行业产生重大影响。例如，地缘政治紧张局势导致全球经济不稳定，进而影响到其他行业的发展和运作。

2. 地缘政治风险与其他类型风险的区别

（1）与市场风险的区别。地缘政治风险通常是由政治因素引起的，而市场风险则主要涉及市场供求关系、价格波动等经济因素。地缘政治风险的影响更为广泛和长期，而市场风险更加短期和可控。

（2）与技术风险的区别。技术风险主要涉及技术研发和应用过程中的不确定性和风险，而地缘政治风险则是由政治因素引起的。技术风险可以通过技术创新和研发来降低，而地缘政治风险则需要通过政治外交和国际合作来解决。

（3）与自然灾害风险的区别。自然灾害风险主要涉及自然因素引起的不可预测的灾害事件，而地缘政治风险则是由人为因素引起的。自然灾害风险的影响通常是局部性的，而地缘政治风险具有全球性的影响。

3. 地缘政治风险与其他类型风险的相互作用

地缘政治风险与其他类型风险之间存在相互作用。例如，地缘政治紧张局势加剧市场风险和技术风险，导致市场不稳定和技术研发受阻；另外，市场风险的增加也会加剧地缘政治风险，形成恶性循环。因此，在油气产量规划中，需要综合考虑不同类型风险的相互作用和影响，采取综合应对措施，降低风险对产量规划的影响。

在考虑低碳能源转型和可持续发展的背景下，地缘政治风险的重要性不容忽视。企业需要认识到地缘政治风险与其他类型风险的区别和特点，以及它们之间的相互作用，采取有效的风险管理措施，确保油气产量规划的稳定和可持续发展。

三、地缘政治风险的重要性和影响

在考虑低碳能源转型和可持续发展的背景下，地缘政治风险对油气产量规划具有多方面的重要影响。

1. 地缘政治风险的重要性

在能源行业，地缘政治因素常常是导致供应中断和价格波动的主要原因之一。考虑到能源行业的全球性质，地缘政治风险的重要性不言而喻。在低碳能源转型和可持续发展的大环境下，地缘政治风险更加突出，因为能源供应的多样化和可持续性对于实现这一目标至关重要。

2. 地缘政治风险对油气产量规划的影响

（1）供应中断风险。地缘政治紧张局势会导致油气供应中断的风险增加。例如，地区冲突或政治动荡导致生产设施被关闭或遭到破坏，从而影响油气产量[223]。

（2）投资不确定性。地缘政治风险导致投资不确定性增加，影响到新项目的开发和投资。投资者会对地缘政治不稳定因素感到担忧，从而减少对相关项目的投资。

（3）市场价格波动。地缘政治事件导致市场价格波动加剧。例如，地缘政治紧张局势升级将导致供应中断或贸易限制，从而引起市场恐慌，导致价格波动。

（4）国际合作受阻。地缘政治风险导致国际合作受阻，影响到跨国能源项目的实施和合作。例如，跨国管道项目受到政治因素的干扰，导致合作难以进行。

（5）资源开发限制。地缘政治因素导致资源开发受到限制。例如，国际制裁限制某些国家或地区的资源开发，导致供应不稳定和价格上涨[224]。

四、地缘政治风险的分类

1. 地区冲突风险

地区冲突风险是指在特定地理区域内，各种因素导致的冲突可能性和潜在的不稳定局势。这种风险涉及地缘政治、民族、宗教、资源争夺等多个方面，并可能引发严重的社会动荡、战争和人道主义危机[225]。

地区冲突风险会影响到该地区的政治稳定、经济发展、社会秩序等方面，对当地居民和相关利益方造成严重影响。

地区冲突风险的常见类型和特征如下：

（1）民族冲突。民族、种族、宗教等因素引起的冲突，将涉及领土、资源、权力等问题，导致不同民族或宗教群体之间的对立和冲突。

（2）领土争端。领土主权、海域划界等问题引起的冲突，导致国家或地区之间的边界纠纷和冲突，甚至引发局部战争。

（3）经济利益争夺。资源分配不均、经济利益冲突等问题引发的冲突，涉及资源开发、贸易往来等方面，导致不同利益方之间的对抗和冲突。

（4）政治权力斗争。政治体制、政府治理等问题引起的冲突，涉及政治权力的竞争和角逐，导致政治动荡和社会不稳定。

（5）地缘政治因素。国际关系、地区势力对立等因素引发的冲突，涉及地缘政治格局的调整和重塑，导致地区局势紧张和冲突不断。

地区冲突风险具有多样性和复杂性，需要综合考虑不同因素的影响，及时采取有效的应对措施，确保地区的和平稳定和社会发展。

2. 政治动荡风险

政治动荡风险是指政治体制、政府治理、政治权力分配等方面出现混乱或不稳定状态，导致社会秩序紊乱、政局动荡甚至政权更迭的一种风险情况。这种风险由政治体制失效、政府腐败、政治体系崩溃、社会矛盾激化等多种因素引发，对当地政治稳定、经济发展和社会秩序构成严重威胁。

政治动荡风险的常见类型和特征如下：

（1）政治体制失效。政治体制失效是指国家或地区的政治体制无法有效运作或发挥作用，导致政府机构失效、法治不健全、政治决策混乱等问题，加剧政治动荡的风险。

（2）政府腐败。政府腐败是指政府官员滥用职权、贪污腐败、行政效率低下等问题，导致社会不满情绪高涨、民众抗议示威等行为，加剧政治动荡的风险。

（3）政治体系崩溃。政治体系崩溃是指国家或地区的政治体系无法维持正常秩序，导致政府垮台、政权更迭、内战爆发等严重后果，加剧政治动荡的风险。

（4）社会矛盾激化。社会矛盾激化是指社会各阶层之间的利益冲突、阶级对立、民族纷争等问题日益加剧，导致社会动荡、政治不稳定，加剧政治动荡的风险。

（5）政治极端主义。政治极端主义是指政治观念和行动的极端化倾向，导致激进分子对政府发动恐怖袭击、暴力行动等，加剧政治动荡的风险。

政治动荡风险会给当地政治稳定、经济发展、社会和谐等方面带来严重威胁，需要政府和社会各界采取有效措施加以应对和化解。

3. 国际制裁风险

国际制裁风险是指由于国际关系紧张、国际法律法规限制等原因，国家或地区遭受其他国家或国际组织实施的制裁措施，对其经济、政治、外交等方面产生不利影响，从而引发的一种风险情况。这种风险涉及贸易限制、金融制裁、军事封锁等方面，严重影响当地的经济发展和国际地位[226]。

国际制裁风险的常见类型和特征如下：

- 150 -

（1）贸易限制。国际制裁通常包括对目标国家的贸易限制，如禁止或限制进口、出口特定商品或技术，限制与目标国家的贸易往来等。这种限制导致目标国家的商品市场受挫，影响国内生产和经济增长。

（2）金融制裁。国际制裁包括对目标国家的金融制裁，如冻结目标国家在外国银行的资金、禁止向目标国家提供贷款或金融支持等。这种制裁导致目标国家的金融体系受挫，影响资金流动和国内投资。

（3）军事封锁。在严重情况下，国际社会对目标国家实施军事封锁，禁止向其提供军事援助、军火出口等，从而削弱目标国家的国防能力，加剧地区紧张局势。

（4）外交孤立。国际制裁还会导致目标国家在国际社会中受到外交孤立，失去国际合作伙伴，影响其在国际事务中的发言权和影响力。

（5）经济萎缩。国际制裁的实施会导致目标国经济萎缩，降低其国内生产总值（GDP）、增加失业率、加剧通货膨胀等，影响国家的长期发展和人民的生活水平。

国际制裁风险的出现会给目标国家带来严重的政治、经济和社会问题，加剧地区紧张局势，影响地缘政治稳定和全球经济发展。因此，目标国家应采取积极有效的措施，避免和化解国际制裁风险的影响。

4. 贸易限制风险

贸易制裁风险是指国际贸易中特定国家或地区的政治、经济、军事等因素引发的贸易限制和制裁措施所带来的风险。这种风险包括进口、出口限制、关税提高、贸易伙伴减少等，对企业的国际贸易活动和经济利益造成不利影响。

贸易制裁风险的常见类型和特征如下：

（1）出口限制。某些国家或地区对特定商品的出口实施限制或禁止，限制出口国产品进入目标市场，从而导致出口国企业的销售额下降，生产和经营受到影响。

（2）进口限制。目标国家或地区对特定商品的进口实施限制或禁止，限制进口国的产品进入目标市场，导致进口国企业的市场份额减少，影响企业的盈利能力。

（3）关税提高。为应对贸易摩擦或地缘政治紧张局势，一些国家对特定国家或地区的进口产品加征高额关税，增加产品成本，降低竞争力。

（4）贸易伙伴减少。国际贸易中，由于特定国家或地区遭受制裁或限制，其贸易伙伴将减少，导致企业的贸易伙伴受限，贸易渠道受到影响。

（5）贸易纠纷加剧。贸易制裁导致受影响国家或地区与其贸易伙伴之间的贸易纠纷加剧，引发贸易争端、反制裁措施等，增加企业的风险和不确定性。

贸易制裁风险的出现导致企业国际贸易活动受阻，进而影响企业的生产、经营和盈利能力。企业应根据国际贸易政策和地缘政治风险变化，采取积极的市场监测、风险评估和应对措施，降低贸易制裁风险对企业的影响。

五、应对地缘政治风险的措施

1. 多元化能源供应来源

企业可以通过多元化能源供应来源来降低地缘政治风险的影响。这意味着不依赖于单一供应来源，而是在全球范围内寻找多个供应来源。

2. 加强政治风险评估

企业需加强对地缘政治风险的评估和监测，及时识别和应对潜在的风险因素，包括监测地区冲突、政治动荡、国际制裁等事件的发展趋势。

3. 建立稳定的合作关系

通过与政府、国际组织和其他企业建立密切的合作关系，可以共同应对地缘政治风险，这是降低地缘政治风险的关键措施之一。

4. 积极参与政治外交

企业通过积极参与政治外交，推动国际合作和解决地区冲突，为降低地缘政治风险做出贡献。

综上所述，地缘政治风险对低碳能源转型和可持续发展的油气产量规划具有重要影响。企业需要认识到这一点，并采取有效的措施加以应对，以确保能源供应的安全稳定和可持续发展。

第二节 地缘政治风险对油气产量规划的影响

一、地区冲突对油气产量规划的影响

地区冲突是指在特定地理范围内，各种因素导致的冲突、对抗或暴力事件，涉及政治、民族、宗教、经济等方面的矛盾。这些地区冲突会对油气产量规划产生直接或间接的影响，下面分析不同地区冲突对油气产量规划的影响。

1. 冲突导致的生产设施损毁

地区冲突导致油气生产设施受到破坏或损毁，包括钻井平台、输油管道、生产设备等。这种破坏会直接影响油气的生产能力，导致产量下降或中断。例如，地区冲突导致的钻井平台被袭击、输油管道被炸毁等事件，都会对油气产量规划造成严重影响。

2. 生产人员安全隐患

地区冲突可能威胁到生产人员的安全，使得生产作业无法正常进行。生产人员的安全是油气生产的重要保障，一旦受到威胁，生产作业就会受到影响甚至暂停。例如，地区冲突可能导致生产人员被劫持、遭受袭击或者遇到安全威胁，从而使得生产作业无法正常进行，进而影响油气产量。

3. 投资环境不稳定

地区冲突会导致投资环境的不稳定，降低企业对该地区油气资源的开发投资意愿。投资者通常对地缘政治风险敏感，一旦某地区发生冲突，投资者可能会撤离或暂停投资，导致该地区油气产量规划受到影响。此外，地区冲突还可能引发政策、法律等方面的变化，增加企业的经营不确定性。

4. 资源供应链受阻

地区冲突可能导致油气资源供应链受阻，影响油气生产的原料供应和产品销售。例如，输油管道被冲突破坏导致原油运输受阻，或者海上运输船只因地区冲突而遭受袭击，都会影响油气产量规划的执行。此外，冲突可能导致相关设施的关闭，使得油气产品无法正常销售，进一步影响产量规划的实施。

5. 地缘政治风险溢价上升

地区冲突会增加油气开采的地缘政治风险，使得投资者对风险的认知上升，从而对相关项目的预期收益率要求更高。这会导致资金成本上升，项目的经济效益降低，影响企业对油气产量的规划和投资。另外，地缘政治风险溢价的上升也可能影响到相关合同的签订和执行，进一步影响产量规划的实施。

6. 市场需求下降

地区冲突可能导致该地区市场需求下降，减少了对油气产品的需求，进而影响了油气产量规划的实施。例如，冲突地区的工业生产减少，能源消费需求下降，使得油气产品的市场需求降低，进而影响了相关生产企业的产量规划。

地区冲突对油气产量规划的影响主要体现在生产设施损毁、生产人员安全、投资环境、资源供应链、地缘政治风险溢价和市场需求等方面。企业在制定油气产量规划时，需要充分考虑地区冲突的可能性和影响，采取相应的风险管理措施，以降低冲突带来的不利影响。同时，政府和国际组织也应加强对地区冲突的预防和解决，为油气产量规划提供稳定的政治环境和市场保障。

二、政治动荡对油气产量规划的影响

政治动荡是指政治体系的不稳定状态，包括政府崩溃、政治权力争夺、社会不满情绪等。不同类型的政治动荡会对油气产量规划产生不同的影响。

1. 政府崩溃

政府崩溃是指国家政权的彻底瓦解或者政府无法有效行使职权的状态。这种情况下，政府可能无法保障国家的稳定和安全，无法对油气产量规划进行有效管理和监督。具体影响包括以下三个方面的内容：

（1）生产设施安全受威胁。政府崩溃导致社会秩序混乱，使得生产设施容易受到破坏或袭击。

（2）投资环境恶化。政府崩溃会导致投资环境不稳定，降低投资者对油气开采项目的信心和投资意愿。

（3）生产设施管理困难。政府崩溃后，生产设施无人管理或管理混乱，无法保障生产的正常进行。

2. 政治权力争夺

政治权力争夺是政治力量之间为争夺权力而进行的斗争。这种情况下，政治动荡会影响油气产量规划的执行和决策过程。具体影响机制包括以下三个方面的内容：

（1）决策推迟或阻碍。政治权力争夺会导致政府决策受阻或推迟，使得相关政策和规划无法及时出台或得到实施。

（2）投资不确定性增加。政治权力争夺会加剧投资环境的不确定性，使得投资者对项目的预期收益和风险认知上升，进而影响到相关项目的投资和产量规划。

（3）政策变动频繁。政治动荡导致政府政策的频繁变动，使得企业难以根据政策制定长期的产量规划和投资计划。

3. 社会不满情绪

社会不满情绪是指社会各阶层对政府或社会制度存在不满和抗议的情绪。这种情况下，政治动荡会引发社会不稳定，影响油气产量规划的执行和企业的正常经营。具体影响包括以下三个方面的内容：

（1）抗议活动影响生产。社会不满情绪可能导致示威游行、罢工等抗议活动，影响生产设施的正常运行，导致生产中断或减少。

（2）投资风险上升。社会不满情绪会引起投资风险上升，使得企业对项目的投资和产量规划更加谨慎，可能延缓或取消相关投资。

4. 政治体制改革

政治体制改革是指政治体制发生重大变革,包括政府机构改革、选举制度改革等。这种情况下,政治动荡会导致政府职能调整和政策变化,影响油气产量规划的执行和政府对油气行业的管理。具体影响包括以下两个方面的内容:

(1)政策不确定性增加。政治体制改革会导致政策的频繁调整和变化,使得企业难以预测政府对油气产量规划的具体要求和支持程度。

(2)政府职能调整。政治体制改革会导致政府部门职能的调整和重组,影响政府对油气行业的管理和监管能力,进而影响油气产量规划的执行。

不同类型的政治动荡会对油气产量规划产生不同的影响。企业在制定油气产量规划时,需要充分考虑政治动荡可能带来的风险和不确定性,采取相应的风险管理措施,以保障生产的正常进行和企业的长期发展。同时,政府应加强政治稳定和国家治理能力建设,提供良好的政治环境和政策支持,为油气产量规划提供保障。

三、国际制裁对油气产量规划的影响

国际制裁是指一国或多国为了达到某种政治、经济或安全目的,采取的对另一国或多国采取的措施,包括军事、经济、外交、文化等方面的限制措施。不同类型的国际制裁对油气产量规划有着不同的影响。

1. 贸易制裁

贸易制裁是指通过限制商品和服务的贸易来对某个国家施加压力的措施,对油气产量规划的影响主要包括以下两个方面:

(1)能源供应受限。贸易制裁可能限制了油气产品的进出口,导致能源供应的紧张和不稳定,从而影响到油气产量的规划和生产。

(2)技术和设备供应受限。贸易制裁还可能限制了相关技术和设备的进口,对油气勘探、开发和生产所需的技术和设备造成影响,进而影响到油气产量规划的实施。

2. 金融制裁

金融制裁是指通过限制金融交易和资金流动来对某个国家实施压力的措施,对油气产量规划的影响主要包括以下两方面:

(1)资金来源受限。金融制裁可能导致企业的资金来源受限,影响到油气产量规划的资金投入和运作。

(2)投资信心下降。金融制裁会影响到企业的投资信心,降低对油气产量规划项目的投资意愿和资金投入,从而影响到项目的实施和产量的提升。

3. 技术制裁

技术制裁是指通过限制技术和科技交流来对某个国家实施压力的措施,对油气产量规划的影响机制主要包括以下两方面:

(1)技术创新受阻。技术制裁可能限制了企业获取和应用最新的技术和科技成果,影响到油气产量规划的技术创新和提升。

(2)生产效率下降。技术制裁可能导致企业生产过程中技术和设备的陈旧化,影响到生产效率和产量的提升。

4. 人员制裁

人员制裁是指通过限制个人和组织的活动来对某个国家实施压力的措施,对油气产量规划的影响主要包括以下两个方面:

(1)人才流动受阻。人员制裁可能导致企业的人才流动受限,影响到油气产量规划的人才储备和培训。

(2)管理效率下降。人员制裁可能导致企业管理层和关键岗位的人员缺失或流失,影响到油气产量规划的执行和管理效率。

不同类型的国际制裁对油气产量规划都会产生不同的影响,主要体现在能源供应、技术创新、资金投入和管理效率等方面。企业在制定油气产量规划时,需要充分考虑国际制裁可能带来的风险和不确定性,采取相应的风险管理措施,以保障生产的正常进行和企业的长期发展。同时,政府应加强国际合作,维护地区和世界的和平稳定,为油气产量规划提供保障。

四、贸易限制对油气产量规划的影响

贸易限制是国家为了保护本国产业或实现其他政治、经济目标而实施的一系列措施,包括关税、进口配额、禁运等形式,对油气产量规划产生广泛的影响[227]。

1. 关税限制

(1)影响原油成本。高额关税会增加原油的进口成本,使得国内企业面临原材料成本上升的挑战,从而影响到油气产量规划中的成本预算。

(2)削弱市场竞争力。关税限制导致进口原油价格上涨,削弱国内炼油企业的竞争力,限制其扩大产能和提高产量的能力。

2. 进口配额限制

(1)供应不确定性。进口配额限制导致进口原油供应面临不确定性,导致油气产量规划中的生产计划不稳定。

(2)制约企业发展。进口配额限制使得企业面临原材料供应不足的问题，限制了企业的生产和发展空间。

3. 禁运措施

（1）资源供应中断。禁运措施将导致某些地区的原油资源无法进入国际市场，使得企业面临生产资源匮乏的情况，影响到油气产量规划的制定和执行。

（2）生产成本上升。禁运措施导致企业寻找替代资源或更昂贵的原油来源，使得生产成本上升，从而影响到油气产量规划的经济效益。

4. 贸易技术限制

（1）技术创新受阻。贸易技术限制制约了企业获取和应用最新的技术和设备，影响到油气产量规划的技术创新和提升。

（2）生产效率下降。贸易技术限制使得企业无法获取得到先进的生产技术和设备，从而导致生产效率下降，影响到油气产量规划的执行效果。

贸易限制对油气产量规划的影响机制主要表现在成本、资源供应、生产稳定性和技术创新等方面。企业在制定产量规划时，需充分考虑贸易限制可能带来的风险和不确定性，采取相应的风险管理措施，以确保产量规划的有效执行。同时，政府应加强国际合作，促进贸易自由化，为油气产量规划提供稳定的国际贸易环境。

第三节　地缘政治风险管理策略

地缘政治风险是指地理位置、政治制度、国际关系等因素导致的对企业或国家经营活动产生不利影响的潜在威胁。在油气行业，地缘政治风险尤为突出，因为油气资源开发常常位于政治不稳定或地缘紧张的地区。因此，有效管理地缘政治风险对油气公司的长期发展至关重要。

一、地缘政治风险管理的重要性

地缘政治风险管理对于企业的稳定经营、投资安全和竞争力提升至关重要。

1. 保障企业稳定经营

地缘政治风险的管理是确保企业稳定经营的关键一环[228-229]。地缘政治事件的发生可能导致投资环境的不稳定性，如政治动荡、地区冲突等，这些都将影响到企业的业务活动。通过有效的风险管理，企业能够及时识别潜在的风险并制定相应的对策，从而减少不确定性对经营活动的影响，确保业务的持续开展。

2. 维护投资安全

地缘政治风险对投资安全的威胁不容忽视。一些地区的政治不稳定、地缘冲突等因素可能导致企业的投资项目受到损失[230-231]。因此，对这些风险进行全面评估并采取相应的管理措施，对于保障投资安全至关重要。例如，建立风险预警机制、制定应急预案、加强与政府和当地社区的沟通合作等，都是有效管理地缘政治风险的重要手段。

3. 提高竞争力

有效地管理地缘政治风险可以帮助企业提高竞争力。通过建立健全的风险管理体系，企业能够更好地应对外部环境的变化，降低经营风险，提高经营效率和灵活性，从而增强在市场竞争中的地位。此外，企业还可以通过多元化投资、寻找新的市场机会等方式，降低对某一地区的依赖，减少地缘政治风险对企业的影响。

二、地缘政治风险管理的必要性

地缘政治风险管理对企业具有重要意义，其必要性主要表现在以下三个方面。

1. 避免损失扩大化

地缘政治的风险管理可以帮助企业及时识别潜在风险并采取相应措施，避免损失扩大化[232]。在全球化背景下，地缘政治动荡、国际关系紧张等因素可能导致企业投资项目受到威胁或中断。通过建立健全的风险管理机制，企业可以更好地应对突发事件，减少潜在的经济损失。

2. 增加经营的可持续性

有效管理地缘政治风险有助于提高企业经营的可持续性。地缘政治事件的发生可能影响企业在某一地区的生产和销售活动，甚至对全球供应链产生连锁反应。通过科学合理地评估和管理地缘政治风险，企业能够更好地保护自身利益，确保业务的持续开展，从而提高长期竞争力。

3. 维护企业声誉

有效管理地缘政治风险有助于维护企业的良好声誉。企业如果能够在地缘政治紧张的局势下保持稳定的经营和良好的社会形象，将增强投资者、合作伙伴和消费者的信任，提高品牌价值和市场份额。相反，若企业未能妥善处理地缘政治风险，可能导致声誉受损，从而影响业务的发展和企业形象[233]。

三、地缘政治风险管理的策略与方法

地缘政治风险管理是企业在面对复杂多变的地缘政治环境时保护自身利益、降低风险的重要手段。以下是几种常见的地缘政治风险管理策略与方法。

1. 风险识别与评估

企业应定期进行地缘政治风险的识别和评估，以了解不同地区的政治、经济、社会和文化情况，及时发现潜在的风险因素，包括政治动荡、国际冲突、贸易限制、地区制裁等方面的风险。通过系统性的风险评估，企业可以更好地制定应对策略和应急预案[234]。

2. 多元化投资

为降低单一地区地缘政治风险对企业的影响，企业可以采取多元化投资策略，将资金和资源分散投资于不同地区或不同国家的项目中。这样，即使某一地区出现政治风险，其他地区的业务仍能维持稳定运营，减少损失[235]。

3. 合规运营

企业应严格遵守当地法律法规，与政府和当地社区保持良好关系，避免与政府和当地利益相关方发生冲突。建立与政府和利益相关方的沟通机制，及时了解政府政策和地方政治动态，以保障企业合法权益[236]。

4. 保险和契约保障

为降低地缘政治风险带来的经济损失，企业可以购买相关保险，例如政治风险保险、国别风险保险等，以及在合同中设置相应的保障条款，如地缘政治风险条款、不可抗力条款等。

5. 应急预案制定

针对可能出现的地缘政治风险事件，企业应制定相应的应急预案，并进行演练和培训，以保障员工安全和业务的持续稳定。应急预案包括危机管理、紧急撤离、通讯保障等方面的内容。

6. 政治风险监测

企业应建立完善的政治风险监测机制，定期收集、分析和评估各地区的政治形势和国际关系变化，及时调整战略和业务布局。这包括关注国际关系、地缘政治事件、国家政策调整等方面的信息，以做出及时的反应和决策。

7. 案例分析

中国的中亚天然气管道项目是为满足中国日益增长的能源需求，促进中亚地区经济发展而展开的重要合作项目。然而，该项目面临诸多地缘政治风险挑战。首先，中亚地区地缘政治环境复杂，可能影响项目的稳定推进；其次，涉及多个国家的跨国合作面临诸多挑战，而投资风险也存在资金来源不稳定、回报不确定等问题。为了应对这些挑战，采取了一系列有效的管理策略，包括全面的风险评估和管理、多元化投资吸引、与政府和利益相关方合作，以及购买政治风险保险和在合同中设置保障条款等措施。这些措施的有效实施使得项目顺利建设了跨境天然气管道，实现了中国与中亚地区能源互联互通，同时也促进了区域经济发展，增强了中国在中亚地区的影响力和地位。

四、面对地缘政治风险时的应对措施

地缘政治风险对于油气公司的经营具有重要影响，为有效应对这些风险，油气公司可以采取以下五个方面的措施。

1. 加强情报收集与分析

（1）油气公司应建立健全的情报收集机制，通过多渠道收集与地缘政治相关的信息和数据，包括政治形势、国际关系、地区冲突等方面的情报。

（2）针对不同地区的特点和风险，进行深入分析和评估，以便及时识别和应对可能出现的地缘政治风险。

2. 与政府和当地社区合作

（1）油气公司应积极与沿线国家政府和当地社区建立良好的合作关系，加强沟通与互信，共同维护项目的稳定运行。

（2）通过与政府和当地利益相关方的合作，协商解决存在的问题，减少潜在的政治风险和冲突。

3. 多元化投资

（1）油气公司应在不同地区进行多元化的投资布局，分散风险，降低单一地区地缘政治风险的影响。

（2）通过投资多个地区或国家的项目，减少对特定地区的依赖性，提高企业的抗风险能力。

4. 制定应对策略

（1）公司根据不同地缘政治风险的性质和程度，制定相应的风险管理策略和措施。

（2）制定详细的应对计划，建立健全的风险管理体系，包括应急预案、危机管理机制等，以便在面临地缘政治风险时能够及时、有效地应对。

以上措施的有效实施，可以帮助油气公司更好地应对地缘政治风险，保障企业的稳定运营和可持续发展。

5. 案例分析

巴西石油公司在委内瑞拉进行的投资项目面临着来自地缘政治风险的挑战。该项目在

委内瑞拉政治不稳定和经济困难的环境下展开，面临着政府政策变化、资产安全、合同履行等多方面的风险。为了应对这些挑战，巴西石油公司采取了一系列措施：

（1）加强数据收集与分析。公司建立了专门的数据收集团队，通过多渠道收集和分析与委内瑞拉相关的政治、经济和社会信息，及时了解该国的政治形势和经济动态。

（2）与政府和当地社区合作。公司积极与委内瑞拉政府和当地社区展开合作，加强沟通与协商，维护投资项目的稳定运行。

（3）多元化投资。除了在委内瑞拉的投资项目外，公司还在其他地区进行了多元化的投资布局，降低了对委内瑞拉的过度依赖。

（4）制定应对策略。公司制定了详细的地缘政治风险应对计划，建立了应急预案和危机处理机制，以应对潜在的地缘政治风险事件。

通过这些措施的有效实施，巴西石油公司在委内瑞拉的投资项目得以顺利推进，并取得了一定的成效。

第四节　地缘政治风险的评估方法

通过地缘政治风险评估，分析地缘政治风险因素对企业或项目可能产生的影响及其过程。以下是几种常用的地缘政治风险评估方法。

一、情景分析法

情景分析法是一种常用的地缘政治风险评估方法，主要通过构建不同的可能性情景来评估地缘政治风险的影响。

1. 原理

情景分析法基于对潜在的地缘政治事件、政策变化或国际关系变化进行系统分析，以构建各种可能性情景。通过对这些情景的评估，可以帮助企业或项目管理者预测可能出现的情况，并采取相应的措施应对[237-238]。

2. 步骤

（1）情景构建。分析人员根据专业知识和研究，提出不同的假设和情景。考虑到可能的地缘政治事件和变化，这些情景可以涵盖政治动荡、国际关系紧张、贸易制裁等方面的风险。

（2）情景评估。对构建的各种情景进行评估，包括情景的可能性、影响程度、持续时间等方面。评估可以通过专家讨论、模拟分析或定量模型等方法进行。

（3）情景比较。将各种情景进行比较，分析它们对企业或项目的潜在影响。这包括对不同情景下可能出现的风险、机会和挑战进行比较和权衡。

（4）应对策略制定。根据情景分析的结果，制定相应的应对策略和措施，以降低可能的风险影响并利用可能的机会。

3. 结果与效果

情景分析法的结果是一系列可能性情景的描述，包括对每种情景的概率、影响和持续时间的评估。通过情景分析，企业或项目管理者可以更全面地了解地缘政治风险对其业务的潜在影响，从而制定更有效的应对策略，提高应对不确定性的能力。

4. 适用范围

情景分析法适用于各种地缘政治风险评估场景，特别是对于复杂多变的地缘政治环境下的企业或项目管理。它可以帮助企业在不同的情景下制定灵活的应对策略，提高应对风险的能力。

5. 优势

（1）全面考虑不同可能性，有助于企业预测未来的风险和机会[239]。

（2）可以帮助企业制定灵活的抗风险策略，应对不确定性的挑战。

6. 局限性

（1）评价结果取决于对未来发展趋势的假设，存在一定的不确定性。

（2）需要大量的数据和专业知识支持，且易受主观因素影响[240]。

7. 案例分析

通过情景分析法来评估某石油公司在中东地区开展油气勘探和生产项目时面临的地缘政治风险，并制定相应的风险管理策略。以下是建模、求解和评估过程。

1）构建情景模型

（1）确定关键因素，包括地区冲突、政治动荡、国际制裁、国际关系紧张度等。

（2）划分地区局势的不同情景，包括：

① 地区局势相对稳定；

② 地区局势紧张但未爆发冲突；

③ 地区已爆发冲突并出现国际制裁。

（3）描述情景特征，包括可能发生的事件、政治动态、国际关系、市场影响等。

（4）量化情景影响，对每个情景下的关键因素进行量化评估，包括地缘政治风险的概率、可能的影响程度、损失的预估等。

2）求解情景模型

（1）数据收集和分析。收集与中东地区相关的历史数据、政治动态、国际关系资讯等信息，对这些数据进行分析。

（2）模型构建。基于确定的关键因素和不同情景的描述，构建情景模型。模型可以是定性描述模型，也可以是数学模型，比如概率模型或者贝叶斯网络等。

（3）参数设置和输入。设定模型中的参数，输入各种情景下的影响因素、事件发生的概率、影响程度等。

（4）模拟和分析。利用模型进行情景模拟和分析，对每个情景下的可能结果进行模拟，分析其影响和潜在损失。

3）结果评估和决策

（1）结果解读。分析模拟结果，理解每个情景下的可能影响和风险程度，比如可能的收入损失、项目推迟或中止等。

（2）风险评估。评估每个情景的风险，包括概率、影响程度和可能的损失额。

（3）风险管理策略。根据评估结果，制定相应的风险管理策略和决策措施，包括调整项目计划、加强安全措施、备份方案制定等。

（4）优化方案。对风险管理策略进行优化和调整，以提高应对风险的能力和效果。

以上过程中，关键是对每个情景进行合理描述和量化评估，以便更好地理解潜在的风险和挑战，并制定相应的应对策略和决策方案。

二、风险评估矩阵法

风险评估矩阵法是一种常用的定性评估方法，用于确定和排列不同地缘政治风险的优先级。下面介绍该方法的详细流程。

1. 原理

风险评估矩阵法基于风险管理理论，通过将地缘政治风险按照其可能性和影响程度划分为不同的类别，并综合考虑这两个维度来确定风险的优先级。

2. 步骤

（1）确定评估标准：确定评估地缘政治风险的标准，包括可能性和影响程度。可能性通常分为低、中、高三个级别，影响程度通常分为轻微、中等、严重三个级别。

（2）制定评估矩阵：基于确定的评估标准，制定评估矩阵，通常是一个二维表格，横轴表示可能性，纵轴表示影响程度。根据不同的可能性和影响程度，将风险划分为不同的等级。

（3）评估风险：对每种地缘政治风险进行评估，确定其可能性和影响程度，并根据评估标准在评估矩阵中确定相应的位置。以政治不稳定、国际制裁和贸易限制为例进行评估：

① 政治不稳定：可能性 = 高；影响程度 = 严重。

② 国际制裁：可能性 = 中；影响程度 = 中等。

③ 贸易限制：可能性 = 低；影响程度 = 轻微。

（4）确定优先级：根据风险的位置在评估矩阵中确定其优先级，通常是通过综合考虑可能性和影响程度来确定。

3. 结果与效果

风险评估矩阵法的结果是对不同地缘政治风险的优先级排序，有助于企业或项目管理者确定应对风险的重点和优先级，从而合理分配资源，降低潜在的风险影响。

4. 适用范围

风险评估矩阵法适用于各种地缘政治风险评估场景，特别是对于需要快速确定风险优先级的情况。它可以帮助企业或项目管理者在有限的资源下有效管理风险。

5. 优势

（1）简单易懂，能够快速确定风险的优先级。

（2）可以帮助管理者集中精力应对可能性和影响程度较高的风险。

6. 局限性

（1）忽略了风险的其他方面，如紧急性、可控性等。

（2）评估结果受主观因素影响较大，可能存在误差。

7. 案例分析

采用风险评估矩阵法来评估某石油公司在南海地区开展油气勘探和生产项目时面临的地缘政治风险，并确定应对策略[241-242]。以下是详细的建模、求解和评估过程。

1）构建风险评估矩阵模型

（1）确定评估指标：确定了两个关键指标——风险概率和风险影响程度。

（2）划分风险等级：将风险概率和风险影响程度分为几个等级，如低、中、高。

（3）绘制风险评估矩阵：在表格中，将风险概率和风险影响程度作为两个轴，形成一个矩阵。矩阵的交叉点表示不同等级的风险。

2）求解风险评估矩阵模型

（1）数据收集和分析：收集与南海地区相关的历史数据、政治动态、国际关系资讯等信息，对这些数据进行分析。

(2)确定风险概率和影响程度：根据分析结果，确定不同地缘政治事件发生的概率和可能对项目造成的影响程度。

(3)填写风险评估矩阵：将确定的风险概率和影响程度填入风险评估矩阵的相应位置，得到一个完整的矩阵。

3）评估风险

(1)分析风险等级：根据填写好的风险评估矩阵，分析各个风险等级的分布情况，了解不同等级风险的比例和分布情况[243]。

(2)识别重要风险：识别那些概率和影响程度都较高的风险，这些风险可能对项目造成较大的影响，需要重点关注。

(3)制定应对策略：针对识别出的重要风险，制定相应的应对策略和措施，包括调整项目计划、加强安全措施、备份方案制定等。

(4)优化方案：对风险管理策略进行优化和调整，以提高应对风险的能力和效果。

4）持续监测和更新

定期对风险评估矩阵进行更新和调整，及时反映新的政治动态和地缘政治事件，保持风险评估的有效性和准确性。

通过以上过程，可以全面了解南海地区油气勘探和生产项目面临的地缘政治风险，并制定相应的风险管理策略，以保障项目的顺利进行。

三、事件树分析法

事件树分析法是一种常用的定量评估方法，用于评估地缘政治事件的可能性和后果。下面对该方法进行详细介绍。

1. 原理

事件树分析法基于概率论和决策树理论[244-245]，通过构建事件树模型来定量评估地缘政治事件的可能性和后果。该方法将可能导致地缘政治事件的因素和条件逐级展开，分析事件发生的概率和可能的后果。

2. 步骤

(1)确定事件链：确定可能触发地缘政治事件的各种因素和条件，形成事件链。

(2)构建事件树：根据事件链，构建事件树模型，将事件发展过程分解为多个节点，每个节点代表一个可能的事件发生路径。

(3)量化概率和影响：对每个节点的概率和影响程度进行量化评估，可以利用历史数据、专家判断等方法确定。

(4)计算结果：根据事件树模型，计算各个事件发生的概率和可能的后果，得出综合评估结果。

3. 结果与效果

事件树分析法的结果是对地缘政治事件发生的概率和可能后果的定量评估，有助于企业管理者更全面了解风险，并制定相应的应对策略，降低潜在的风险影响。

4. 适用范围

事件树分析法适用于对复杂地缘政治事件的定量评估，特别是对于需要准确评估事件发生概率和后果的情况，可以帮助企业管理者更科学地进行风险管理。

5. 优势

（1）可以提供对地缘政治事件发生概率和后果的定量评估。

（2）可以帮助管理者更全面地了解风险，并制定相应的风险管理策略。

6. 局限性

（1）构建事件树模型需要大量数据和专业知识的支持，成本较高。

（2）评估结果受数据和模型假设的影响，可能存在不确定性。

7. 案例分析

使用事件树分析法来评估某石油公司在中东地区开展油气勘探和生产项目时面临的地缘政治风险，并确定应对策略。以下是详细的建模、求解和评估过程。

1）构建事件树模型

（1）确定主要事件：确定可能导致地缘政治风险的主要事件，如地区冲突升级、国际制裁等，例如：

①地区冲突升级：概率＝中；后果＝影响项目进行，可能导致生产中断；

②国际制裁：概率＝低；后果＝影响项目融资和运营，但不会导致生产中断。

（2）确定事件发展的可能路径：根据每个主要事件，确定可能导致的不同事件发展路径，并构建事件树模型。

（3）量化事件发生的概率和影响程度：对每个事件发展路径的可能性和影响程度进行量化，可以基于历史数据、专家判断或模型预测进行评估。

2）求解事件树模型

（1）数据收集和分析。收集与中东地区相关的历史数据、政治动态、国际关系资讯等信息，对这些数据进行分析。

（2）确定事件概率和影响程度。根据分析结果，确定每个事件发展路径的概率和可能对项目造成的影响程度。

第七章 地缘政治风险与油气产量规划

（3）构建事件树模型。根据确定的事件发展路径和概率，构建完整的事件树模型。

3）评估风险

（1）分析关键事件路径。分析事件树模型中各个关键事件路径的概率和可能的影响程度，识别出对项目影响最大的路径。

（2）识别关键风险点。识别导致项目风险最高的关键事件点，这些点可能是潜在的危机触发点，需要特别关注。

（3）制定风险应对策略。针对识别出的关键风险点，制定相应的风险管理策略和措施，以降低风险发生的可能性和影响程度。

（4）优化方案。对风险管理策略进行优化和调整，以提高项目应对风险的能力。

4）持续监测和更新

定期对事件树模型进行更新和调整，及时反映新的政治动态和地缘政治事件，保持风险评估的有效性和准确性。

通过以上过程，可以全面了解中东地区油气勘探和生产项目面临的地缘政治风险，并制定相应的风险管理策略，以保障项目的顺利进行。

四、灰色关联分析法

灰色关联分析法是一种定量评估方法，用于评估地缘政治风险因素之间的关联程度。下面对该方法进行详细介绍。

1. 原理

灰色关联分析法基于灰色系统理论，通过分析不同地缘政治风险因素的历史数据，计算它们之间的关联度。该方法可以揭示地缘政治事件之间的内在联系，从而帮助预测未来可能发生的地缘政治事件。

2. 步骤

（1）数据收集。收集不同地缘政治风险因素的历史数据，包括政治事件发生频率、影响程度等信息。

（2）数据标准化。对收集的数据进行标准化处理，以消除不同数据之间的量纲和数量级差异[246]。

（3）关联度计算。根据标准化后的数据，计算各个地缘政治风险因素之间的关联度。通常采用灰色关联度指标来衡量不同因素之间的关联程度。

（4）排序和分析。对计算得到的关联度进行排序和分析，确定各个地缘政治风险因素之间的关联程度，并找出关联度较高的因素组合。

3. 结果与效果

灰色关联分析法的结果是对地缘政治风险因素之间关联程度的定量评估，有助于揭示不同因素之间的内在联系，帮助预测未来可能发生的地缘政治事件。通过分析结果，可以更准确地评估风险，并制定相应的应对措施，降低潜在的风险影响。

4. 适用范围

灰色关联分析法适用于需要对地缘政治风险因素之间关联程度进行定量评估的情况，特别适用于复杂的地缘政治环境下，对多个因素进行综合分析和预测。

5. 优势

（1）提供了对地缘政治风险因素之间关联程度的定量评估，有助于揭示内在联系。

（2）可以帮助预测未来可能发生的地缘政治事件，提前制定应对策略。

6. 局限性

（1）对历史数据的依赖性较强，可能无法充分考虑未来的不确定性。

（2）计算过程较为复杂，需要专业知识和技术支持。

7. 案例分析

使用灰色关联分析法评估某石油公司在南美开展油气勘探项目的地缘政治风险，下面详细分析整个建模、求解、评估的过程。

1）建模

（1）数据收集。收集南美地区相关的政治、经济、社会等方面的数据，包括历史事件、政治体制、地缘关系等信息。

（2）确定关键因素。根据数据分析，确定影响油气勘探项目的关键地缘政治因素，如政治稳定性、地区冲突、法律法规等。

（3）构建关联度矩阵。将关键因素之间的关联度用数值表示，构建关联度矩阵。

2）求解

（1）灰色关联度计算。根据关联度矩阵，计算各因素之间的关联度。可以使用灰色关联度计算公式进行计算。

（2）确定权重。根据计算结果，确定各个因素的权重，结果反映各因素对地缘政治风险的贡献程度。

3）评估

（1）结果解释。根据计算结果，解释各因素之间的关联程度，分析各因素对地缘政治风险的影响程度。

（2）风险预测。根据关联度和权重，预测可能发生的地缘政治风险事件，评估其对项目的影响。

（3）制定应对策略。根据评估结果，制定相应的风险管理策略和措施，以降低风险发生的可能性和影响程度。

（4）优化方案。不断优化模型和评估方法，以提高预测的准确性和可靠性。

通过以上过程，可以全面评估南美地区油气勘探项目面临的地缘政治风险，为项目的决策提供科学依据和风险管理措施。

第八章 分类油气产量规划的主要特征

油气产量规划的复杂性和多样性要求根据不同的地理位置、资源类型、开采阶段以及企业规模等因素，制定具有针对性的规划策略。全球范围内，不同地区的油气资源、储层类型及开发技术差异，使得产量规划呈现出显著的区域性和个性化特征。本章将深入探讨分类油气产量规划的主要特征，首先从地区差异入手，分析中东、北美、欧亚大陆等地区的油气产量规划特征；接着，依据油气类型（如轻质原油、重质原油、天然气等）和储层类型（如常规储层、深海油气、页岩气等），详细分析不同资源条件下的规划特点；最后，考虑到不同开采阶段（勘探、开发、生产等）和企业规模（小型企业、大型跨国公司等）的差异，本章将探讨如何根据具体情况优化油气产量规划，帮助读者理解油气开发过程中多维度因素的互动关系，并提供具体的分类规划策略。

第一节 全球不同地区的油气产量规划特征

油气产量规划在全球不同地区存在着诸多差异特征，主要受到地质条件、政治环境、技术水平和市场需求等因素的影响。

一、中东地区

中东地区是世界上最大的石油和天然气生产地之一，拥有丰富的传统石油储量，主要集中在沙特阿拉伯、伊朗、伊拉克、科威特、阿联酋等国家。这些国家在全球石油市场中扮演着关键角色。

1. 中东地区油气行业特点分析

1）地质条件

（1）丰富的油气资源。中东地区拥有世界上最丰富的石油和天然气资源。这一地区地质构造复杂，盆地、褶皱带、断裂带等地质构造形成了丰富的油气储层。主要的石油和天然气田分布在沙特阿拉伯、伊拉克、伊朗、科威特、阿联酋、卡塔尔等国家，这些国家被称为"石油国"[247]。

(2)大规模油气田。中东地区拥有许多大规模的油气田,其产量在全球范围内占据重要地位。加莱夫油田位于沙特阿拉伯东部,是世界上最大的油田之一,被认为是"石油之王",其储量巨大,产量持续稳定;鲁哈尼油田位于伊拉克南部,也是世界上最大的油田之一,拥有丰富的石油资源,产量稳定[248]。

中东地区丰富的油气资源和大规模油气田使其成为全球石油与天然气生产的主要地区之一。这些资源对于全球能源供应具有重要的影响,也对中东地区的经济发展和地缘政治格局产生深远影响。

2)资源丰富程度

(1)世界最大的石油储量。中东地区拥有世界上最丰富的石油储量,约占全球总储量的三分之二以上。这些储量主要分布在沙特阿拉伯、伊拉克、伊朗等国家。沙特阿拉伯是世界上最大的石油出口国,其石油储量占全球总储量的相当大比例。其中,加莱夫油田是世界上最大的单一油田,储量巨大,对全球石油供应具有重要影响[249]。

(2)天然气储量丰富。中东地区也拥有丰富的天然气储量。伊朗的南帕尔斯气田是世界上最大的天然气田之一,拥有巨大的储量,是伊朗主要的天然气生产基地;卡塔尔的北部气田是世界上最大的天然气田之一,拥有丰富的天然气资源,对卡塔尔的经济发展和国际能源市场具有重要影响[250]。

中东地区丰富的石油和天然气资源使其成为全球能源供应的重要基地。这些资源的丰富程度对中东地区的经济发展和地缘政治格局产生重大影响,也对全球能源市场产生重要影响。

3)政治环境

(1)地缘政治影响。中东地区地缘政治紧张,地区冲突和政治动荡对油气产量规划和资源开发造成不确定性。地缘政治因素包括国家之间的边界纠纷、宗教分歧、民族矛盾等。地缘政治紧张局势可能导致供应中断、价格波动等问题,对全球能源市场产生重大影响[251]。

(2)国家控制石油资源。中东国家通常通过国有石油公司控制石油资源,政府在石油开采、生产和出口方面具有主导地位。这些国家的石油资源大多归国家所有,政府通过合约和税收制度对石油行业进行管理和监管。国有石油公司在中东地区扮演着重要角色,如沙特阿美、伊拉克国家石油公司、伊朗国家石油公司等,它们对石油资源的开发和管理具有重要影响力[252]。

中东地区的政治环境复杂多变,地缘政治紧张和国家对石油资源的控制是该地区油气产量规划与资源开发面临的重要挑战。政府在石油行业的管理和监管对于该地区的经济发展及国际能源市场稳定具有重要意义。

4)技术水平

(1)先进的油气勘探技术。中东地区拥有先进的油气勘探技术,包括3D和4D地震勘探技术、电磁勘探技术、地震成像技术等，能够精准地发现和评估油气资源储量[253]。

（2）提高采收率。为了有效开发和利用油气资源，中东地区致力于提高油气田的采收率。通过水平钻井、水平井压裂、注水开采等先进技术手段，提高油气产量和采收效率，延长油气田的生产周期[254]。

5）市场需求

（1）对石油和天然气的高需求。中东地区的石油和天然气对全球能源市场具有重要影响，其产品供应对全球能源安全具有重要意义。石油主要用于交通运输、工业生产和化工等领域，天然气主要用于发电、供暖、工业生产等，市场需求相对稳定[255]。

（2）能源转型和替代能源的挑战。随着全球对清洁能源的需求增加，中东地区也面临着能源转型和替代能源的挑战。一些国家开始加大对可再生能源的投资和开发，减少对传统化石能源的依赖，这对中东地区的石油和天然气市场造成了一定影响，需要及时调整产业结构和能源政策[256]。

6）挑战

（1）环保压力。油气开采和生产对环境造成的影响日益受到关注，包括水资源污染、土壤退化、大气污染等问题。环保压力增加，要求油气行业采取更加环保的开采和生产方式，减少环境污染。中东地区一些国家已经开始采取措施，推动油气行业向清洁、高效、环保方向转型，加强环保监管和技术改造，提高资源利用效率，减少环境负担[257]。

（2）技术更新需求。随着油气田的老化和资源开采程度的加深，传统的开采及生产技术已经无法满足产能和效率的需求，需要不断引进新技术、新工艺来提高油气田的开采效率和生产水平。技术更新需求包括水平井、压裂技术、提高采收率的增强采油技术、提高油气开采效率的智能化和自动化技术等[258]。

（3）国际能源政策影响。国际能源政策的变化对中东地区油气产量规划带来重要影响。一些国家和国际组织提出减少对化石能源的依赖、推动能源转型的政策目标，这可能导致全球对石油和天然气的需求减少，影响中东地区的油气出口市场。中东地区需要积极应对国际能源政策变化，调整能源产业结构，加快能源转型步伐，发展清洁能源和可再生能源，提高能源利用效率，保持对全球能源市场的竞争优势[259]。

中东地区油气产量规划和资源开发面临环保压力、技术更新需求和国际能源政策变化等多重挑战，需要政府、企业和社会各方共同努力，制定和实施有效的应对策略，推动油气产业的可持续发展。

2. 油气产量规划特点

油气产量规划在中东地区具有一些显著的特点，主要体现在勘探和开采技术、评估方法、规划流程和技术侧重点等方面。

(1)勘探和开采技术:中东地区油气产量规划依托先进的勘探和开采技术。水平钻井、压裂等高效技术被广泛应用于油气田的勘探和开采过程中,以提高生产效率和采收率。这些先进技术的应用使得中东地区能够充分开发利用油气资源,实现了高产量和高效益的生产。

(2)评估方法:油气产量规划采用综合评估方法,包括地质勘探、地震勘探、数值模拟等手段。通过这些方法,可以对油气资源进行全面评估,为后续的开发规划提供科学依据。中东地区的油气资源储量巨大,因此需要利用先进的评估方法来准确评估资源量和分布情况,以确保资源的有效开发利用。

(3)规划流程:油气产量规划涵盖了从勘探、开发到生产的完整流程。在勘探阶段,通过地质勘探和地震勘探等手段,确定油气资源的分布情况;在开发阶段,制定开采方案和生产计划;在生产阶段,实现油气生产和输送。这一完整的规划流程确保了油气资源的有效开发和利用,使得中东地区成为全球石油和天然气的主要供应地区之一[260]。

4)技术侧重点

(1)提高采收率。中东地区的油气产量规划侧重于通过技术手段提高油气田的采收率,以实现更高的油气产量。采用水平钻井、压裂等技术手段,优化油气田开发方式,提高产能和产量。

(2)环境保护与可持续发展。在油气产量规划中,中东地区重视环境保护和可持续发展。采取环保措施,减少环境污染和生态破坏,推动油气行业向清洁、高效、环保方向发展。

总体来说,中东地区的油气产量规划注重技术创新和综合应用,以实现油气资源的最大化利用和可持续发展。通过先进的技术手段和科学的规划流程,中东地区在油气产量规划方面取得了显著的成就,并在全球能源市场中发挥着重要作用。

二、北美地区

北美地区具有多样化的石油和天然气资源,包括传统石油、页岩油、页岩气等。美国和加拿大是该地区的主要生产国,其在页岩油和页岩气开发方面取得了重大进展。

1.北美地区油气行业特点分析

1)地质条件

(1)页岩油气资源丰富。北美地区拥有丰富的页岩油气资源,这些资源广泛分布在美国的得克萨斯州、北达科他州等地区,以及加拿大的艾伯塔省等地。页岩油气的开发已经成为北美地区油气产量规划的重要组成部分。由于页岩层紧密、孔隙度低,开采技术要求较高,但随着水平钻井和压裂等先进技术的应用,页岩油气开发已经取得了显著的进展[261]。

（2）油砂资源潜力巨大。加拿大艾伯塔省拥有世界上最大的油砂资源，这些资源分布在阿尔伯特湾地区。油砂是一种特殊的油藏类型，其开采技术相对复杂，包括表层露采、地下热采等方式。油砂资源的开发对于北美地区的油气产量规划具有重要意义，但也面临着环境影响和成本挑战等问题[262]。

北美地区的页岩油气和油砂资源为油气产量规划提供了丰富的资源基础，但同时也带来了技术挑战和环境风险。有效的技术创新和环境管理将对北美地区的油气产量规划起到关键作用，促进资源的可持续开发利用。

2）资源丰富程度

（1）页岩油气产量增长。近年来，随着页岩油气开发技术的进步，北美地区的页岩油气产量快速增长。水平钻井和压裂等技术的广泛应用，使得页岩油气的开采成本大幅降低，产量大幅提升。北美地区的页岩油气已经成为全球石油产量的重要组成部分，对于全球能源供应格局产生了深远影响。

（2）石油和天然气储量稳定。尽管传统油气田产量逐渐下降，但北美地区的石油和天然气储量仍然相对丰富。特别是加拿大的艾伯塔省拥有世界上最大的油砂资源，这些资源储量巨大，为北美地区的油气产量规划提供了重要基础。此外，北美地区传统油气田的储量虽然有所下降，但仍然属于稳定水平，通过技术创新和有效管理，仍有潜力提升产量。

综上所述，北美地区的资源丰富程度体现在页岩油气产量增长和石油、天然气储量稳定两方面。这为北美地区的油气产量规划提供了充足的资源基础，但同时也需要有效管理和技术创新，以保障资源的可持续开发利用。

3）政治环境

（1）私营企业主导。北美地区的油气行业以私营企业为主导，市场竞争激烈。大型石油公司如埃克森美孚、雪佛龙、康菲石油等在该地区拥有巨大的影响力和市场份额。政府对于油气行业的干预相对较少，主要通过监管和税收等方式对行业进行管理与调控，以促进市场竞争和资源开发[263]。

（2）环保压力增加。受到国际和国内环保法规的影响，北美地区的油气行业面临着越来越严格的环保要求和监管。特别是近年来，随着环境保护意识的增强，对于碳排放、水资源管理、地质地下水污染等方面的监管日益加强。这种环保压力增加对于油气产量规划提出了新的挑战，要求企业在开采过程中采取更加环保友好的技术和措施，以减少对环境的影响[264]。

北美地区的政治环境相对开放和市场化，但受到环保法规的影响越来越大。在政府和企业的共同努力下，油气产量规划需要在保障资源开发利用的同时，兼顾环境保护和可持续发展的要求，促进油气行业的健康发展。

第八章　分类油气产量规划的主要特征

4）技术水平

（1）水平钻井技术。北美地区油气开发技术相对成熟，广泛采用水平钻井技术。水平钻井技术可以有效地开采页岩油气等非常规油气资源，提高了储量的开发利用率。通过水平钻井，油气开采公司可以在水平方向上延伸井筒，增加了油气储层的接触面积，提高了油气产量和采收率。这项技术的广泛应用使得北美地区的页岩油气产量得到了显著提升。

（2）数字化技术应用。数字化技术在北美地区的油气产业中得到广泛应用，包括勘探、开采和生产等方面。通过引入数字化技术，油气公司可以实现对油气资源的精细化管理和监控。在勘探阶段，数字化技术可以提高地震勘探、地质建模和油气资源评估的精度及效率；在开采阶段，数字化技术可以实现对井下设备的实时监测和管理，优化生产调度和作业计划，提高生产效率和安全性[265]。

北美地区的技术水平相对较高，先进的水平钻井技术和数字化技术的应用使得油气产量规划更加精确且有效。这些技术的持续创新和应用将进一步推动北美地区油气产业的发展和产量增长。

5）市场需求

（1）国内市场需求旺盛。北美地区拥有庞大的国内市场需求，涵盖了工业、交通、家庭用能等多个领域。石油和天然气作为主要能源，被广泛应用于能源生产和消费领域。特别是在美国，经济的持续增长和工业化进程，使得其对于石油和天然气的需求量持续增加。石油产品在交通运输、化工等领域得到应用广泛，天然气则被用于发电、供暖等方面。

（2）替代能源发展。随着环保意识的提高和可再生能源的发展，北美地区对于清洁能源的需求不断增长。风能、太阳能、生物质能等可再生能源的应用逐渐扩大，成为能源供应的重要组成部分。美国和加拿大等国家在推动清洁能源转型方面投入了大量资源，通过政策扶持和技术创新，促进可再生能源的发展和利用。

北美地区的市场需求对于油气产量规划具有双重作用：一方面，国内市场需求旺盛，为油气产量提供了巨大的市场需求支撑；另一方面，替代能源的发展也促使油气产量规划需要考虑清洁能源的竞争和替代性。因此，在产量规划过程中需要综合考虑市场需求的变化和趋势，调整产业结构，促进油气产业的可持续发展。

6）挑战

（1）环保压力。油气开发对环境的影响引起了社会的广泛关注，特别是水资源污染、土地破坏、大气污染等问题受到了公众和政府的高度关注。环保组织和社会团体对于油气开发项目提出了更高的环保要求，要求企业采取更加环保友好的技术和措施。此时，油气产量规划需要兼顾资源开发和环境保护的平衡，通过引入清洁生产技术、实施环境保护措施等方式，减少油气开发对环境的影响，实现可持续发展。

（2）价格波动。国际油价的波动对于北美地区油气行业产生重大影响。油价的大幅波动会直接影响企业的盈利能力和资金回报率，增加了油气产量规划的不确定性。油气产量规划需要考虑国际油价的变化趋势，灵活调整生产策略和投资规划，降低价格波动对企业经营的风险。

（3）技术更新。随着油气田的老化和资源开采程度的加深，北美地区需要不断引进新技术、新工艺来提高产能和效率，以应对资源枯竭和市场竞争的挑战。技术更新涉及勘探、开采、生产等方面，需要投入大量资金和人力资源，同时也需要克服技术转移和应用难题，确保新技术的顺利应用。

这些挑战对于北美地区的油气产量规划提出了严峻的考验，需要政府、企业和社会各界共同努力，采取有效的措施和策略，促进油气产业的可持续发展，实现经济效益和环境保护的双赢。

2. 油气产量规划的特点

1）技术

（1）水平钻井和压裂技术。水平钻井和压裂技术是北美地区油气产量规划的核心技术之一。通过水平钻井技术，可以在页岩等非常规油气储层中实现水平井段的钻探，从而有效扩大油气开采面积。而压裂技术则是在水平井段中对储层进行增产措施，通过注入高压液体将储层破裂，从而释放更多的油气资源。这两项技术的应用，显著提高了页岩油气开采的效率和产量。

（2）数字化技术应用。数字化技术在油气产量规划中扮演着越来越重要的角色。通过数据采集、处理和分析，数字化技术可以帮助工程师们更准确地评估油气储层的特征和性质，从而指导后续的开发和生产计划。模拟计算技术则可以模拟不同的开发方案，并预测其产量和效益，为决策提供科学依据。这些技术的应用，提高了油气产量规划的精确度和可靠性，有助于最大限度地挖掘油气资源。

总体来说，北美地区油气产量规划的技术特点体现了其对于先进技术的高度依赖和广泛应用。水平钻井和压裂技术的发展及应用，推动了页岩油气等非常规资源的开发；而数字化技术的应用，则提升了规划的科学性和可操作性，为油气产量的合理规划与管理提供了强有力的支撑。

2）方法

（1）地质勘探。地质勘探是最基础的方法之一，通过地质勘探工作，可以了解地下储层的构造、性质和特征，为后续的开发提供基础数据和依据。地质勘探包括地质地貌、岩性、构造、孔隙度、渗透率等方面的调查和分析，通过钻探、采样等手段获取地下信息。

（2）地震勘探。地震勘探是一种常用的非侵入性勘探方法，通过地震波在地下岩石中的传播和反射特性，获取有关地下结构、岩层分布等信息。地震勘探技术可以较为准确地判断地层的性质和构造，为油气勘探和产量规划提供重要数据。

（3）数值模拟。数值模拟是利用计算机模拟地下油气储层的物理特性和流动规律，来预测油气田的开发效果和产量。通过建立数学模型，考虑地层特性、岩石孔隙度、流体性质等因素，模拟油气在地下储层中的运移和分布情况，评估不同开发方案的效果和可行性。

（4）综合评估方法。综合评估方法将上述各种勘探手段和技术相结合，综合考虑地质、地震、数值模拟等多方面的信息，对油气资源进行全面评估和规划。综合评估方法可以更全面地了解油气储量、分布、开采难度等情况，为产量规划提供科学依据和决策支持。

通过采用综合评估方法，北美地区的油气产量规划能够更加科学、系统地分析和评估油气资源的潜力与可行性，从而制定出更加合理且有效的开发方案，实现油气资源的最大化利用。

3）流程

（1）资源评估和规划初期阶段。在初期阶段，需要进行资源评估，通过地质勘探、地震勘探和数值模拟等手段对油气资源进行全面评估。根据评估结果，制定初步的开发规划，包括选址、钻探方案等。

（2）制定开发策略。根据资源评估结果和市场需求，制定相应的开发策略。这包括确定开采方式（如水平钻井、水力压裂）、采收率目标、生产周期等方面的决策。

（3）实施开发计划。在确定开发策略后，开始实施具体的开发计划。这包括地表工程建设、井控、注水或压裂等工作，以及生产设备的安装和调试。

（4）生产监控和调整。一旦生产开始，需要进行实时生产监控和数据收集。根据实际生产情况，灵活调整开发策略，优化生产工艺和管理措施，以保证产量的最大化。

（5）持续优化和改进。油气产量规划是一个持续优化和改进的过程。通过不断收集和分析数据，评估开发效果，发现问题并及时解决，不断改进开发策略和技术手段，以适应市场需求和资源变化。

整个流程是一个循环迭代的过程，不断根据实际情况进行调整和优化，以确保油气资源的有效开发和产量最大化。同时，流程中的每个阶段都需要密切协调与合作，涉及多个部门和专业领域的人员共同努力，才能顺利实现油气产量规划的目标。

4）侧重点

（1）技术创新。北美地区的油气产量规划重点之一是不断引进新技术和新工艺，以提高油气产量和采收率。这包括但不限于水平钻井、水力压裂、地震成像等先进技术的应用。通过技术创新，可以有效地开发页岩油气等非常规资源，提高资源利用率和产量水平。

（2）环保和可持续发展。在油气产量规划中，北美地区注重环保和可持续发展。由于油气开发对环境的影响较大，社会对环保的要求越来越高，政府和企业都致力于减少开发过程对环境的破坏。因此，产量规划过程中会采取一系列环保措施，包括但不限于减少废水排放、控制气体排放、采用可再生能源等，以减少对环境的不良影响，实现油气开发的可持续性。

这两个侧重点相辅相成，在实践中相互促进。技术创新可以提高生产效率和采收率，从而减少资源浪费和环境污染；而环保措施的采用可以保护环境，为技术创新提供更好的发展环境。因此，在北美地区的油气产量规划中，技术创新和环保可持续发展两者都是非常重要的考虑因素，需要在制定和实施产量规划时兼顾考虑。

三、欧亚大陆

欧亚大陆地区拥有丰富的传统石油和天然气资源，主要分布在俄罗斯、挪威、哈萨克斯坦等国家。此外，该地区也在开发其他非传统能源资源方面有所涉足。

1. 欧亚大陆油气行业的特点

1）地质条件

（1）丰富的油气资源。欧亚大陆拥有丰富的石油和天然气资源，是世界上重要的油气生产地之一。特别是西伯利亚、哈萨克斯坦、俄罗斯等地区，油气资源储量巨大，对全球石油和天然气市场具有重要影响力。

（2）广泛分布的油气田。欧亚大陆地区油气田分布广泛，涵盖了传统油气田、页岩油气和天然气水合物等不同类型的油气资源。这些油气田的分布地域辽阔，形成了多样化的资源格局，为油气产量规划提供了丰富的资源基础。

在这样的地质条件下，欧亚大陆地区的油气产量规划需要考虑以下特点：

（1）考虑到油气资源的广泛分布和类型多样性，产量规划需要综合考虑不同类型油气田的特点，制定灵活多样的开发策略。

（2）由于地域广阔、地质条件复杂，需要运用先进的勘探开发技术，以提高油气勘探和生产的效率与成功率。

（3）欧亚大陆地区的地缘政治环境较为复杂，产量规划需要考虑到地缘政治因素对资源开发和市场运作的影响，制定相应的应对策略。

（4）在开发过程中，需要充分考虑环境保护和可持续发展，采取有效的环保措施，以保护地区的生态环境和资源可持续利用。

2）资源丰富程度

（1）全球重要供应地。欧亚大陆地区以俄罗斯、哈萨克斯坦等国家为代表，是全球石油和天然气的主要供应地之一。这些国家拥有丰富的油气资源储量，对全球能源供应具有重要影响力。特别是俄罗斯作为全球最大的天然气生产国之一，其天然气储量在世界范围内占据重要地位。

（2）多样化的资源类型。欧亚大陆地区的油气资源类型丰富多样，包括传统油气田、页岩油气、天然气水合物等。这些不同类型的资源在地质特征、开发难度和采收技术等方面存在差异，对油气产量规划提出了多样化的挑战和机遇。

在资源丰富程度方面，欧亚大陆地区的油气产量规划具有以下特点：

（1）针对不同类型的油气资源，需要制定相应的开发策略和技术方案，以充分利用资源潜力和提高产量水平。

（2）由于资源丰富程度高，油气产量规划可能面临供需平衡、价格波动等方面的挑战，需要制定灵活的市场应对策略。

（3）考虑到资源丰富程度高、地区广阔等因素，产量规划需要充分考虑资源开发的可持续性和环境保护，制定相应的生态保护措施和管理策略。

3）政治环境

（1）政府主导的资源开发。欧亚大陆地区的油气资源开发通常由政府或国有企业主导，政府在油气产量规划和资源开发中发挥着重要作用。政府在资源开发过程中扮演监管者和管理者的角色，制定相关政策和法规，促进资源的合理开发及利用。

（2）地缘政治影响。地缘政治因素对欧亚大陆油气行业产生重要影响。地区内部存在着多个国家之间的政治关系、地缘战略、能源合作等复杂因素。地缘政治的变化可能导致资源开发计划的调整和市场格局的变化，因此需要在政治环境的影响下进行产量规划和资源管理。

在政治环境的影响下，欧亚大陆地区油气产量规划具有以下特点：

（1）政府在资源管理和产量规划中发挥主导作用，通过制定政策、法规和计划来引导与管理资源开发。

（2）地缘政治因素的不确定性和变化性对资源开发及市场稳定性产生影响，可能导致产量规划的不确定性和风险。

（3）跨国能源合作和地区间的政治关系也会影响到油气资源的开发与供应，需要进行政治风险评估和应对策略制定。

4）技术水平

（1）先进的油气勘探和开采技术。欧亚大陆地区拥有先进的油气勘探和开采技术，包括水平钻井、地震勘探、水力压裂等。这些技术的应用提高了勘探和开采的效率，使得油气资源的开发更加可行且经济。

（2）技术创新推动产业发展。技术创新在欧亚大陆油气行业的发展中起着至关重要的作用。不断的技术创新推动了油气资源勘探开采效率的提升，促进了产业的发展和成长。新技术的引入和应用使得原本被认为无法开发的油气资源变得可行，同时也降低了生产成本，提高了产量规划的效率和可行性。

在技术水平的影响下，欧亚大陆地区油气产量规划具有以下特点：

（1）依托先进的勘探开采技术，提高了油气资源的勘探开采效率，实现了对资源更加充分的利用。

（2）不断的技术创新推动了产业的发展和成长，为资源开发和产量规划提供了更多的可能性和选择，使得油气产量规划更加灵活且多样化。

（3）技术水平的不断提高使得原本较为困难的油气资源开发变得更加可行，同时也提高了产量规划的可靠性和精确度。

5）市场需求

（1）本国能源需求。欧亚大陆地区的各国面临着快速的工业化和城市化进程，因此对能源的需求量持续增长。油气产量规划需要充分考虑本国能源需求的变化趋势和规模，确保能够满足国内工业、交通、供热等领域的能源需求。

（2）国际市场需求。欧亚大陆的油气资源不仅满足本国需求，也出口到国际市场。地区内一些石油出口国通过对外出口石油和天然气获取了大量外汇收入，因此油气产量规划需要考虑国际市场的需求和价格走势。同时，国际市场对欧亚大陆地区的油气供应具有一定的依赖性，因此地区内的油气产量规划也受到国际市场需求的影响。

在市场需求的影响下，欧亚大陆地区油气产量规划具有以下特点：

（1）产量规划需要根据本国能源需求和国际市场需求的变化，灵活调整生产计划和资源配置，确保能够及时满足市场需求。

（2）需要密切关注国际市场的价格走势和竞争格局，合理制定出口策略，最大限度地实现资源的价值。

（3）需要充分利用国内外市场的信息，进行市场预测和需求分析，为产量规划提供科学依据和决策支持。

6）挑战

（1）地质条件复杂。欧亚大陆地区的地质条件复杂多样，包括高山、沙漠、河谷等各种地形地貌，油气资源分布也不均匀。这使得油气勘探和开采面临着技术难度较大的挑战，需要应用高精度的勘探技术和复杂的开采工艺。

（2）环保压力增加。油气开采对环境造成的影响日益受到社会关注，环保法规和标准不断提高。欧亚大陆地区的油气产量规划必须考虑到环境保护的重要性，采取有效的环保措施和管理策略，减少对生态环境的破坏。

（3）地缘政治风险。欧亚大陆地区地缘政治局势复杂，涉及多个国家和地区的利益纠纷与地缘竞争。油气产量规划受到地缘政治风险的影响，可能会受到国际政治关系的波动和地区冲突的影响，增加了不确定性和风险。

（4）技术更新需求。随着油气田的老化和资源开采程度的加深，需要不断引进新技术、新工艺来提高产能和效率。油气产量规划需要及时应对技术更新的需求，确保资源的可持续开发和利用。

（5）市场变化和价格波动。国际油气市场价格波动频繁，市场竞争激烈，油气产量规划受到市场变化和价格波动的影响。企业需要灵活调整产量规划，适应市场需求和价格变化，保持竞争力和盈利能力。

2. 油气产量规划的特点

1）技术

（1）综合利用不同技术手段。亚欧大陆地区拥有多样化的地质构造和油气藏类型，因此油气产量规划需要综合利用不同的勘探和开采技术手段。这包括地震勘探、测井技术、地质模型构建、数值模拟、水平钻井、水力压裂等多种技术手段。例如，在油气勘探阶段，地震勘探技术可以用于探测地下油气构造，测井技术可以评估油气层的物性参数；在油气开发阶段，水平钻井和水力压裂技术可以有效提高油气产量。因此，油气产量规划需要根据具体的地质条件和油气藏特征，灵活选择和组合不同的技术手段，以实现资源的最大化开发。

（2）数字化技术应用。数字化技术在亚欧大陆地区的油气产量规划中得到广泛应用。随着信息技术的发展，大数据、人工智能、云计算等技术在油气产量规划中的应用逐渐增多。数字化技术可以加速数据的采集、处理和分析过程，提高规划的精确度和可靠性。例如，通过数值模拟技术，可以对油气藏的动态变化进行精确的模拟计算，优化生产方案；通过人工智能技术，可以对大量的勘探和生产数据进行智能化分析，挖掘潜在的油气资源。因此，数字化技术的应用不仅提高了油气产量规划的效率，还提高了规划的科学性和准确性。

2）方法

（1）地质评估。地质因素是油气产量规划的重要考虑因素之一。通过地质勘探和地质数据分析，评估油气储量、储集条件、地层构造、岩性特征等地质参数，确定油气资源的分布、规模和可采储量。地质评估还可以确定最佳的勘探和开发区域，为后续的开发提供基础数据支持。

（2）经济评估。经济因素是制定油气产量规划的重要考虑因素之一。通过对油价、成本、投资回报率等经济指标的分析和评估，确定油气产量规划的经济可行性和盈利能力。经济评估还可为投资决策提供参考，优化生产方案，实现经济效益最大化。

（3）技术评估。技术因素是油气产量规划的关键考虑因素之一。通过对各种勘探、开发和生产技术的评估比较，确定最适合的技术路线和工艺流程。技术评估还可以评估技术可行性、风险和效率，为技术选型和技术改进提供依据。

（4）环境评估。环境因素是油气产量规划的重要考虑因素之一。通过对油气开发过程中可能产生的环境影响进行评估和预测，制定相应的环境保护措施和管理策略，确保油气开发过程中的环境可持续性和社会责任。

（5）风险评估。风险因素是油气产量规划的重要考虑因素之一。通过对地质风险、市场风险、政治风险等各种风险因素进行评估和分析，制定风险管理策略，降低开发过程中的风险和不确定性。

综合以上评估和规划方法，油气产量规划可以制定出全面的开发方案，确保资源的有效开发和利用，同时考虑到经济、技术、环境和风险等多方面因素的影响。

3）流程

（1）勘探阶段。这是油气产量规划的起始阶段，通过地质勘探、地震勘探等技术手段，寻找潜在的油气储层，确定勘探目标区域。在此阶段，需要对地质条件、储层特征等进行详细评估，并进行勘探井的钻探和地质样品分析，以确定油气资源的分布、储量和可采性。

（2）开发阶段。在勘探结果确认后，进入油气田的开发阶段。这个阶段，需要制定开发方案，包括确定开发区块、确定生产井位置、设计生产设施等。同时，还需要进行水平钻井、压裂等开发工艺的设计和实施，以提高油气产量和采收率。

（3）生产阶段。生产阶段是油气产量规划的核心阶段，通过生产井和生产设施，实现油气的有效开采与生产。这个阶段，需要对生产过程进行监测和控制，及时调整生产参数，以最大化产量和效率。同时，还需要进行油气输送、处理和储存等后续工作，确保油气的安全、稳定供应。

（4）监测和优化阶段。在油气田进入正常生产阶段后，需要进行持续的监测和优化工作，以确保产量的稳定和提高。这包括对油气井和设施进行定期检查与维护，对生产参数和工艺进行调整及优化，以适应地质条件变化和市场需求变化。

（5）终止阶段。当油气田的产量逐渐下降或者资源枯竭时，需要进行相应的终止工作。这包括对废弃井和设施进行处理与封堵，对环境进行恢复和治理，以减少对环境的影响，并为后续开发项目留下良好的环境条件。

4）侧重点

（1）可持续发展和环保。亚欧大陆地区的油气产量规划非常重视可持续发展和环保。考虑到能源资源开发可能对环境造成的潜在影响，规划过程中通常会采取一系列的环保措施，以减少对生态环境的破坏。这可能包括采用先进的清洁生产技术、实施环境监测和治理措施、加强废水废气处理等，以确保油气开发过程的环境友好性，符合当地的环保法规和标准。

（2）地缘政治风险管理。由于亚欧大陆地区地缘政治环境的复杂性，油气产量规划往往需要加强对地缘政治风险的管理。这涉及对地区政治稳定性、地缘关系、国际关系等因素的分析和评估，以及制定相应的风险管理策略。企业可能会采取多样化的措施，如与政府和当地政治力量建立良好关系、制定灵活的运营策略以应对地缘政治波动、开展政治风险评估和预警等，以确保项目的安全运营和稳定发展。

四、拉丁美洲

拉丁美洲地区主要包括委内瑞拉、巴西、墨西哥等国家。这些国家拥有丰富的石油资源，并在全球能源市场中发挥着重要作用。

1. 拉丁美洲油气行业的特点

1）地质条件

（1）丰富的油气资源。拉丁美洲地区拥有世界上最丰富的石油和天然气资源。主要分布在墨西哥湾沿岸、委内瑞拉、巴西、阿根廷等国家。这些地区具有复杂的地质构造和多样化的油气储集条件，为油气勘探和开发提供了广阔的空间。

（2）油气田分布广泛。拉丁美洲地区的油气田分布广泛，涵盖了传统油气田、深海油气田和页岩油气等类型。传统油气田主要分布在陆地和近海地区，而深海油气田的勘探和开发则在近年来得到了重点关注。

2）资源丰富程度

（1）主要产油国。拉丁美洲地区的主要石油生产国包括委内瑞拉、巴西、墨西哥等。委内瑞拉拥有丰富的石油储量，尤其以奥里诺科石油区为代表；巴西的前盐层油田被认为是世界上最具潜力的油气勘探领域之一；墨西哥则在墨西哥湾沿岸地区拥有大量的油气资源。

（2）天然气资源潜力。拉丁美洲地区的天然气资源潜力巨大。特别是巴西的深海天然气储量居全球前列，而墨西哥湾沿岸地区也被认为拥有丰富的天然气储量。这些天然气资源对于拉丁美洲地区的能源供应和出口具有重要意义，对国家经济发展起着重要支撑作用。

3）政治环境

（1）国有企业主导。拉丁美洲地区的油气资源开发通常由国有企业主导，政府在资源开发和产量规划中发挥重要作用。这些国有企业通常承担着探采、生产、加工和销售等环节的责任，并与外国能源公司合作开展勘探开发活动。委内瑞拉的国家石油公司、巴西的巴西石油公司等都是该地区最大的国有石油公司之一。

（2）政治动荡影响。部分拉丁美洲国家存在政治环境不稳定的情况，政治动荡对油气行业的影响较大。政治动荡可能导致政策不确定性、投资环境恶化以及资源开发计划的变更，从而影响到油气产量规划和开发进程。例如，一些国家可能因政府变革或政治冲突而暂停或推迟油气项目，这会影响到资源的开发和利用，降低产量规划的可靠性和稳定性。

4）技术水平

（1）技术水平参差不齐。拉丁美洲地区的油气产业技术水平存在明显差异。一些国家如巴西、墨西哥等拥有较为先进的勘探和开采技术，尤其在深水油气勘探和开发方面领先。而一些其他国家的技术水平相对较低，主要集中在传统油气开发领域。这种技术水平的差异可能会影响到不同国家的油气产量规划和资源开发效率。

（2）技术引进与合作。为提升油气产业技术水平，拉丁美洲国家采取了引进与合作的策略。通过引进国外先进技术和设备，以及与国际能源公司合作开展勘探开采项目，加速了技术的转移和更新。特别是一些技术相对滞后的国家，更加倚重技术引进和国际合作，以提高自身的勘探开发水平，提升油气产量和效益。例如，墨西哥在能源改革后积极吸引外资和技术，推动了墨西哥湾深水区的油气勘探开发活动。

5）市场需求

（1）国内市场需求。拉丁美洲地区的油气产量主要用于满足国内的能源需求。随着经济发展和人口增长，拉丁美洲国家对能源的需求不断增加。石油和天然气被广泛应用于工业、交通、电力等领域，是经济发展的基础。因此，拉丁美洲地区的油气产量规划需考虑满足国内市场对能源的稳定需求，保障国家经济的持续发展。

（2）国际市场需求。除了满足国内需求外，拉丁美洲地区的油气产量还受到国际市场需求的影响。该地区的石油和天然气主要出口到北美、欧洲和亚洲等国家及地区。国际市场对拉丁美洲油气的需求受到全球经济形势、能源价格、地缘政治等因素的影响。因此，拉丁美洲的油气产量规划需要考虑国际市场的变化和需求，调整产量以满足全球能源市场的需求和竞争。

6）挑战

（1）环保压力增加。油气开采对环境的影响是拉丁美洲地区油气产量规划面临的主要挑战之一。油气勘探、开发和生产过程中会产生大量的废水、废气和固体废物，可能对土壤、水体和空气造成污染，影响生态环境和人类健康。随着环保意识的提高和国际环境法规的趋严，政府、企业和社会对油气产业的环境要求越来越高，需要采取有效的环保措施和技术手段，减少对环境的负面影响，推动油气产业向清洁、低碳、可持续方向发展。

（2）技术更新需求。拉丁美洲地区的部分油气田已经进入开发后期，油气产量逐渐下降，资源老化问题突出。为了维持或提高产量，需要引进新的勘探、开采和生产技术。新技术的引进不仅可以提高油气田的开发效率和采收率，还能减少环境影响，提升油气产业的竞争力和可持续发展能力。然而，技术更新也面临着一定的挑战，包括技术引进的成本、人才培养和技术转化等问题，需要政府、企业和科研机构共同合作，加大对技术创新和研发的投入，推动油气产业的科技进步与转型升级。

2. 油气产量规划的特点

1）技术

（1）技术水平参差不齐。拉丁美洲地区各国的油气产量规划技术水平存在较大差异。一些国家拥有先进的规划技术和管理经验，能够有效利用现代化的勘探技术、数值模拟和地质信息系统等工具，进行油气资源的评估和规划。这些国家通常在油气产业发展较早、技术实力较强的地区，如墨西哥、巴西等。然而，另一些国家的技术相对落后，面临着油气产量规划技术和管理经验不足的挑战，导致资源开发效率低下、产量不稳定等问题。

（2）技术引进与合作。为了提升油气产量规划的技术水平和管理能力，一些拉丁美洲国家积极开展技术引进与合作。他们与国际上的油气产业巨头或技术服务公司合作，引进先进的规划技术、软件工具和管理经验，从而加速资源规划和开发进程。这种合作形式涵盖了技术转让、培训和人才交流等方面，促进了油气产量规划技术的传播和应用。通过技术引进与合作，拉丁美洲地区的一些国家得以在较短时间内提升规划水平，加快了油气资源的开发进程，提高了产量和效益。

2）方法

（1）多方面因素综合考虑。油气产量规划过程中，拉丁美洲地区通常将地质、经济、技术等多方面因素进行综合考虑。地质因素包括油气储量、地质构造、储层特征等，经济因素包括成本、市场需求、价格预测等，技术因素包括勘探开发技术、生产管理技术等。通过对这些因素的综合分析和评估，制定出全面的油气产量规划方案，既满足了资源开发的技术需求，也兼顾了经济效益和可持续发展的要求。

（2）科学决策和优化方案。在油气产量规划过程中，拉丁美洲地区注重科学决策和优化方案的制定。通过采用现代化的规划方法和工具，如数据分析、模拟计算、优化算法等，对不同方案进行比较和评估，从而选择出最具可行性和效益的开发方案。这有助于降低开发风险，提高资源利用效率，实现油气产量的最大化。

（3）灵活应对地区特点。由于拉丁美洲地区的地质、经济和社会环境各异，油气产量规划方法通常会根据地区特点进行灵活调整。针对不同地区的资源特点和发展需求，采用不同的规划方法及策略，以确保规划方案的适应性和实施效果。例如，在资源丰富但政治环境不稳定的地区，可能需要采取更加保守且谨慎的规划策略，以降低政治风险和经济损失。

3）流程

（1）勘探阶段。

① 地质勘探。通过地质勘探技术对潜在油气资源进行识别和评估，包括地质地球化学、地震勘探等方法，以确定油气田的位置、规模和储量。

② 数据分析。对勘探获得的地质、地震、地球化学等数据进行分析和解释，以确定潜在的油气储量和分布特征。

③ 风险评估。评估勘探过程中的风险和不确定性，包括地质风险、市场风险、技术风险等，为后续开发提供参考。

（2）开发阶段。

① 概念设计。基于勘探结果，制定油气田的开发方案和生产计划，包括选址、设施建设、生产工艺等。

② 工程设计。进行详细的工程设计，包括井位布局、管道布置、设备选型等，确保油气生产设施的安全和有效性。

③ 施工建设。进行油气生产设施的建设和安装，包括井的建设、管道敷设、设备安装等。

（3）生产阶段。

① 油气生产。通过钻井、注水、注气等工艺手段进行油气生产，保证产量的稳定和持续。

② 生产优化。对过程进行监测和优化，提高产能利用率和采收率，降低成本。

③ 环境保护。实施环境监测和治理措施，减少油气生产对环境的影响，保护当地生态环境。

在拉丁美洲地区，针对性的流程管理应重点考虑以下四个方面：

（1）社会参与和沟通。与当地政府、社区和利益相关者保持密切沟通，充分考虑社会和环境影响，确保油气产量规划的可持续性和社会接受度。

（2）地缘政治风险管理。考虑到该地区政治环境不稳定的特点，加强对地缘政治风险的识别、评估和管理，确保油气产量规划的稳定和可靠性。

（3）技术创新与合作。促进技术创新和国际合作，引进先进的勘探、开发和生产技术,提升油气产量规划的水平和效率。

(4)灵活性与调整。考虑到油气市场价格波动较大的情况,保持产量规划的灵活性,及时调整生产策略和投资规划,以应对市场变化和挑战。

4)侧重点

(1)可持续发展和环保。

① 加强环保措施。在油气产量规划中,应强调采取环保措施,包括减少温室气体排放、水资源管理、土地复原等,以减轻油气开采对当地生态环境的不利影响。

② 采用清洁技术。推动使用清洁能源技术和低碳生产工艺,减少对环境的污染,促进油气产业向更加可持续的方向发展。

③ 社会责任和可持续发展。制定并执行社会责任计划,与当地社区合作,促进社会经济发展,实现油气产业与当地社区的共赢。

(2)技术更新和合作。

① 引进先进技术。积极引进先进的勘探、开发和生产技术,提高油气产量规划的效率和可靠性,减少资源浪费和环境污染。

② 加强国际合作。通过与国际油气公司和技术机构的合作,共享技术与经验,推动油气产量规划水平的提升,实现资源共享和互惠共赢。

(3)社会责任和可持续发展。

① 强化社会参与。建立有效的社会参与机制,充分听取当地社区和利益相关者的意见、建议,确保油气产量规划的合法性和可持续性。

② 促进人才培养。加强人才培训和技术转移,培养本地油气产业人才,提升其技术水平和管理能力,推动油气产业的可持续发展。

通过加强可持续发展、环保措施、技术更新和国际合作,可以更好地应对拉丁美洲地区油气产量规划中面临的挑战,促进油气产业的可持续发展和区域经济的繁荣。

五、非洲

非洲地区也是石油和天然气资源丰富的地区之一,主要石油生产国包括尼日利亚、安哥拉、利比亚等。此外,其他一些国家也开始开发天然气资源,为全球市场提供了新的供应来源。

1. 非洲油气行业的特点

1)地质条件

(1)北非。北非地区是非洲重要的油气生产地之一,以阿尔及利亚、利比亚和埃及为主。这些国家拥有丰富的陆上油气田,其中利比亚的撒哈拉沙漠地区尤为突出。该地区的油气资源主要储存在沙漠地带，地质结构复杂，包括构造裂谷、断裂带和叠合构造等地质特征。

（2）西非。西非地区油气资源主要分布在尼日利亚、安哥拉、几内亚湾诸国等地。尼日利亚是西非地区最大的石油生产国之一，而安哥拉则以其丰富的近海油气田而闻名。该地区的油气储量主要分布在近海，其中几内亚湾地区有许多深水油气田。

（3）中非。中非地区的油气资源主要分布在刚果（金）、刚果（布）、乍得等国家，油气储量主要位于内陆地区，主要为陆上油气田。这些国家的油气资源主要储集于盆地和断陷带，地质构造复杂，勘探和开发难度较大。

（4）东非。东非地区包括肯尼亚、坦桑尼亚、乌干达等国家，近年来逐渐成为油气勘探的热点地区。该地区的油气资源主要位于陆地和近海地区，尤其是坦桑尼亚和肯尼亚的近海区域。此外，地质条件复杂，包括海陆转换带、断裂带和火山岩等地质结构，勘探难度较大，但潜在的油气资源储量巨大。

总体而言，非洲大陆的地质条件对于油气资源的丰富和分布起着关键作用，不同地区的地质特征决定了其油气勘探和开发的技术挑战与发展前景。

2）资源丰富程度

非洲大陆作为一个重要的能源资源区域，拥有丰富的石油和天然气资源，其中石油资源主要分布在西非和北非地区，而天然气资源则更加广泛地分布在整个非洲大陆。

（1）主要产油国：

① 尼日利亚。尼日利亚是非洲最大的石油生产国之一，其主要油田分布在尼日尔三角洲地区。该地区的石油储量丰富，是非洲石油产量的主要来源之一。

② 安哥拉。安哥拉位于西非的大西洋沿岸，拥有丰富的近海和陆上石油资源，其近海油气田储量巨大，尤以 Block 17 油田为代表。

③ 利比亚。利比亚是北非地区最大的石油生产国，拥有丰富的油气资源，特别是撒哈拉沙漠地区的油田储量十分可观。

（2）天然气资源潜力：非洲大陆天然气资源潜力巨大，尤其是东非地区近年来发现的天然气储量不断增加。坦桑尼亚、莫桑比克、肯尼亚等国家的近海天然气储量居全球前列。这些天然气资源的发现对于非洲国家的能源自给自足和出口收入具有重要意义，也为该地区的经济发展提供了新的动力。

总体而言，非洲大陆的石油和天然气资源储量丰富，尤其是一些主要产油国和新兴的天然气勘探地区，为该地区的能源产业发展提供了巨大的潜力和机遇。

3）政治环境

（1）国有企业主导。非洲地区的油气资源开发通常由政府控制的国有企业主导，这些企业承担着石油和天然气产业的开采、生产与管理任务。这种模式使得政府能够在资源开发过程中发挥主导作用，并通过控制资源产业来获取收益和管理国家经济。

（2）政治动荡影响。部分非洲国家政治环境不稳定，政治动荡会对油气行业的发展和产量规划造成负面影响。政治不稳定可能导致投资环境恶化、项目推迟或搁置，甚至会影响到现有油气项目的稳定运营。此外，政治动荡易引发地区冲突或战争，对油气生产设施和基础设施造成破坏，进而影响到产量规划和资源开发的正常进行。

在面对政治环境的挑战时，非洲地区的油气产量规划和资源开发需要政府、企业及国际社会的合作与努力，以确保资源的稳定开发和可持续利用。政府需要加强治理能力，改善投资环境，提高政治稳定性；企业需要制定灵活的战略应对不确定性；国际社会需要提供支持和合作，帮助非洲国家实现可持续发展和资源管理。

4）技术水平

（1）技术水平参差不齐。非洲地区油气技术水平在不同国家和地区之间存在着显著的差异。一些国家拥有成熟的油气勘探和开采技术，具备先进的油田开发和生产能力，如尼日利亚、安哥拉和埃及等国家。而另一些非洲国家的油气产业技术水平相对较低，缺乏先进的勘探和开采技术，导致资源开发效率低下，生产成本高昂。

（2）技术引进与合作。为了提升油气产业的技术水平，一些非洲国家积极采取技术引进和合作措施。它们与国际能源公司和技术服务提供商合作，引进先进的油气勘探、开采和生产技术，以提高油气资源的开发效率及产量。除了技术引进外，一些非洲国家还积极开展国际合作项目，与其他国家和地区分享经验、技术与资源，促进油气产业的共同发展和进步。

在技术水平参差不齐的情况下，非洲地区的油气产业需要不断加强技术创新和人才培养，推动油气勘探和开采技术的提升。同时，加强国际合作与交流，利用外部资源和技术优势，助力非洲国家实现油气产业的可持续发展。

5）市场需求

（1）国内市场需求。非洲大部分国家面临着不断增长的能源需求，随着人口增长、经济发展和工业化进程的推进，对石油和天然气等能源的需求持续增加。油气资源在非洲地区被广泛用于发电、工业生产、交通运输等领域，满足了国内经济发展和生活需求的不断增长。

（2）国际市场需求。非洲地区许多国家是世界主要的石油和天然气出口国，其油气产量对国际市场供应具有重要影响。国际市场对非洲油气的需求稳定，随着全球经济增长和能源需求的增加而持续增长。尤其是来自亚洲和欧洲的需求不断上升，促使非洲地区增加对外出口。

（3）双重驱动。非洲地区的油气产量受国内外市场需求的双重驱动，国内需求主要影响产量的供给方面，而国际市场需求则影响非洲地区作为能源出口国的出口水平和价格。国内市场需求的增长推动了油气产量的稳步增长，而国际市场需求的增加则提高了非洲地区作为能源出口国的地位和收益。

总体而言，非洲地区的油气产量受到国内外市场需求的双重驱动，对于该地区的能源产业发展和经济增长具有重要意义。因此，非洲各国需要制定合理的能源政策和战略，充分利用本国资源，满足国内需求的同时，积极参与国际市场竞争，实现能源产业的可持续发展和利益最大化。

6）挑战

（1）安全和稳定性。非洲地区部分国家存在安全和政治稳定性问题，如恐怖主义活动、武装冲突、政治动荡等，这些因素给油气产业的发展和产量规划带来了严重的不确定性和风险。导致油气生产设施和基础设施成为暴力冲突的目标，导致生产中断、设施损坏甚至人员伤亡，这对油气企业的运营和投资造成了严重影响。

（2）环境保护压力。油气开采对环境的影响较大，包括土地破坏、水污染、气体排放等，这些问题引起了国际社会和民众的广泛关注。环境保护法规和标准的提高，使得油气企业在开发过程中面临更严格的环保要求和监管，需要投入更多资源和资金来实施环保措施并进行监测。

应对这些挑战需要政府、企业和国际社会的共同努力：

（1）政府需要加强安全维护和稳定治理，确保油气产业的安全稳定运行。

（2）油气企业需要加强风险管理和安全防范，制定应急预案和安全措施，降低生产和投资风险。

（3）同时，企业也应该加大环境保护投入，采取可持续发展的开采方式，减少对环境的负面影响，提高企业社会责任意识。

（4）国际社会应提供支持和援助，帮助非洲国家改善安全和稳定环境，加强环境保护和可持续发展能力，促进非洲油气产业的健康发展。

2. 油气产量规划的特点

1）技术

（1）技术水平不均。非洲地区的油气产量规划技术水平存在差异，一些国家拥有先进的规划技术，这些国家通常具备较强的科研和技术创新能力，能够利用先进的技术手段提高油气产量的规划和管理水平。另一些非洲国家的油气产量规划技术水平相对较落后，缺乏先进的勘探技术和资源评估方法，规划过程中面临技术障碍和局限。这些国家需要加强技术培训和人才引进，提升规划技术水平，以更好地实现油气资源的有效开发和利用。

（2）技术引进与合作。为了提升油气产量规划的技术水平，一些非洲国家采取了技术引进和国际合作的方式。通过引进先进的技术和管理经验，借鉴国际先进经验，提高本国油气产量规划的水平。技术合作也是非洲国家提升规划技术水平的重要途径。与国际能源公司、技术服务商以及国际组织开展合作，共享技术资源、人才和经验，推动规划技术的创新和进步。这种合作方式有助于加快规划技术的发展，提高油气产量的规划水平。

在面对技术挑战时，非洲地区可通过加强国内的科技投入、提升技术人才培养、积极推动国际合作等措施来改善技术水平，从而更有效地规划和管理油气资源。

2）方法

（1）综合评估：油气产量规划首先需要进行综合评估，对油气资源进行全面、系统的评估。这包括对油气储量、地质构造、地下水文地质、地震勘探数据等方面进行分析和评估，以确定油气资源的分布、规模和可采储量。

（2）多方面因素考虑。

① 地质因素：考虑地质条件对油气储量、产能和开采效率的影响，包括储量分布、地质构造、沉积环境等因素的分析，以确定最佳的开发区域和开采方法。

② 经济因素：考虑项目的经济可行性和投资回报率。需要评估开采成本、市场需求、国际油价变动等因素，制定合理的投资计划和经济指标，以保证项目的营利性和可持续性。

③ 技术因素：考虑勘探、开发和生产技术对产量规划的影响。需要评估现有技术的应用情况、技术创新的可能性以及技术引进的机会，以提高开发效率和产量。

（3）制定全面的开发方案：在综合评估的基础上，制定全面的油气产量规划方案，包括确定开发目标、开采方案、制定生产计划、优化资源利用等方面。规划方案需要考虑到各种因素的综合影响，以确保资源的有效开发和利用。

通过采用综合评估与规划方法，非洲地区可以更科学、更合理地制定油气产量规划，提高资源开发的效率和产量，实现经济和社会效益的最大化。

3）流程

（1）勘探阶段。地质勘探和地震勘探是该阶段的主要技术手段。由于北非地区地质条件复杂，包括沙漠地形、山脉和高原，因此勘探工作面临着巨大挑战。在这一阶段，特别重要的是对地下构造和地层结构进行准确的分析和识别，以确定潜在的油气资源富集区域。

（2）开发阶段。在开发阶段，需要考虑该地区的地质特点和环境条件。针对沙漠地形，需要采用适合的钻井技术和设备，同时考虑到水资源的供应和管理。此外，地区的政治稳定性和安全环境也是关键因素，可能会影响到开发工作的进行。

（3）生产阶段。北非地区的生产阶段，由于地质条件的复杂性和地区的政治情况，需要加强安全管理和风险控制。同时，油气生产设施的运行和维护需要考虑到高温、沙尘暴等自然因素对设备的影响，以确保生产的稳定性和持续性。

（4）持续优化。针对北非地区的持续优化，需要加强对地下地质结构的监测和分析，及时调整生产策略和技术手段，以适应地质条件的变化。同时，需要加强与当地政府及社区的合作，促进油气产业的可持续发展，并兼顾环境保护和社会责任。

通过以上流程，特别针对北非地区的油气产量规划能够有效应对地区的特殊地质和政治环境，确保资源的有效开发和利用，为地区经济发展和能源安全作出贡献。

4）侧重点

非洲地区的油气产量规划侧重于以下两个方面：

（1）可持续发展和环保。在非洲地区产量规划中，可持续发展和环保是至关重要的侧重点之一。这包括在规划过程中积极采取措施，减少对环境的影响，保护当地的生态环境和社区利益。为了实现可持续发展目标，规划者需要考虑降低碳排放、减少水资源消耗、合理利用土地资源等方面的措施，并严格执行环境管理和监管制度。此外，还需要重视社会责任，与当地社区合作，促进可持续的社会经济发展。

（2）技术更新和合作。非洲地区的油气产量规划需要充分利用先进的勘探、开采和生产技术，以提高产量和效率，同时降低成本与风险。为此，规划者需要与国际能源公司和技术机构合作，引进、应用最新的油气开发技术，以确保项目的稳定运行和长期可持续发展。这种技术合作还可以促进技术转移和人才培训，提升当地油气产业的整体水平与竞争力。

通过重视可持续发展和环保，以及加强技术更新和国际合作，非洲地区的油气产量规划能够实现资源的有效开发和利用，同时最大限度地保护环境和社会利益，为地区的经济发展和社会稳定作出积极贡献。

第二节　不同油气类型的油气产量规划特征

一、轻质原油

轻质原油的密度低、黏度小，含硫量较低，易于提炼，主要用于生产汽油、柴油等燃料。针对轻质原油的油气产量规划具有以下五个方面的特征。

1. 高效率勘探与开采

轻质原油具有较低的黏度和密度，使得其在勘探和开采过程中相对较为容易。因此，油气产量规划需要注重高效率的勘探和开采工作,采用先进的勘探技术及高效的开采设备,以最大限度地提高产量[266-267]。

2. 简化加工工艺

轻质油加工工艺相对简单,只需要进行简单的物理处理即可获得高品质的成品油。因此,油气产量规划在加工环节可以相对简化,降低成本和投入,提高生产效率。

3. 市场价格敏感

轻质原油市场价格相对较高,但受国际油价波动和市场供需变化的影响较大。因此,油气产量规划需要密切关注市场动态,进行市场需求分析和价格预测,及时调整产量以适应市场变化,最大限度地获取利润[268]。

4. 环保要求较低

由于轻质原油的加工工艺相对简单,其生产过程中产生的污染物较少,因此环保要求相对较低。尽管如此,油气产量规划仍需充分考虑环保问题,采取必要的环保措施,确保生产过程对环境的影响最小化。

5. 资本投入较小

由于轻质原油的开采和加工相对简单,因此相对较少的资本投入即可获得可观的产量和利润。这使得油气产量规划更加注重资金的合理利用和风险控制,以确保项目的经济可行性和持续发展。

综上所述,针对轻质原油的油气产量规划具有高效率勘探与开采、简化加工工艺、市场价格敏感、环保要求较低和资本投入较小等特征。规划者需要结合具体情况,制定科学合理的产量规划方案,以实现资源的有效开发和利用。

二、重质原油

重质原油的密度高、黏度大,含硫量较高,提炼难度较大,主要用于生产燃料油、润滑油等。针对重质原油的油气产量规划具有以下五个方面的特征[269-275]。

1. 复杂的开采工艺

重质原油通常具有较高的黏度和密度,使得其在勘探和开采过程中相对复杂。因此,油气产量规划需要采用复杂的开采工艺,可能涉及热采、化学助剂注入或其他增产技术,以降低原油的黏度,提高开采效率。

2. 成本较高

由于重质原油的开采和加工工艺相对复杂,以及其黏度较高导致生产难度增加,因此相关投资和成本较高。油气产量规划需要合理评估成本投入,并采取措施降低开采和生产成本,以确保项目的经济可行性。

3. 市场竞争压力

重质原油市场竞争激烈,由于开采成本高、加工工艺复杂,导致生产成本较高,价格相对较低。因此,油气产量规划需要注重提高生产效率,降低成本,以在市场竞争中获得优势地位。

4. 环境影响考虑

重质原油开采和加工过程中产生的污染物较多,对环境影响较大。因此,油气产量规划需要充分考虑环境保护问题,采取必要的环保措施,确保生产过程对环境的影响最小化,遵守相关的环境法规和标准。

5. 技术创新和合作

面对重质原油开采和加工的技术挑战,油气产量规划需要注重技术创新和合作。引进先进的勘探和开采技术,与国内外企业合作共同研发,提高开采效率和产量,降低生产成本。

综上所述,针对重质原油的油气产量规划具有复杂的开采工艺、成本较高、市场竞争压力、环境影响考虑和技术创新与合作等特征。规划者需要结合具体情况,制定科学合理的产量规划方案,以实现资源的有效开发和利用。

三、凝析油

凝析油是在油气田开采过程中随天然气一起产生的液态烃类混合物,其中含有不同碳链长度的烃类化合物,用途广泛。针对凝析油的油气产量规划具有以下五个方面的特征。

1. 技术要求高

凝析油的开采和处理相对复杂,需要高端技术和设备支持。因此,油气产量规划需要侧重于引入先进的勘探、开采和处理技术,以确保高效率、高质量的生产。

2. 工艺流程复杂

凝析油的生产涉及复杂的工艺流程,包括气液分离、凝析液处理、蒸汽驱动等。因此,油气产量规划需要考虑到这些不同阶段的工艺流程,并确保其顺畅高效地运行,以实现最大化的产量[276]。

3. 市场需求敏感

凝析油的市场需求相对较为敏感,受到国际油价和能源政策等因素的影响较大。因此，在油气产量规划中，需要对市场需求进行深入的分析和预测，以确保生产能够满足市场需求并实现良好的经济效益。

4. 环保压力大

凝析油的开采和处理过程中会产生大量的废水和废气，对环境造成一定的影响。因此，油气产量规划需要注重环保，采取有效措施减少环境污染，保护当地生态环境和社区利益。

5. 资本投入大

凝析油的开采和处理需要较大的资本投入，包括设备采购、工程建设、运营管理等方面。因此，在油气产量规划中，需要充分考虑资金来源和投资回报，确保项目的经济可行性和持续发展。

综上所述，凝析油的油气产量规划具有技术要求高、工艺流程复杂、市场需求敏感、环保压力大和资本投入大等特征。规划者需要综合考虑各种因素，制定科学合理的产量规划方案，以实现资源的有效开发和利用。

四、湿天然气

湿天然气含有大量的液态烃类物质，如丙烷、丁烷等，需要通过分离工艺去除液态成分后才能使用。针对湿天然气的油气产量规划具有以下五个方面的特征。

1. 涉及液态成分的处理

湿天然气含有液态烃，如液态石油、液态天然气和天然气凝析油等。因此，油气产量规划需要考虑如何有效处理这些液态成分，包括提取、分离、处理和储存，以确保资源的有效开采和利用。

2. 复杂的加工工艺

湿天然气加工过程相对复杂，需要采用先进的技术和设备进行气液分离、凝析分离、脱硫、脱碳、脱硫化氢等处理，以提高天然气的质量和纯度，满足市场需求。

3. 技术要求较高

湿天然气的加工过程对技术和设备要求较高，需要具备一定的工艺水平和生产能力。因此，油气产量规划需要充分考虑技术引进和更新，以及人才培训和技术支持，确保加工工艺的稳定和可靠性。

4. 环境保护和安全考虑

湿天然气加工过程中产生的液态废水和气体排放会对环境造成一定影响，同时加工过程中的高压、高温等工艺参数也存在一定的安全隐患。因此，油气产量规划需要注重环境保护和安全生产，采取必要的措施降低环境污染和安全风险。

5. 市场需求驱动

湿天然气是重要的能源资源，市场需求较大。油气产量规划需要根据市场需求情况，合理安排产量和加工计划，以满足国内外市场的需求，保障能源供应稳定性。

综上所述，针对湿天然气的油气产量规划具有涉及液态成分的处理、复杂的加工工艺、技术要求较高、环境保护和安全考虑以及市场需求驱动等特征。规划者需要综合考虑各种因素，制定科学合理的产量规划方案，以实现湿天然气资源的有效开发和利用。

五、干天然气

干天然气中液态成分较少，主要是甲烷（CH_4），是天然气的主要成分，直接用作燃料。针对干天然气的油气产量规划具有以下六个方面的特征。

1. 勘探与开发技术

干天然气的勘探和开发技术通常相对成熟，主要包括地质勘探、水平钻井、地层压裂等技术。因此，油气产量规划需要充分考虑现有的勘探和开发技术，以实现资源的有效开发和利用。

2. 天然气处理设施

干天然气产量规划需要考虑天然气处理设施的建设和运营，包括天然气净化、除水、除硫、脱碳等处理过程，以确保天然气的品质符合市场需求，并满足管输要求。

3. 输送与储存设施

油气产量规划需要考虑天然气的输送和储存设施建设，包括输气管道、天然气压缩站、储气库等设施，以确保天然气的有效输送和储存，并满足市场需求。

4. 环境保护与安全

干天然气产量规划需要注重环境保护和安全生产，采取必要的措施降低天然气开采、处理和运输过程中的环境污染和安全风险。

5. 市场需求与供需平衡

油气产量规划需要根据市场需求情况，合理安排产量和供应计划，以满足国内外市场的需求，保障能源供应的稳定性和可持续性。

6. 技术更新与合作

产量规划需要考虑技术的不断更新和合作的推进，引入新技术、新工艺，提高资源的开发效率与产量。

综上所述，针对干天然气的油气产量规划特征主要包括勘探与开发技术的成熟、天然气处理设施的建设、输送与储存设施的配套、环境保护与安全、市场需求与供需平衡以及技术更新与合作等方面。规划者需要综合考虑各种因素，制定科学合理的产量规划方案，以实现干天然气资源的有效开发和利用。

六、深海天然气

深海天然气是指储藏于海底深层地层中的天然气资源，开采难度大，但潜在储量巨大。针对深海天然气的油气产量规划具有以下五个方面的特征。

1. 高度技术化

深海天然气开采需要应用高度技术化的勘探和开发技术，包括深水钻井、远程操作系统、海底生产设施等。因此，油气产量规划需要充分考虑这些先进技术的应用，确保深海天然气资源的有效开发。

2. 设施建设挑战

深海环境条件复杂，海底地形不规则，海水压力高、温度低等特点，给天然气开采设施的建设带来挑战。油气产量规划需要考虑海底生产设施的设计、建造和安装，以及海底管道的敷设等工程问题[277]。

3. 环境保护与安全

深海天然气开采对海洋生态环境具有潜在的影响，同时也存在安全风险，如海洋污染、事故风险等。因此，产量规划需要注重环境保护和安全生产，采取相应的预防和控制措施。

4. 成本管理与效率优化

深海天然气开采成本高，涉及设备投资、运营成本、人力资源等多个方面。油气产量规划需通过合理的成本管理和效率优化措施，降低开采成本，提高生产效率。

5. 国际合作与技术交流

深海天然气开采需要国际合作与技术交流，吸引国际资金和技术，共同开发资源。因此，油气产量规划需要考虑国际合作机制的建立，推动技术交流和资源共享。

综上所述，针对深海天然气的油气产量规划特征主要包括高度技术化、设施建设挑战、环境保护与安全、成本管理与效率优化以及国际合作与技术交流等方面。规划者需要充分考虑这些特点，制定科学合理的产量规划方案，以实现深海天然气资源的有效开发和利用。

七、页岩气

页岩气是嵌藏在页岩层中的天然气资源，开采技术相对较新，但具有广阔的开发前景。针对页岩气的油气产量规划具有以下五个方面的特征。

1. 复杂的开采技术

页岩气开采涉及复杂的水平钻井和水力压裂技术，需要高超的工程技术和设备支持。因此，油气产量规划需要充分考虑技术挑战，制定合适的技术路线和方案。

2. 高投入高风险

页岩气开采需要巨额的投资和较长的回收周期，且存在较高的技术和市场风险。油气产量规划需要对投资回报进行深入评估，降低开采风险，确保项目的可持续性和盈利能力。

3. 环境保护和社会责任

页岩气开采可能对水资源、土地及生态环境造成影响，同时也会引发社会关注和争议。因此，产量规划需要注重环境保护和社会责任，制定相应的环境保护措施和社会责任计划，保障当地生态环境与社会稳定。

4. 水资源管理

页岩气开采需要大量水资源用于水力压裂等工艺，因此水资源管理成为关键问题。油气产量规划需要合理规划和管理水资源的利用，确保水资源的可持续供应和合理利用，同时降低对当地水资源的影响。

5. 技术创新与监管

页岩气开采领域需要不断进行技术创新和监管，以提高开采效率并降低环境影响。油气产量规划需要积极推动技术创新，加强监管力度，确保页岩气开采的安全、高效和可持续发展。

综上所述，针对页岩气的产量规划特征主要包括复杂的开采技术、高投入高风险、环境保护和社会责任、水资源管理以及技术创新与监管等方面。规划者需要全面考虑这些特点，制定科学合理的产量规划方案，以实现页岩气资源的有效开发和利用。

第三节 不同储层类型的油气产量规划特征

油气产量规划需要根据不同类型的油气储集特点，制定相应的技术路线和管理策略，以实现资源的有效开发和利用。

一、传统油气储集

传统油气储集通常指的是地质构造中的天然油气藏，包括裂缝型油气藏、透水性良好的砂岩和碳酸盐岩等。这种类型的油气储集具有相对简单的地质结构，常规开采技术较为成熟，产量规划相对较为稳定。针对传统油气储集，油气产量规划具有以下六个方面的特征。

1. 地质勘探

地质勘探是产量规划的第一步，以确定油气储集体的地质特征、储量分布和开采可行性。通过地质勘探，确定潜在的油气资源储量和分布情况，为后续开发提供基础数据[278]。

2. 勘探开发阶段

在确定了储量和分布后，油气产量规划将进入勘探开发阶段。在这个阶段，需要制定详细的开发计划，包括确定钻井位置、井网布局、采油方式等。通过合理的勘探开发计划，可以最大限度地提高油气产量。

3. 技术选择

针对传统油气储集，通常采用常规的油气勘探和开采技术，如垂直钻井、水平钻井、水力压裂等。产量规划需要根据地质条件和资源储量选择合适的技术路线，以提高开采效率和产量[279]。

4. 生产优化

一旦油气开采进入生产阶段，产量规划将重点放在生产优化上。通过不断调整生产参数、优化生产工艺，最大限度地提高油气产量和采收率。生产优化需要密切监测油气田的生产情况，及时调整生产策略。

5. 环保考虑

尽管传统油气储集的开采技术相对成熟，但产量规划仍需考虑环保因素。在开发过程中，需要采取措施减少对环境的影响，保护生态环境。因此，产量规划通常会结合环境影响评价，制定相应的环保方案[280]。

6. 经济评估

此外，产量规划还需要进行经济评估，评估油气开发项目的经济效益和投资回报。通过对成本、收益、风险等因素进行综合分析，制定出经济合理的产量规划，确保项目的可行性和可持续性。

综上所述，针对传统油气储集的产量规划需要综合考虑地质条件、技术选择、生产优化、环保要求和经济效益等方面的因素，以实现资源的有效开发和利用。

二、深海油气储集

深海油气储集主要分布在海底深水区域，包括海底扇、海底隆起等。由于水深和地质条件的复杂性，深海油气储集的开发具有较高的技术难度和成本，产量规划需要考虑海洋环境、钻井技术等方面的特殊因素。针对深海油气储集，油气产量规划具有以下六个方面的特征。

1. 复杂的地质条件

深海油气储集通常位于海底下方数千米的地层中，地质条件复杂。产量规划需要通过先进的地质勘探技术，如地震勘探、地层分析等，准确评估油气储量、储层性质和地层构造，为后续的开发提供基础数据。

2. 高技术含量

深海油气开发涉及水深较大、压力高、温度低等复杂环境条件，需要采用高技术含量的勘探和开采技术。产量规划需要选择适合深海环境的先进技术，如水下生产系统、远程操作设备等，确保安全高效地开发油气资源。

3. 长周期的勘探开发阶段

由于深海油气勘探和开发周期长、成本高，产量规划需要考虑长期的勘探开发计划。在确定勘探开发方案时，需要充分评估投资回报、风险分析、资源可行性等因素，确保项目的可持续性和经济性。

4. 环境保护和安全管理

深海环境复杂，开发过程中存在较大的环境风险和安全隐患。产量规划需要制定严格的环境保护和安全管理措施，确保油气开发不对海洋生态环境造成不可逆转的影响，同时保障人员和设施的安全。

5. 国际合作和资源共享

由于深海油气开发技术和成本较高，产量规划通常需要通过国际合作和资源共享来分担风险与成本。因此，产量规划需要考虑国际合作的机会和条件，制定适宜的合作模式，实现资源的最大化开发[281]。

6. 持续的技术创新和更新

随着深海油气勘探开发技术的不断发展，产量规划需要持续关注技术创新和更新。通过引进新技术、新设备，不断提升勘探开采效率，提高油气产量和采收率。

综上所述，针对深海油气储集的产量规划需要综合考虑地质条件、技术选择、环境保护、安全管理、国际合作和技术创新等因素，以实现资源的有效开发和利用。

三、页岩油气储集

页岩油气储集是指埋藏在页岩等致密岩层中的天然气和石油，主要通过水平钻井和压裂技术进行开采。这种类型的油气储集具有储量丰富但开采技术复杂的特点，产量规划需要考虑到技术创新、环境保护等方面的问题。针对页岩油气储集，油气产量规划具有以下六个方面的特征。

1. 复杂的地质条件

页岩油气储集通常位于地下深层岩石中，地质条件复杂，页岩层厚度、孔隙度、渗透率等地质参数变化大。产量规划需要通过先进的地质勘探技术准确评估页岩油气资源分布和储量情况。

2. 水平钻井和压裂技术应用

页岩油气的开采主要依赖水平钻井和水力压裂技术。产量规划需要设计合适的水平井网格和压裂方案，以最大化释放页岩中的油气资源，提高产量和采收率。

3. 高投入成本和长周期回报

页岩油气开采的投入成本较高，且开发周期较长，需要投入大量资金和时间。产量规划需要充分评估投资回报率、风险分析等因素，制定长期的开发计划，确保项目的经济可行性。

4. 环境保护和社会影响考虑

页岩油气开采可能对地下水资源、土壤和生态环境造成影响，产量规划需要考虑环境保护措施和社会影响评估，确保开发过程中的环境友好和社会可持续性。

5. 技术创新和提高效率

页岩油气开采技术在不断创新和提高，产量规划需要关注新技术的引进和应用，以提高勘探开发效率并降低成本。

6. 政策和法规风险

页岩油气开采往往受到政策和法规的影响，产量规划需要考虑政策风险和法律法规的变化，以确保项目的合规性和稳定性[282]。

综上所述，针对页岩油气储集的产量规划需要综合考虑地质条件、技术选择、投资回报、环境保护、社会影响、政策风险等因素，以实现资源的有效开发和利用。

四、天然气水合物储集

天然气水合物是一种将天然气分子与水分子形成的冰晶结构，主要分布在深海和极地地区的海底沉积物中。由于水合物的特殊性，包括高压高温条件和独特的开采技术，产量规划需要考虑到水合物的稳定性、安全性等方面的因素。针对天然气水合物储集，油气产量规划具有以下六个方面的特征。

1. 复杂的地质条件

天然气水合物通常储存在深海海底或极寒地区的海底沉积物中，地质条件复杂。海底地质结构、水合物层厚度、分布情况等都需要通过先进的地质勘探技术获取，如声波探测、地震勘探等，然后再评估水合物资源量和分布情况。

2. 深水开发技术应用

天然气水合物储集通常位于海底深水区域，开采技术复杂。产量规划需要考虑使用深水开采设备，如水下井口、海底生产系统等，以及应对深水环境带来的挑战，如高压、低温、海洋风暴等。

3. 高成本和高风险

天然气水合物开采具有较高的成本和风险。产量规划需要充分评估投资回报率、风险分析等因素，制定合理的开发计划，并采取有效的风险管理措施，确保项目的经济可行性和安全性。

4. 环境保护和海洋生态考虑

天然气水合物开采可能对海洋生态环境造成影响，如底栖生物栖息地破坏、海洋污染等。产量规划需要考虑环境保护措施和生态风险评估，确保开发过程中的环境友好和生态平衡。

5. 技术创新和国际合作

天然气水合物开采技术仍处于探索阶段，需要不断进行技术创新和研发。产量规划需要关注国际科研合作，吸引国际专业技术团队参与项目，共同解决技术难题，提高开采效率和安全性。

6. 政策和法规风险

天然气水合物开采受到海洋国家的海洋权益、领土争端等政治因素的影响，产量规划需要考虑政策和法规的变化，以确保项目的合规性和稳定性。

综上所述，针对天然气水合物储集的产量规划需要综合考虑地质条件、开采技术、成本风险、环境保护、技术创新、国际合作、政策法规等多方面因素，以实现资源的有效开发和利用。

五、非常规油气储集

除了上述类型外，还有一些非常规油气储集，如煤层气、页岩油、油砂等。这些油气储集具有开采技术复杂、环境影响大等特点，产量规划需要结合实际情况，制定相应的技术和管理措施。非常规油气产量规划具有以下六个方面的特征。

1. 复杂的地质条件

非常规油气储集通常位于地质条件较为复杂的区域，如页岩层、深海底部或高压高温环境。产量规划需要通过先进的地质勘探技术和地震勘探技术，准确评估储集层的厚度、含气量、渗透率等地质参数。

2. 特殊的开发技术

非常规油气需要应用特殊的开发技术，如水平钻井、压裂技术、CO_2注入等。产量规划需要考虑这些技术的应用条件和效果，制定合适的开发方案[279]。

3. 高成本和高风险

非常规油气储集开采具有较高的成本和风险，包括技术投入、环境影响、市场不确定性等。产量规划需要充分评估投资回报率、风险分析等因素，制定合理的开发计划。

4. 环境保护和社会责任

非常规油气开采可能对环境和社会造成较大影响，如水资源消耗、地表破坏、社区影响等。产量规划需要注重环境保护和社会责任，采取有效的环保措施和社会管理措施，确保开采过程中的可持续发展。

5. 政策法规和社会接受度

非常规油气开采受到政府政策法规和公众舆论的影响较大，产量规划需要考虑政策环境和社会接受度，确保项目的合法合规性和社会可接受性。

6. 技术创新和合作共赢

非常规油气开采需要不断进行技术创新和研发，产量规划需要关注技术进步和合作共赢，吸引国内外专业团队和企业参与项目，共同解决技术难题，提高开采效率和安全性。

综上所述，针对非常规油气储集的产量规划需要充分考虑地质条件、开发技术、成本风险、环境保护、政策法规、社会接受度等多方面因素，以实现资源的有效开发和利用。

第四节　不同开采阶段的油气产量规划特征

油气开采阶段可以按照勘探、开发、生产、衰竭、闭井和封存等阶段进行划分，产量规划需要根据不同阶段的特点和需求，制定相应的规划策略和措施。

一、勘探阶段

在油气勘探阶段，主要的工作是通过地质勘探和地震勘探等手段确定潜在的油气储集区域，并评估储量规模和地质特征。产量规划的重点是确定勘探目标和开发方向，制定勘探计划和资源评估方案。勘探阶段油气产量规划的特征主要包括以下六个方面。

1. 确定勘探目标和区域

在勘探阶段，产量规划的首要任务是确定勘探目标和勘探区域。这需要通过地质勘探、地球物理勘探、地震勘探等技术手段，识别潜在的油气储集层位置和分布，确定勘探的重点区域。

2. 资源评估和储量估算

产量规划需要进行资源评估和储量估算，以确定勘探目标的资源量和可采储量。这就要求对勘探区域地质特征、储集层性质、地下流体状态等进行分析和评估，从而为后续的开发提供基础数据和依据。

3. 制定勘探计划和方案

根据资源评估结果和勘探目标，产量规划需要制定具体的勘探计划和方案。这包括确定勘探井位、布设地震勘探线、制定勘探调查方案等，以确保勘探工作的有序展开和有效实施[283-284]。

4. 风险评估和管理

在勘探阶段，由于地质条件复杂、勘探技术限制等因素，存在一定的勘探风险。产量规划需要对勘探风险进行评估和管理，采取相应的风险控制措施，降低勘探过程中的风险和不确定性[285]。

5. 技术创新和应用

产量规划需要关注勘探阶段的技术创新和应用，不断提升勘探技术水平，提高勘探效率和准确性。这包括引进先进的勘探技术、开展技术研发和实验，以及推广应用新技术和新方法。

6. 与相关方沟通合作

在勘探阶段，产量规划需要与相关方进行沟通和合作，包括政府部门、地质调查单位、勘探公司等。这有助于共享资源信息、优化勘探计划、协调资源利用，推动勘探工作的顺利进行。

综上所述，在油气开采的勘探阶段，产量规划需要注重确定勘探目标和区域、资源评估和储量估算、制定勘探计划和方案、风险评估和管理、技术创新和应用，以及与相关方沟通合作等方面的特征。这些特征有助于确保勘探工作的高效、安全和可持续进行，为后续的开发阶段奠定基础。

二、开发阶段

经过勘探确定了潜在储集区后，进入开发阶段。这个阶段的主要任务是通过钻井、压裂等技术，实现油气储集层的开发和产量提升。产量规划需要确定开发井位、布局方案、开采方法，并制定开发计划和生产目标[279-284]。开发阶段油气产量规划的特征主要包括以下六个方面。

1. 确定开发方案和工艺

在开发阶段，产量规划需要确定适合的开发方案和工艺，以实现油气资源的有效开采。这包括确定采油/气工艺、井网布置方案、地面设施布局等，确保开发过程的高效和稳定进行。

2. 优化井网布局和产能分配

产量规划需要优化井网布局和产能分配，以最大限度提高油气产量和采收率。这包括根据地质条件和储量分布确定井网布置方案，合理分配各井的产能，实现整个油气田的有效开发和利用。

3. 生产监测和调整

在开发阶段，产量规划需要进行生产监测和调整，及时掌握油气田的生产情况，调整生产方案和工艺参数，以优化生产效率和产量。这包括采用现代监测技术对油气井的生产情况进行实时监测和数据分析，及时发现问题并采取措施进行调整。

4. 注水和压裂技术应用

为提高产量和采收率，产量规划需要合理应用注水和压裂技术。这些技术能够改善储层物理性质、增加地层压力，促进油气的流动和采集，提高井的产能和采收率。

5. 水平井和多级压裂技术应用

随着油气资源的逐渐枯竭以及开采难度的增加，产量规划需要采用先进的水平井和多级压裂技术。这些技术能够有效增加油气井的产能和采收率，延长油气田的生产周期，提高资源的综合开发效率。

6. 环境保护和安全生产

在开发阶段，产量规划需要注重环境保护和安全生产，确保油气开采过程不对环境造成严重影响，保障工人和设施的安全。这包括采取合理的环保措施、加强生产安全管理、进行定期检查和评估等。

综上所述，在油气开采的开发阶段，产量规划需要注重确定开发方案和工艺、优化井网布局和产能分配、生产监测和调整、注水和压裂技术应用、水平井和多级压裂技术应用，以及环境保护和安全生产等方面的特征。这些特征有助于确保油气资源的有效开发和利用，实现开采过程的高效、安全和可持续进行。

三、生产阶段

一旦油气田开始投入生产，就进入了生产阶段。这个阶段的主要任务是实现稳定的产量和持续的生产。产量规划需要根据实际生产情况，动态调整生产策略，优化生产工艺，提高产量和效率[283-286]。生产阶段油气产量规划的特征主要包括以下六个方面。

1. 生产优化和提高采收率

生产阶段产量规划的主要目标是优化生产过程，提高油气采收率和产量。包括调整生产参数、优化井网管理、改进注采配比等措施，以实现最大化的油气产量。

2. 持续监测和调整

产量规划需要持续监测油气田的生产情况，并根据实时数据进行调整。通过实施生产监测系统，对油气井的生产情况进行实时监测和分析，及时发现问题并采取措施进行调整，以保持生产的稳定和高效。

3. 注水和压裂管理

为了维持油气田的压力和产量，产量规划需要合理管理注水和压裂工艺。包括根据地层特征和生产情况，优化注水量与压裂方案，保持油气田的良好生产状态。

4. 生产系统维护和更新

产量规划需要对生产系统进行定期维护和更新，以确保设备和设施的正常运行。包括进行设备检修、井筒清洗、管道维护等工作，及时更新老化设施和设备，提高生产系统的稳定性和可靠性。

5. 环境保护和安全生产

产量规划需要继续注重环境保护和安全生产。包括加强环境监测和保护措施，防止污染和事故发生，保障工人和设施的安全，促进油气开采的可持续发展。

6. 技术创新和效率提升

生产阶段的产量规划需要不断推进技术创新，提高生产效率和产量。通过引进先进的生产技术和工艺，提升油气开采效率，延长油气田的生产周期，实现资源的充分开发和利用。

综上所述，在油气开采的生产阶段，产量规划需要注重生产优化和提高采收率、持续监测和调整、注水和压裂管理、生产系统维护和更新、环境保护和安全生产，以及技术创新和效率提升等方面的特征。这些特征有助于确保油气资源的有效开发和利用，实现生产过程的高效、安全和可持续进行。

四、油气田衰竭阶段

随着时间的推移，油气田的产量会逐渐下降，进入衰竭阶段。产量规划需要在衰竭阶段制定适当的调整策略，延长油气田的生产周期，提高资源利用率。衰竭阶段油气产量规划的特征主要包括以下六个方面。

1. 生产逐渐减少

油气田衰竭阶段是指油气田的生产逐渐减少，产量呈现下降趋势的阶段。在这个阶段，产量规划需要对生产情况进行全面评估，准确预测生产下降的趋势，制定相应的应对策略。

2. 降低成本和提高效率

由于油气田生产逐渐减少，产量规划需要着重降低开采成本，提高开采效率，以最大限度地延长油气田的生产周期。过程中涉及优化生产工艺、减少人力和设备投入、精简管理结构等措施。

3. 注重油气田资源的综合利用

在油气田衰竭阶段，产量规划需要注重油气资源的综合利用，通过技术手段提高采收率，充分开发油气田剩余的可采储量。包括采用增产技术、二次开发技术、水驱采油等方法。

4. 注重环境保护和安全生产

即使在油气田衰竭阶段，产量规划仍需要注重环境保护和安全生产。包括加强对油气田生产过程中可能出现的环境污染和安全隐患的监测与管理，确保生产过程的安全和环保。

5. 实施适当的退出策略

在油气田衰竭阶段，产量规划需要制定适当的退出策略，合理安排油气田的后续开发和运营。过程中将涉及采取逐步停产、资源转型利用、重新规划油气田的开发方向等措施，以最大限度地减少资源浪费和环境影响。

6. 技术创新和转型升级

在油气田衰竭阶段，产量规划需要注重技术创新和转型升级，寻找新的生产技术和开发模式，提高油气田的开发利用率。包括引进新的勘探开发技术、开发新的油气储集层、探索非常规资源等措施。

综上所述，在油气田衰竭阶段，产量规划需要针对生产逐渐减少、降低成本和提高效率、综合利用资源、注重环境保护和安全生产、实施适当的退出策略、技术创新和转型升级等方面的特征进行规划和管理，以保障油气资源的有效开发与利用。

五、闭井和封存阶段

当油气田的产量无法满足经济开采需求时，会考虑关闭井口并封存油气田。产量规划需要在这个阶段制定合适的关闭和封存方案，做好环境和安全保护工作。闭井和封存阶段油气产量规划的特征主要包括以下六个方面。

1. 逐步停产和关闭井口

闭井和封存阶段是指油气田逐步停产并关闭井口的阶段。产量规划需要根据油气田的实际情况，逐步关闭生产井口，停止油气的采收作业。

2. 减少生产设备投入

由于油气田停产，产量规划需要逐步减少生产设备的投入，包括停止注水、减少注聚等生产辅助措施，逐步撤除生产设备。

3. 资源封存和环境保护

在闭井和封存阶段，产量规划需要将油气田的未开发储量进行封存，采取适当的措施确保油气资源的安全封存和环境保护。这期间可能涉及进行井口封堵、注入防渗材料、进行地表修复等工作。

4. 遵守法律法规和环境要求

产量规划在闭井和封存阶段需要严格遵守相关法律法规和环境要求，确保油气田的封存和环境保护工作符合规范与标准。包括进行环境评估、制定封存方案、取得相关审批等程序。

5. 监测和管理

产量规划需要建立监测和管理机制，对油气田的封存和环境保护工作进行持续监测和管理，确保封存工作的有效实施和环境保护的持续效果。

6. 制定后封存方案

在封存阶段，产量规划需要制定后封存方案，包括对封存的油气资源进行储量评估、未来可能的再开发计划、地质监测和风险评估等工作，为未来的油气资源开发提供参考依据。

可见，在油气开采的闭井和封存阶段，产量规划需要根据油气田的实际情况，逐步停产和关闭井口、减少生产设备投入、封存未开发储量、遵守法律法规和环境要求、建立监测和管理机制，并制定后封存方案，以确保油气资源的安全封存和环境保护。

第五节　不同企业规模的油气产量规划特征

从油气产量规划的角度，油气企业的规模可以划分为小型企业、中型企业、大型企业、国有企业和跨国公司等不同类别，每种类型的企业都有其特定的产量规划需求和挑战。

一、小型企业

小型油气企业通常规模较小，只拥有有限的油气资源开发项目或仅专注于特定地区的开发活动。它们的产量规划更为简单，主要集中在单个或少数几个油气田的开发，需要更频繁地调整产量以适应市场需求和企业经营状况。

针对小型油气企业，其油气产量规划的特征通常包括以下五个方面。

（1）有限的资源储量。小型油气企业拥有的油气资源储量有限，通常只涉及单个或少数几个油气田的开发。因此，在产量规划中需要充分考虑资源的可采储量、开采技术和生产效率等因素，以最大化资源的开发和利用。

（2）灵活的产量调整。由于资源储量有限，小型企业的产量规划更为灵活，能够快速响应市场需求和企业经营状况的变化。他们需要根据市场价格、成本和盈利能力等因素，随时调整产量以实现最佳经济效益。

（3）技术和资金限制。相较于大型企业，小型企业因为缺乏先进的勘探和开采技术，以及足够的资金投入，因此更容易面临技术和资金方面的限制。因此，在产量规划中需要合理安排资源投入，优先考虑技术和资金的有效利用。

（4）地域集中性。小型油气企业的产能通常集中在特定的地理区域或油气田。他们会更注重在某一地区的深入开发，而无法涉足更广泛的地理范围。因此，在产量规划中需要重点关注特定地区的生产情况和市场需求。

（5）依赖外部合作。为了弥补自身技术和资金的不足，小型企业需要依赖外部合作伙伴，进行技术引进和资金支持。在产量规划中，需要考虑与合作伙伴的协调合作，共同制定开发方案和产量目标。

总体来说，小型油气企业的产量规划具有灵活性高、资源有限、技术和资金局限性强等特点。在制定产量规划时，需要充分考虑市场需求、技术条件、资金状况和合作伙伴等因素，以实现资源的有效开发和利用。

二、中型企业

中型油气企业在规模上介于小型企业和大型企业之间。它们拥有多个油气资源项目，涉及多个地区或国家的开发活动。产量规划相对复杂，需要考虑多个项目的协调和整合，以及市场需求的变化。

针对中型油气企业，其油气产量规划的特征通常包括以下五个方面。

（1）多样化的资源储量。中型油气企业通常拥有较为多样化的油气资源储量，涉及多个油气田的开发。因此，在产量规划中需要考虑不同油气田的地质条件、储量规模和开发潜力，以及各个项目之间的协调管理。

（2）技术水平较高。相较于小型企业，中型企业具有更先进的勘探和开采技术，能够更有效地开发油气资源。他们拥有一定规模的研发团队或技术合作伙伴，可以实现技术创新和提升。

（3）资金投入较大。中型油气企业通常具备一定规模的资金实力，能够投入更多的资金用于勘探、开发和生产活动。在产量规划中，他们会更多地考虑投资回报率和盈利能力，以及资金的有效运用。

（4）地域分布广泛。中型企业的产能通常分布在多个地理区域或国家，涉及较广泛的地理范围。因此，在产量规划中需要综合考虑不同地区的地质条件、市场需求和政策环境等因素，制定相应的开发策略。

（5）持续稳定的产量增长。中型油气企业通常具有一定的产量增长目标，但相对于大型企业，增长速度可能较为缓慢稳定。在产量规划中，他们会注重持续稳定的产量增长，以保持良好的经营状况和市场地位。

总体来说，中型油气企业的产量规划具有资源多样化、技术水平较高、资金投入较大、地域分布广泛和产量增长稳定等特点。在制定产量规划时，需要综合考虑多个因素，包括资源储量、技术条件、资金状况、市场需求和政策环境等，以实现持续稳定的生产和经营。

三、大型企业

大型油气企业通常是全球性的能源公司,拥有庞大的油气资源储量和多元化的业务版图。它们在全球范围内开展油气勘探、开发和生产活动,涉及多个国家和地区。产量规划需要综合考虑全球市场的供需情况、地缘政治因素以及技术、资金等资源的整合利用。

针对大型油气企业,其油气产量规划通常具有以下六个方面的特征。

(1)大规模的资源储量和产能。大型企业拥有大规模的油气资源储量和产能,并在多个国家或地区拥有多个大型油气田。因此,其产量规划需要考虑大规模的资源开发和管理,以实现最大化的产量。

(2)先进的技术和设备。大型企业具有先进的勘探、开发和生产技术,以及先进的生产设备和工艺。他们会投入大量资金用于研发和引进最新的油气开采技术,以提高产量效率,同时提升竞争力。

(3)全球化的业务布局。大型企业在全球范围内拥有广泛的业务布局,涉及多个国家和地区的油气开采项目。因此,在产量规划中需要考虑不同地区的地质条件、市场需求、政策环境和地缘政治风险等因素,以制定相应的战略和计划。

(4)注重可持续发展和环保。大型企业通常注重可持续发展和环境保护,致力于实现油气资源的可持续开发和利用。在产量规划中,他们会采取一系列环保措施,减少对环境的影响,以及加强社会责任和可持续发展的管理。

(5)多样化的业务模式。大型企业通常采用多种业务模式,包括直接投资、合作开发、参与联合开采等形式。在产量规划中,需要综合考虑不同业务模式的优劣势,以最大限度地实现资源的价值和产量的增长。

(6)市场导向和战略规划。大型企业通常采取市场导向的战略规划,根据市场需求和竞争情况制定产量规划。他们会对市场趋势、价格波动和供需平衡等因素进行深入分析,以制定相应的产量策略和调整方案。

总体来说,大型油气企业的产量规划具有资源规模大、技术先进、全球化布局、环境保护、多样化业务模式和市场导向等特点。在制定产量规划时,需要综合考虑多个因素,包括资源储量、技术条件、市场需求、环境保护和可持续发展等,以实现资源的有效开发和利用。

四、国有企业

一些国家拥有自己的国有油气公司,这些公司通常掌握着该国大部分或全部的油气资源。它们的产量规划可能受到政府政策和国家战略的影响,需要兼顾国家能源安全、经济发展和社会福祉等多方面因素。

针对国有油气企业,其油气产量规划通常具有以下六个方面的特征。

（1）政府主导和资源控制。国有油气企业受政府主导和管理，通常由政府直接或间接持有股份或控制权。政府在资源的开采、利用和产量规划中扮演着重要角色，制定相关政策和法规，指导企业的发展方向和产量规划。

（2）国家战略和长期规划。国有油气企业通常受到国家战略和长期规划的指导，产量规划需要与国家能源战略和发展规划相一致。企业在制定产量规划时，需充分考虑国家的发展需求、能源安全、经济发展和社会稳定等因素。

（3）资源垄断和综合利用。国有油气企业通常拥有国内外大量的油气资源，具有资源垄断的特点。在产量规划中，企业需要综合考虑不同地区、不同类型的油气资源，制定全面的开发利用方案，实现资源的最大化利用。

（4）技术引进和自主创新。国有油气企业在产量规划中通常会注重技术引进和自主创新，以提高勘探、开发和生产技术水平。他们会投入大量资金用于技术研发和装备更新，引进国内外先进的油气勘探和开采技术，提升企业的竞争力和产量效率。

（5）环保和社会责任。国有油气企业必须更加注重环保和社会责任，致力于实现油气资源的可持续开发和利用。在产量规划中，他们会采取一系列环保措施，减少对环境的影响，加强社会责任和可持续发展的管理。

（6）国际合作和对外投资。国有油气企业会通过国际合作和对外投资的方式，拓展海外油气资源，实现资源多元化和国际化布局。在产量规划中，他们需要考虑国际市场的需求和竞争情况，制定相应的海外投资战略和产量规划。

总体来说，国有油气企业的产量规划具有政府主导、国家战略导向、资源垄断、技术引进与自主创新、环保与社会责任、国际合作与对外投资等特点。在制定产量规划时，需要充分考虑国家政策、能源安全、环境保护和社会责任等因素，实现资源的有效开发和利用，促进经济社会可持续发展。

五、跨国公司

跨国油气公司跨越国界，在多个国家和地区开展业务，其产量规划更加复杂。这些公司通常面临不同国家的法律法规、文化习俗和地缘政治环境的影响，需要灵活调整产量策略，以适应各个国家的市场条件和经营环境。

针对跨国油气企业，其油气产量规划通常具有以下五个方面的特征。

（1）全球资源布局。跨国油气企业在全球范围内拥有多元化的油气资源，涉及多个国家和地区。在产量规划中，需要综合考虑不同国家、不同类型的油气资源，制定相应的开发和生产计划，实现资源的最优配置和利用。

（2）多元化的技术应用。跨国油气企业具有先进的油气勘探、开发和生产技术，并且在全球范围内进行技术共享和创新。在产量规划中，企业会采用多种技术手段以提高资源的产量和采收率。

（3）国际市场导向。跨国油气企业在产量规划中通常会考虑国际市场的需求和竞争情况，制定相应的生产策略和销售计划。他们会根据不同地区和国家的市场需求，调整产量规划，实现供需平衡和市场份额的增长。

（4）环境和社会责任。跨国油气企业通常注重环境保护和社会责任，在产量规划中会采取一系列环保措施，减少对环境的影响，促进社会可持续发展。他们会制定并实施可持续发展战略，参与社区发展项目，提升企业的社会形象和声誉。

（5）国际合作与地缘政治风险管理。跨国油气企业通常会与不同国家和地区的政府、企业及利益相关者开展合作，以降低地缘政治风险和市场风险。在产量规划中，他们会加强地缘政治风险管理，制定相应的应对措施，确保项目的稳定运行和安全生产。

总体来说，跨国油气企业的产量规划具有全球资源布局、多元化的技术应用、国际市场导向、环境和社会责任、国际合作与地缘政治风险管理等特点。在制定产量规划时，需要考虑多方面因素，实现资源的有效开发和利用，促进经济社会可持续发展。

第九章　数据处理方法与相关计算模型

在油气产量规划中，数据的准确性和处理效率直接影响着规划结果的科学性和可行性。随着信息技术和计算技术的不断发展，如何高效处理海量的油气勘探与生产数据，构建合理的预测模型，已成为油气产量规划的重要课题。本章将探讨油气产量规划中常用的数据处理方法和计算模型，包括时间序列分析、回归分析、灰色系统预测等方法，重点介绍如何通过这些方法处理历史数据、预测未来产量趋势，并结合实际案例展示其在油气生产中的应用效果。此外，本章还将介绍储量—产量双向控制法、威布尔预测模型等定量分析工具，帮助读者理解如何利用这些计算模型进行精准的产量预测与规划，提升油气资源开发的决策质量和风险控制能力。

第一节　时间序列数据的初始化处理

一、数据处理步骤

（1）缺失数据处理。手动填充缺失值，进行插值计算，以补充缺失值，或删除包含缺失数据的记录。

（2）异常值处理。异常值会干扰数据分析，影响预测模型，检测和处理异常值，确保数据的一致性。

（3）数据标准化。对不同来源或单位的数据进行标准化，确保数据在相同尺度上进行比较和分析。

（4）时间序列数据处理。

（5）数据可视化。有助于展示、发现趋势和模式，以支持数据分析和预测。

（6）模型验证。基于数据趋势和逻辑建立预测模型，使用历史数据进行验证，评估模型的准确性。

（7）更新数据。定期更新数据，以反映新信息和趋势，从而改进预测准确性。

二、时间序列数据处理

对数据进行平滑调整，有助于捕捉趋势和周期性模式，主要包括以下六个步骤。

1. 数据整理

过去几年或几个月的油气产量数据，以时间序列的形式给出。

2. 确定平滑系数

控制模型响应速度和平滑程度的关键参数。取值范围为0～1，越接近1，对过去观测值的权重越大。

3. 模型初始化

选择一个初始值作为第一个预测值，通常可以选择历史数据中的最初数据点。

4. 递推公式

根据历史数据和初始值来计算未来时刻的预测值，公式如下：

$$Y_t^* = \alpha \cdot Y_t + (1-\alpha) \cdot Y_{t-1}^*$$

式中 Y_t^*——t 时刻平滑值；

Y_t——t 时刻实测值；

Y_{t-1}^*——$t-1$ 时刻平滑值；

α——介于0～1之间的平滑系数。

5. 更新

（1）将 t 时刻实测值 Y_t 作为 t 时刻平滑值的初值。

（2）结合平滑系数 α 和 $t-1$ 时刻平滑值 Y_{t-1}^*，计算 t 时刻的平滑值 Y_t^*。

6. 迭代

$t=t+1$，重复步骤4～步骤5，直到完成所有预测。

三、实例分析

过去5个月油产量为120万桶/月、125万桶/月、118万桶/月、130万桶/月、128万桶/月，使用指数平滑模型进行未来两月的产量预测。

（1）假设平滑系数 $\alpha=0.5$（过去观测值的权重与最新观测值的权重相等）。

（2）初始化。

$$t=1（实测值），Y_1=120$$

更新（初始平滑值 = 实测值）：$Y_1^* = Y_1 = 120$。

(3)计算第2个月平滑值。

$t=2$,$Y_2^*=\alpha \cdot Y_2+(1-\alpha) \cdot Y_1^*=0.5 \times 125+(1-0.5) \times 120=62.5+60=122.5$。

(4)计算第3个月平滑值。

$t=3$,$Y_3^*=\alpha \cdot Y_3+(1-\alpha) \cdot Y_2^*=0.5 \times 118+(1-0.5) \times 122.5=59+61.25=120.25$。

(5)计算第4个月的平滑值。

$t=4$,$Y_4^*=\alpha \cdot Y_4+(1-\alpha) \cdot Y_3^*=0.5 \times 130+(1-0.5) \times 120.25=65+60.13=125.13$。

(6)计算第5个月的平滑值。

$t=5$,$Y_5^*=\alpha \cdot Y_5+(1-\alpha) \cdot Y_4^*=0.5 \times 128+(1-0.5) \times 125.13=64+62.57=126.57$。

第二节　油气产量的预测方法

一、供需平衡法

1. 数据收集

1)供应数据

国内产量、进口量、可采储量(需考虑技术进步和成本变化的影响)。

2)需求数据

(1)国内需求。基于经济增长率、人口增长、工业发展和能源消费习惯等因素的国内石油需求量。

(2)行业需求。不同行业(如运输、制造、化工)的石油需求量。

(3)季节性变化。考虑到不同季节石油需求量的变化。

3)石油进口和出口数据

进口石油的来源国、国际市场价格变化;国内生产石油中出口到国外的数量。

4)政府政策

石油产业的税收政策和政府补贴;石油开采和消费的环保政策。

2. 供需平衡模型

1)供应量基本方程

时间 t 国内石油供应 S_t = 同一时间国内需求 D_t + 石油出口 E_t − 石油进口 I_t

2)供应量复合方程(F 表示预测值)

$$S_{tF}=F[(D_{tF}、E_{tF}、I_{tF})G_{tF}、IP_{tF}、DP_{tF}、T_{tF}、PGR_{tF}、IR_{tF}、ER_{tF}、N_{tF}]$$

式中　D_{tF}——需求量;

E_{tF}——出口量；

I_{tF}——进口量；

G_{tF}——GDP；

IP_{tF}——国际油价；

DP_{tF}——国内油价；

T_{tF}——技术进步；

PGR_{tF}——人口数量；

IR_{tF}——通货膨胀率；

ER_{tF}——就业率；

N_{tF}——可替换可再生能源。

3）考虑政策影响

根据可能实施的政策来调整基本参数的预期值。例如，通过调整生产配额、关税等，体现政策对供应量、需求量、进出口量的影响。

4）数学方程

使用多元回归得到每个基本量与影响因素的关系。例如，需求量 D_{tF} 与影响因素之间的关系如下：

$$D_{tF}=\alpha+\beta_1 G_{tF}+\beta_2 IP_{tF}+\beta_3 DP_{tF}+\beta_4 T_{tF}+\beta_5 PGR_{tF}+\beta_6 IR_{tF}+\beta_7 ER_{tF}+\beta_8 N_{tF}+\varepsilon_{tF}$$

式中　α——常数项；

ε_{tF}——误差项，表示未被模型解释的需求量变化；

$\beta_1 \sim \beta_8$——8个影响参数的回归系数，代表其对需求量的影响强度。

5）产量预测

通过对历史数据的回归分析，获得回归系数的估计值，进而预测未来需求量；再结合供应情况，就可预测产量，为公司提供生产规划的依据。

6）分析与调整

（1）敏感性分析。分析模型预测结果对假设（如GDP增长率、油价变动等）的敏感性，以评估预测结果的不确定性

（2）方案评估。基于预测结果，评估不同的生产计划、市场战略和政府政策，选择最优方案。

3. 实例分析

根据历史数据分析，预测出未来一年国内需求为100万桶，预计出口20万桶，进口30万桶，则供需平衡方程为：

$$S_{t+1}=100+20-30=90$$

即未来一年的国内石油供应量为 90 万桶。

通过该方法，预测未来几年石油产量水平，进而进行生产规划和市场战略制定。还可根据新的数据和信息，对基本量进行调整，以提高预测的准确性和可靠性。

二、翁氏生命旋回法

1. 原理

化石能源不可再生，资源总量有限，其勘探开发全过程总体上符合生命旋回理论，整个生命周期可划分为兴起、成长、达到鼎盛、逐渐衰亡四个阶段，可表示为泊松分布函数，国内外 150 多个油气田的年产量和最终可采储量数据验证了其精度。它的重要意义在于，能够根据油气田的以往产量准确预测出最终可采储量，还可以发现不少油气田中因种种原因未被计入的潜在可采储量，后来被正式称为翁氏生命旋回。

2. 假设

在起始点 x_0 之前系统 x_{t0} 不存在；过程开始后，x_{t0} 的增长速率与系统本身成正比；增长率的比例因子为 $t/(b-1)$，它使系统在某一时刻 b 达到有限极值时的增长率为 0，当 $t<b$ 时，增长率为正，当 $t>b$ 时，增长率为负。

3. 方程

$$\frac{dx_{t0}}{dt}=x_{t0}\left(\frac{b}{t}-1\right)$$

4. 数学模型

$$x_{t0}=\begin{cases}不存在, & t<x_0 \\ 0, & t=x_0 或 t\to\infty \\ at^b e^{-t}, & t>x_0 \end{cases}$$

式中　a、b——拟合系数；

x_0——预测初始时间；

x——预测时间。

根据最小二乘法原理，利用历史实测数据，可以求出拟合系数 a 和 b。

x_{t0} 的总和是收敛的，从 $t=0$ 至无限的积分为：

$$s=\int_0^\infty x_{t0}dt=\int_0^\infty at^b e^{-t}dt=a\Gamma(b+1)$$

因为 x_{t0} 的总和是收敛的，这一模型只能用于总量有限的体系，如矿产资源的产量和储量等。

三、逻辑斯提克生命增长模型

1. 原理

描述单调递增/减过程，取决于参数设置。在初始阶段增速较快，随着时间推移，增速逐渐减缓，最终趋于稳定，形成一个 S 形。

2. 方程

$$f(x) = \frac{L}{1 + e^{-k(x - x_0)}}$$

式中　x——时间或增长因子；

　　　L——曲线最大/小值；

　　　k——曲线增长速率；

　　　x_0——曲线开始增长的位置。

3. 数学模型

累积产量随时间的变化呈增长型，因此，采用下式预测油气可采储量：

$$N_p = \frac{N_R}{1 + e^{-kt}}$$

式中　N_p——累积产油量，万吨；

　　　N_R——可采储量，万吨；

　　　t——开发年限，年。

4. 求解

（1）上式对时间 t 求导，可得逐年的产量；

（2）当产量趋于稳定时，可得最高年产量的发生时间。

四、灰色系统方法预测产量

1. 建立原始数据序列

将油气的月度、季度或年度产量数据按照时间顺序排列。

2. 累加生成序列

由原始数据序列累加得到，可消除原始数据序列中的随机波动，使数据变化趋势更为明显：

$$X_{(k)}^{(1)} = \sum_{i=1}^{k} X_{(i)}$$

3. 建立微分方程

根据累加生成序列，建立微分方程模型。通常使用一阶微分方程，即 GM（1，1）模型，公式为：

$$\frac{dX_{(k)}^{(1)}}{dt} + aX_{(k)}^{(1)} = u$$

式中　a——灰色微分方程的发展系数；

　　　u——灰色作用量。

4. 求解参数

根据微分方程，利用最小二乘法求解发展系数 a 和灰色作用量 u 的估计值。

5. 模型检验

使用收集到的历史数据进行模型检验，评估模型的拟合度和预测精度。

6. 预测与优化

（1）利用模型计算未来产量。

（2）分析预测结果，评估预测的可信度和准确度。

（3）对模型进行调整，以提高预测的准确性。

五、储量—产量双向控制法

1. 原理

把各个油气产量与油气储量增长目标有机地联系起来，产量增长规模取决于储量增长规模，即

规划期内新增可采储量 = 规划期内累积产量 + 规划期内剩余可采储量的增减量

2. 方程

假设规划期内产量符合指数变化，某年产量 Q_t 为：

$$Q_t = Q_0 D^t$$

$$D = (Q_t / Q_0)^{1/t}$$

式中　Q_t——某一年的产量，万吨；

Q_0——规划期前一年的年产量，万吨；

D——递减率。

计算规划期内阶段累积产量：

$$\Delta N_p = Q_1 + Q_2 + \cdots + Q_i = \frac{Q_0 \left[D - D^{(t+1)} \right]}{1-D}$$

规划期内剩余可采储量的增减量，等于规划期末的剩余可采储量减去规划期前一年的剩余可采储量，即：

$$\Delta N_{RR} = Q_t R_t - Q_0 R_0$$

式中　R_0——规划期前一年剩余可采储量的储采比；

R_t——规划期末第 t 年剩余可采储量的储采比。

根据规划期内"新增可采储量 ΔN_R = 阶段累积产量 ΔN_P + 剩余可采储量的增减量 ΔN_{RR}"，可得储量—产量双向平衡控制模型的表达式：

$$\Delta N_R = \frac{Q_0 \left[D - D^{(t+1)} \right]}{1-D} + (Q_t R_t - Q_0 R_0)$$

3. 优势

把产量与储量变化统一在一起，预测产量时还要考虑到资源的保障程度，实质上是一种正反演结合模型，可以相互验证，避免两者脱钩而产生错误的结论，这是其他预测模型无法比拟的。

4. 局限

把产量变化的过程简单化为匀速变化，忽略了油价变化对石油产量的影响。

六、油气产量和储量的威布尔预测模型

1. 收集数据

年/季/月度产量和储量数据，时间跨度越长越好，以获取更为准确的趋势信息。

2. 数据处理

去除异常值、填补缺失值等，确保数据的完整性和准确性。

3. 拟合威布尔概率分布

$$f(x) = \frac{\alpha}{\beta} x^{\alpha-1} e^{-x^\alpha / b}$$

式中　$f(x)$——分布密度函数；

　　　x——分布变量，分布区间为（0，∞）；

　　　β——控制峰位和峰值的尺度参数；

　　　α——控制分布形态的参数。

威布尔密度分布模型在 x 从 0～∞ 区间的分布函数 $f(x)=1$，相当于在 t 从 0～∞ 区间的累积产量，即最终可采储量

陈元千基于威布尔分布模型，推导提出了产量与储量的威布尔预测模型：

$$Q = \frac{N_R \alpha}{\beta} t^{\alpha-1} e^{-t^{\alpha}/\beta}$$

4. 预测

利用方程预测未来的油气产量和储量。

七、油气产量和储量的对数正态分布随机预测模型

1. 数据收集

历史油气产量数据，这些数据来自已经开采的油气田，或者是类似区域或地质构造的产量数据。

2. 数据转换

将原始产量数据取对数，得到对数产量。对数转换的目的是使数据更加接近正态分布，以便于建立模型和进行统计分析。

3. 模型拟合

对对数产量进行统计分析，拟合对数正态分布模型：

$$f(x\mid\mu,\sigma) = \frac{1}{x\sigma\sqrt{2\pi}} e^{-\frac{(\ln x - \mu)^2}{2\sigma^2}}$$

式中　x——随机变量（产量），$x>0$；

　　　μ——对数产量的均值，反映了产量的中心位置；

　　　σ——对数产量的标准差，描述了产量数据的离散程度。

4. 模型评估

对拟合的模型进行评估，检查模型拟合程度、残差分布等指标，以验证模型的合理性和准确性。

5. 产量预测

根据拟合的对数正态分布模型，计算未来油气产量的概率分布，包括产量期望值、置信区间等统计量，用于预测和决策。

第三节 油气市场需求量预测方法

一、油气需求量的多元回归分析

1. 目标

考虑多个影响因素，建立多个自变量（预测因子）与一个因变量（目标）之间的关系，实现更准确的分析和预测。

2. 步骤

（1）数据收集和清洗：油气需求量历史、影响需求量的多个自变量，如经济指标、人口数据、能源价格。填补缺失值和处理异常点。

（2）变量选择：自变量应与油气需求量存在相关性或理论基础上对需求产生影响。变量选择可基于领域知识、相关性分析和统计方法。

（3）数据探索：计算相关系数，了解自变量之间的关系以及它们与目标变量的关系，以确定潜在的影响因素和影响趋势。

（4）拟合多元回归模型：

$$Y=\beta_0+\beta_1 X_1+\beta_2 X_2+\cdots+\beta_n X_n+\varepsilon$$

式中　Y——油气需求量，因变量；

X_1，X_2，$\cdots$，X_n——自变量，如经济指标、人口数据、能源价格等；

β_1，β_2，$\cdots$，β_n——回归系数，每个自变量对需求量的影响；

ε——误差项，表示不能通过自变量解释的随机误差。

（5）模型诊断：

检查模型的拟合质量。如果不满足要求，改进模型，策略包括：

① 转换自变量或因变量，以满足线性假设；

② 使用时间序列模型来处理自相关性；

③ 使用加权最小二乘法来处理异方差性；

④ 对数据进行变换以满足正态性假设。

（6）预测生成：使用拟合的多元回归模型来生成未来的油气需求量。

（7）模型验证和更新：定期监测模型的性能，并使用新的数据更新模型，以保持预测的准确性。

二、油气需求量的弹性分析

1. 目标

理解油气需求量与一个或多个影响需求量的因素之间关系的方法。弹性表示需求量对影响因素变化的敏感程度。

2. 步骤

（1）自变量选择：经济指标（如 GDP）、能源价格、人口数据、交通需求、工业需求等，因变量是油气需求量。

（2）数据收集和清洗。因变量和自变量的时间序列数据，确保数据质量和完整性。

（3）构建弹性模型：

$$\ln Q = \beta_0 + \beta_1 \ln X_1 + \beta_2 \ln X_2 + \cdots + \varepsilon$$

式中　　Q——油气需求量，因变量；

$X_1, X_2, \cdots, X_n$——自变量，如经济指标、人口数据、能源价格等；

$\beta_1, \beta_2, \cdots, \beta_n$——回归系数，每个自变量对需求量的影响；

ε——误差项，表示不能通过自变量解释的随机误差。

（4）解释：弹性系数表示需求量对自变量的弹性。例如，某自变量弹性系数为 −0.2，意味着需求量对该自变量的每一单位变化将减少 20%。

（5）模型诊断：检查模型的拟合质量，包括检查残差是否满足模型假设。

（6）预测和政策分析：使用模型来预测未来油气需求量，并进行政策分析，评估不同政策措施对需求量的影响。

弹性分析提供了对需求量各种因素的敏感性量化评估，有助于政策制定和决策。同时，需要谨慎地选择自变量，确保它们在实际情况中具有相关性和可解释性。

第四节　油气产量规划的基础模型建模方法

一、产量规划的步骤

能源转型是应对气候变化、减少碳排放的重要措施，而油气产量规划则成为关键的战略决策，旨在平衡能源供需、推动清洁能源发展、保障能源安全，以实现可持续发展目标。为制定有效的油气产量规划，需采用合适的建模方法，主要包括以下九个方面的步骤。

1. 确定目标

明确产量规划的目标，如最大化利润、最小化成本、减少碳排放、满足市场需求、遵守环保法规等。

2. 数据收集与预处理

收集历年来不同地区、不同类型油气藏的产量、排放量、可再生能源、成本费用等数据，并进行数据清洗、缺失值处理、异常值检测等预处理工作，以保证数据质量和可用性。

3. 地质条件与技术进步分析

分析地质条件对油气产量的影响，包括地层结构、储层性质等因素，并评估技术进步对油气勘探、开发和生产的影响，例如通过地质模拟技术建模预测油气产量。

4. 市场需求分析

深入分析当前能源需求结构、清洁能源市场需求的增长趋势，预测未来需求变化，并通过回归分析等方法预测未来油气市场的供需情况，为产量规划提供依据。

5. 政策法规分析

分析国内外能源政策法规对油气产业的影响，包括产业准入政策、价格管理政策、环境保护政策等，并评估政策法规对油气产量规划的目标和要求，以及其对产业的影响和调整方向。

6. 地缘政治风险评估

利用风险评估模型对地缘政治风险进行量化分析，评估地缘政治因素对产量规划的不确定性，提出相应的风险管理策略和应对措施。

7. 综合分析建立产量规划模型

综合考虑各项因素和约束条件，使用线性规划等算法建立产量规划模型，计算年度产量，并进行场景敏感性分析，评估模型的稳健性。

8. 与绿能的整合

考虑投资于可再生能源项目，如太阳能或风能，以满足政策要求或增加多元化生产，实现能源转型和可持续发展目标。

9. 政策分析/战略制定

评估政策对产量规划的影响，建立弹性调整机制，包括产量递减幅度、绿能比例、减碳措施等，以适应政策变化和市场需求的变化。

二、线性规划算法

在能源转型的背景下，油气产量规划是确保能源供应安全、推动清洁能源发展的重要举措之一。利用线性规划算法建立产量规划模型，并计算年度产量，是制定有效的油气产量规划的关键步骤之一。建模步骤包括以下十个方面的内容。

1. 明确目标

最大化利润、最小化成本、满足市场需求、减少碳排放等。

2. 收集数据

历史产量数据、市场需求数据、地质勘探数据、技术发展数据等

3. 确定决策变量

决策变量是模型中可以调整的参数，例如年度产量。在线性规划模型中，决策变量通常表示为一个向量。

4. 确定约束条件

约束条件包括技术、政策法规、市场需求等方面的限制。约束条件是为了确保产量规划的可行性和合理性。

5. 定义目标函数

目标函数是优化的目标，即希望最大化或最小化的量。这里的目标是最大化利润，因此目标函数是利润的函数。

6. 建立线性规划模型

（1）最大化：
$$\max [Z] = c^T x$$

（2）约束条件：

$$\begin{cases} Ax \leq b \text{（决策变量 } x \text{ 的线性组合必须小于等于 } b \text{ 的对应元素）} \\ x \geq 0 \text{（决策变量 } x \text{ 的取值必须非负）} \end{cases}$$

式中　Z——待最大（小）化的量，如利润；

c——目标函数的系数向量，表示各个决策变量对目标函数的贡献；

x——需要决定的变量,以使目标函数最优,如年度产量;

A——约束矩阵,包含约束条件的系数;

b——约束条件向量。

7. 求解线性规划模型

利用线性规划算法,求解线性规划模型,得到最优的年度产量。

8. 场景敏感性分析

评估模型对不同场景的适应能力和稳健性。通过调整输入参数,如市场需求、技术进步、政策法规等,评估模型的响应,以确定模型在不同情况下的表现和可靠性。

9. 应用

油气公司制定年度油气产量规划,以最大化利润为目标。已知市场需求、生产成本、地质勘探数据等。在建立线性规划模型时,决策变量为年度产量,目标函数为产量与利润之间的关系。约束条件包括市场需求、技术限制、政策法规等。通过求解线性规划模型,得到最优的年度产量方案,并进行场景敏感性分析,评估模型的稳健性。

10. 举例

建立一个考虑成本、收入和碳排放惩罚成本的线性目标函数。

公司有项目1和项目2,每个项目有自己的产量 X_1 和 X_2,单位产量碳排放 E_1 和 E_2 及对应的单位产量成本 C_1 和 C_2、单位产量销售收入 R_1 和 R_2。此外,还有一个碳排放的惩罚成本 P(单位碳排放所需支付的费用)。

目标:通过调整每个项目的产量 X_1 和 X_2,使总利润最大化。

(1)目标函数。

$$总利润 Z = 总收入 - 总成本 - 碳排放惩罚成本$$

$$\max\{Z\} = (R_1X_1 + R_2X_2) - (C_1X_1 + C_2X_2) - P(X_1E_1 + X_2E_2)$$

(2)约束条件,$E_1X_1 + E_2X_2 \leqslant$ 碳排放限制;X_1,$X_2 \geqslant 0$。

(3)解决思路。在可行解空间内部寻找最优解。

(4)操作步骤:

① 初始化一个内点作为初始解;

② 在每次迭代中,更新内点,使其逐步靠近可行解空间的边界;

③ 在内点的附近计算目标函数的梯度,寻找最优解;

④ 通过迭代计算,在可行解空间内搜索,直到找到最优解或达到停止条件。

第五节 油气产量规划模型的能源转型因素整合

一、地质条件因素的整合

地质条件直接影响着油气勘探、开发和生产的效率和成本。通过将地质条件量化并纳入产量规划模型中，可以更准确地预测油气产量，优化生产计划，提高资源利用效率，降低生产成本，并最大限度地实现产量规划的目标。

1. 如何量化地质条件

（1）储量评估。储量是衡量一个油气田潜在产量的重要指标。储量评估采用地质勘探和测井技术，结合地质地球物理模型，对储层厚度、含油气层面积、孔隙度、渗透率等参数进行评估和计算。这些参数被转化为数值，作为产量规划模型的输入。

（2）产量模拟。地质模型考虑了地层结构、地质构造、岩性分布等因素，并结合了地球物理勘探和岩心分析数据，能够精细描述储层的空间分布特征。基于地质模型的数值模拟技术模拟不同开采方案的油气产量，预测产量和开发方案的经济效益。

（3）风险评估。通过分析地质参数的变化范围和概率分布，评估由地质不确定性带来的风险大小和对产量的影响程度。采用蒙特卡洛模拟，将地质风险量化为概率分布，并纳入产量规划模型中。

2. 量化地质条件的步骤

（1）收集地质参数：收集有关油气田地质特征的数据，包括储量、储层厚度、渗透率、原油黏度等信息。

（2）数据清洗：去除异常值、填补缺失值、数据平滑，确保数据的质量和准确性。

（3）建立地质参数与产量的相关性模型：使用多元线性回归建立储层厚度、渗透率等地质参数与产量的相关性模型。

（4）建立地质参数模型：基于统计分析、地质模拟、地理信息系统，建立地质参数分布模型，用于描述油气田储层的地质特征。

（5）将地质条件集成到产量规划模型中：地质参数作为模型的输入变量，或将地质条件的影响加作为产量规划的约束条件。

（6）模型验证与调整：利用历史数据验证集成模型的准确性和可靠性，并根据实际情况进行调整和优化。

（7）敏感性分析，通过参数敏感性分析来评估地质参数对产量规划模型的影响程度。

二、技术进步因素的整合

技术进步直接影响油气勘探、开发和生产的效率、成本及可行性。通过技术进步量化并纳入产量规划模型中，可更合理、更准确地预测油气产量，优化生产计划，提高资源利用效率，降低生产成本，并最大限度地实现产量规划的目标。

1. 影响产量规划的技术进步因素

（1）技术进步参数。使用技术创新指标、技术效率指标表示技术进步的程度、新技术的应用程度，以及技术水平的提高情况

（2）生产效率提升。技术进步通常会带来生产效率的提升，例如，新的钻井技术、油藏开采技术等可以提高生产速度和效率。通过将生产效率提升量化为生产率的增长率或生产成本的下降率，可以反映技术进步对产量的影响。

（3）成本降低。技术进步还可以降低生产成本，例如，新的采油技术可以降低开采成本，新的地质勘探技术可以降低勘探成本。通过将成本降低量化为成本指标的下降率，可以反映技术进步对产量规划的经济效益。

（4）降低风险。技术进步还可以减少生产过程中的风险和不确定性，例如，新的地质勘探技术可以提高资源评估的准确性，减少勘探风险。通过将风险减少量化为风险指标的下降率，可以反映技术进步对产量规划的风险管理效果。

2. 量化技术进步的步骤

（1）确定用于衡量技术进步的指标或参数，涉及新技术引入、生产效率提高、成本降低等方面。

（2）收集与技术进步相关的数据，包括行业报告、研究论文、技术创新报告、历史数据、行业趋势、专利信息等。

（3）数据清洗，包括历史数据、技术创新报告、专利信息、行业趋势分析等。

（4）建立技术进步模型。基于统计分析、趋势预测、专家判断等方法得出模型，用于描述技术进步的发展趋势。

（5）确定技术进步与产量的关系。基于历史数据和因果逻辑分析，建立技术进步与产量之间的数学模型或者规则模型。

① 多元线性回归数学模型。产量 Y 受到技术进步 X 的影响：

$$Y=\beta_0+\beta_1 X+\varepsilon$$

式中　β_0、β_1——回归系数；

ε——误差项。

② 规则模型。基于专家知识或经验，制定一组规则来描述技术进步对产量的影响：

技术进步→产量增加、开采成本降低。

（6）将技术进步集成到产量规划模型中。将技术进步指标或参数作为模型中独立的输入变量，或将技术进步的影响因素及影响程度加入产量规划模型的约束条件或目标函数中。

（7）验证集成技术进步后的产量规划模型的准确性和可靠性。利用历史数据进行模型验证，根据拟合程度进行系数的调整和优化，并通过敏感性分析来评估技术进步对产量规划模型的影响程度。

三、市场需求因素的整合

将市场需求量化并纳入油气产量规划模型中，以反映不同市场需求因素对油气产量的影响。

1. 影响产量规划的市场需求因素

1）能源消费量

将市场需求量化为能源消费量。根据历史数据和趋势分析，预测未来的能源消费量，从而确定油气产量规划的基准。能源消费量数据来源包括国家统计局发布的能源消费统计数据、国际能源署（IEA）发布的能源展望报告等。

例如，某国 2022 年、2023 年、2024 年能源消费量分别为 1000 万吨、1050 万吨、1100 万吨石油当量（TOE），预测 2025 年、2026 年能源消费量为 1150 万吨、1200 万吨，通过这种方式就量化了未来几年的市场需求量。

2）清洁能源需求

随着能源转型的推进，清洁能源的需求将逐渐增加。可通过分析清洁能源市场的增长趋势、政策支持力度等因素量化清洁能源的需求。例如，根据太阳能和风能等清洁能源的装机容量和发电量数据，预测清洁能源的需求量。

例如，某国太阳能和风能装机容量 2023 年为 1000 兆瓦和 500 兆瓦，2024 年为 1100 兆瓦和 600 兆瓦，预测 2025 年为 1200 兆瓦和 700 兆瓦，2026 年为 1300 兆瓦和 800 兆瓦，这样就量化了未来几年的清洁能源市场需求量。

3）油气价格

表征市场的供需关系，直接影响着市场需求的变化。通过分析油气价格的波动情况、趋势预测等方法，可以量化市场对油气的需求。例如，当油价上涨时，人们可能会更倾向于选择清洁能源，从而影响油气的市场需求。

例如，某国 2022 年、2023 年、2024 年的油价分别为 50 美元/桶、60 美元/桶、70 美元/桶，预测 2025 年、2026 年分别为 80 美元/桶、90 美元/桶。这样就量化了未来几年的市场需求变化。

4）政策支持

环保政策、能源政策等会直接影响到油气产量的需求。通过分析政策对油气市场的影响程度和政策实施的力度，可以量化政策对市场需求的影响。

例如，某国家出台了清洁能源的鼓励政策，2023 年、2024 年对清洁能源补贴额度分别为 1000 万元、1500 万元。预测 2025 年、2026 年将达到 2000 万元、2500 万元。这样就量化了政策对市场需求的影响。

2. 量化市场需求的步骤

1）确定市场范围

全球市场、特定地区市场（如北美、欧洲、亚洲等）或者特定国家市场。

2）确定衡量市场需求的指标

油气需求量、市场价格、市场份额、市场增长率等方面的指标。

3）分析石油和天然气的供给情况

包括全球产量、储备量、生产成本等，以及各个国家或地区的产能。

4）建立市场需求模型

基于统计分析、趋势预测、市场调研等方法建立模型，用于描述市场需求的发展趋势：

（1）收集油气产量、（工业、交通、家庭等各领域的）消费量、存储量、价格。

（2）将各国家或地区的石油、天然气消费量相加，得到全球或者特定市场的石油和天然气总的需求量。

（3）建立需求量预测模型：需求量作为因变量，其余参数作为自变量，对历史数据采用多元线性回归：

① 考虑市场发展趋势、经济增长率、工业和交通领域的需求增长等因素，对未来的需求量进行预测和估算；

② 考虑可再生能源的发展和使用，以及政府对清洁能源的支持力度，这些因素会影响石油和天然气的需求量。

5）考虑不确定性

经济衰退、能源政策调整、新能源技术发展等会影响预测结果，通过灵敏度分析来评估不确定性影响。

6）分析市场需求与产量的关系

建立描述石油需求与产量间关系的线性模型：

（1）单因素模型：假设石油需求量 D 与石油价格 P 之间存在负向关系，油价越高，需求量越低，可表示为：

$$D=a-bP$$

式中 a——石油基本需求量，表示在价格为零时的需求量；

b——价格的负斜率，表示单位价格上涨对需求量的影响程度。

将历史数据代入模型中，通过回归分析估算参数 a 和 b。

（2）复合模型：将市场需求集成到产量模型中，将市场需求指标或参数作为模型中独立的输入变量，或将市场需求的影响因素及影响程度加入产量规划模型的约束条件或目标函数中。

7）模型验证与调整

验证集成市场需求后的产量规划模型的准确性和可靠性，并根据实际情况进行调整和优化。需要利用历史数据进行模型验证，或者进行敏感性分析来评估市场需求对产量规划模型的影响程度。

四、政策法规因素的整合

将政府制定的政策、法规量化，并纳入油气产量规划模型中，是制定有效生产计划和战略决策的关键步骤。

1. 影响产量规划的政策法规因素

1）政策支持力度

通过政府出台的各项政策、法规及财政、税收等方面的支持度来体现。例如，政府是否提供补贴、减免税收，以及对清洁能源的鼓励程度等。

例如，某国政府出台了支持清洁能源发展的政策，支持力度如下：提供清洁能源发展补贴1000万元/年，减免清洁能源企业税收100万元/年，设立清洁能源产业基金，每年投入500万元。这些政策支持力度可以量化为直接的资金数额，作为政策支持指标纳入产量规划模型中。

2）环境保护政策

政府出台的环保政策涉及减排目标、排放标准、环保投入等方面。环保政策的严格程度影响到油气产业的生产方式、生产成本和产量水平。

例如，某国政府出台了严格的环保政策，要求油气企业减排并实施环保技术升级，内容如下：实施严格的排放标准，要求油气企业年度减排20%，对未达标企业进行罚款，罚款金额按照超标排放量计算。这些政策可以被量化为减排目标和罚款金额，作为环保政策指标，纳入产量规划模型中。

3）产业准入政策

规定油气产业的准入条件、审批流程、外资进入限制等，从而影响到油气企业的发展计划和产量调整。

例如，某国政府对外资进入油气产业采取了限制措施，产业准入政策如下：对外资企业设立的油气项目进行审批，审批流程较为复杂，需2年以上；外资企业在油气产业的投资额度受到限制，最高不得超过本国企业的50%。这些准入限制政策可以量化为审批时间和投资额度限制，作为产业准入政策指标纳入产量规划模型中。

4）价格管理政策

政府通过定价机制、价格管控等方式来调节油气价格，从而影响到油气生产企业的盈利水平和产量决策。

例如，某国政府通过定价机制来管理油气价格，价格管理政策如下：政府制定油气价格指导价，企业按照指导价进行定价，超过指导价部分需上缴一定比例的利润；对油气价格进行定期调整，根据市场供需和国际油价变化进行调整。这些价格管理政策可以量化为指导价和调整频率，作为价格管理政策指标纳入产量规划模型中。

5）其他政策因素

政府还可以通过国家能源安全战略、国际贸易政策等其他手段来影响油气产量规划。

2. 政策法规因素的量化方法

（1）油气产量政策法规分析：包括能源政策、环境法规、安全标准等，从中确定与产量规划相关的具体影响因素

（2）将这类因素转化为可量化的指标参数：环保要求转化为排放限制数值，开采许可转化为开采面积或开采周期的限制

（3）将政策对产量的影响考虑进产量规划模型：

① 政策约束和指导作用：政策会设定一些目标、要求和限制，对产量规划的方向和目标产生影响。因此，在建立产量规划模型时，需要考虑政策的这些要求，并将其作为约束条件或优化目标来处理。

② 风险评估与应对策略：政策的变化会带来不确定性和风险。因此，需要在产量规划模型中加入风险评估和应对策略，以应对政策变化可能带来的影响。通过制定相应的风险管理策略和应对措施来实现。

③ 弹性调整机制：政策变化可能导致产量规划的调整，可在模型中设计弹性调整机制，使产量规划具有一定的适应性和灵活性。这包括制定弹性的产量目标、灵活的资源配置方案等。

（4）建立政策影响模型：描述政策对产量的限制、约束或激励，方法如下：

① 回归分析：将政策变量作为自变量，产量作为因变量，建立回归模型，通过回归系数的估计，量化政策对产量的影响。

② 敏感性分析：设定政策场景，对比不同场景下的产量，评估政策变化对产量规划的稳健性，以及对产量的影响程度。

3. 示例

[例1] 某国政府出台了限制油气价格上涨的政策，规定油气价格在一定时间内不能超过某个上限。

（1）回归分析：发现政策对油气价格的影响，进而估计政策变化对市场供应和需求的影响程度。

（2）敏感性分析：评估政策变化对产量规划模型的稳健性，探讨不同政策情景下产量的变化情况。

（3）调整与优化：在价格管制政策下，应如何调整产量规划模型中的生产成本和资源配置，以适应政策变化可能带来的影响。

[例2] 某国政府发布了新的环保法规，规定未来五年内每年甲烷排放量的递减目标，以降低温室气体排放。

（1）政策分析：分析该环保法规的具体要求和影响，包括减排目标、实施时间、适用范围等。

（2）量化影响因素：将减排目标转化为每年甲烷排放量，确定每年的减排量。

（3）建立政策影响模型：假设甲烷排放量 M 与产量 P 之间存在线性关系，即每增加一单位产量，甲烷排放量按固定比例增加。

（4）模型参数设定：根据政策要求或专家评估确定模型中的参数。

（5）模型整合：将建立的政策影响模型整合到产量规划模型中，作为一个约束条件，确保产量规划方案满足环保法规的要求。

五、地缘政治因素的整合

1. 影响油气产量规划的地缘政治因素

（1）地区稳定性。政治动荡、地区冲突、恐怖主义活动等都将导致油气生产中断或供应不稳定。因此，通过对地区政治稳定性的评估来量化地缘政治因素。通过统计历史数据、分析地区政治体制、评估国际关系等来实现。

（2）地缘政治事件。地缘政治事件的发生会对油气产量和供应造成直接影响。因此，需要对地缘政治事件的风险进行评估，包括地区冲突、政治动荡、恐怖袭击等事件的发生概率、影响范围和持续时间进行分析和评估。

（3）政治关系。国际政治关系对油气产量和供应也有着重要影响。例如，国与国之间的贸易关系、战略合作关系、冲突关系等都可能影响到油气的生产和供应。因此，可以通过分析国际政治关系的稳定性和变化趋势来量化地缘政治因素。

（4）地缘政治风险。将地缘政治因素量化为具体的风险指标，例如，地缘政治风险指数、政治不稳定指数等，用于评估不同地区的政治风险水平。这些指标可以通过综合考虑政治事件、政治关系、地缘政治事件风险等因素来计算得出。

2.油气产量规划模型整合地缘政治因素的步骤

（1）确定地缘政治影响因素。确定当前与产量规划相关的主要及重要影响因素。

（2）确立地缘政治影响因素的量化方案。用地区冲突的发生频率、影响范围、持续时间来衡量地区冲突的严重程度；用国际制裁次数、制裁涉及的国家数来衡量国际制裁的严重程度；将地缘政治对产量的限制转化为产量削减量的数值。

（3）建立油气产量规划的地缘政治影响模型。描述地缘政治对产量的限制、约束或激励作用。参数来自历史数据分析、政治事件预测，或根据专家判断进行设定。

例如，建立一个线性模型来描述地缘政治紧张局势对某国石油产量的影响：

$$油气产量 = 基础产量 - \alpha \times 地缘政治紧张度$$

式中　基础产量——没有地缘政治紧张局势下该国的油产量；

α——地缘政治紧张度对产量的影响系数，紧张度增加，则产量减少。

（4）产量预测。应用建立的模型进行油气产量规划和预测，考虑到地缘政治因素，制定符合地缘政治风险的油气产量规划方案

3.示例

1）需求一

某国政府评估一段时间内中东地区的政治稳定性，考虑以下指标：

（1）地区内部冲突发生频率；

（2）恐怖袭击事件数量；

（3）政治领导人更替频率；

（4）国际关系紧张程度。

这些指标可通过历史数据分析和对地区政治局势的调研来获取，然后综合计算得出地区的政治稳定性评分。

2）需求二

某国政府关注地中海地区的地缘政治事件风险，考虑以下指标：

（1）地区冲突的历史发生频率；

（2）地区恐怖袭击事件的历史发生频率；

（3）地区政治动荡的程度评估。

这些指标用于评估地中海地区地缘政治事件发生的概率和对油气供应的影响。

3）政治关系评估

某国政府关注与邻国的政治关系，考虑以下指标：

（1）双方贸易关系的历史发展情况；

（2）双方政治互动的频率和积极程度；

（3）双方是否存在领土争端或其他政治冲突。

这些指标可以用于评估与邻国的政治关系的稳定性和合作程度。

4）地缘政治风险指标

某国政府希望量化地缘政治风险，考虑以下指标：

（1）地缘政治事件数量和频率；

（2）地缘政治事件的影响范围和持续时间；

（3）地缘政治事件的潜在影响因素分析。

利用这些指标计算地缘政治风险指数，用于评估不同地区的地缘政治风险水平。

5）综合

某国油产量受地缘政治影响较大，政治局势紧张，导致供应频繁被中断。需将地缘政治因素量化进产量规划模型：

（1）地缘政治分析：分析该国所处地区的政治情况，包括地区冲突、国际制裁。

（2）量化影响因素：将地缘政治因素转化为可量化的指标，如地区冲突频率、国际制裁次数。

（3）建立地缘政治影响模型：描述地缘政治因素对产量规划的影响，例如，地区冲突发生的概率（与供应中断概率成正比）。

（4）模型参数设定：根据政治分析和历史数据，确定地缘政治影响模型中的参数。

（5）将建立的地缘政治影响模型整合到产量规划模型中，作为一个约束条件，确保产量规划方案考虑到地缘政治风险。

参 考 文 献

[1] 舒印彪, 张丽英, 张运洲, 等. 我国电力碳达峰碳中和路径研究[J]. 中国工程科学, 2021, 23(6): 1-14.

[2] 庄贵阳. 中国经济低碳发展的途径与潜力分析[J]. 国际技术经济研究, 2005, 8(3): 8-12.

[3] 金乐琴, 刘瑞. 低碳经济与中国经济发展模式转型[J]. 经济问题探索, 2009, 1(5).

[4] 陈菡, 陈文颖, 何建坤. 实现碳排放达峰和空气质量达标的协同治理路径[J]. 中国人口·资源与环境, 2020, 30(10): 12-18.

[5] 侯梅芳, 潘松圻, 刘翰林. 世界能源转型大势与中国油气可持续发展战略[J]. 天然气工业, 2021, 41(12).

[6] Masson-Delmotte V, Zhai P, Pirani A, et al. Climate change 2021: the physical science basis[J]. Contribution of working group I to the sixth assessment report of the intergovernmental panel on climate change, 2021, 2(1): 2391.

[7] Renner M, Garcia-Banos C, Khalid A. Renewable energy and jobs: annual review 2022[J]. ILO: Abu Dhabi, United Arab Emirates, 2022.

[8] Jacobson M Z, Delucchi M A. Providing all global energy with wind, water, and solar power, Part I: Technologies, energy resources, quantities and areas of infrastructure, and materials[J]. Energy policy, 2011, 39(3): 1154-1169.

[9] Clulow Z, Reiner D M. Democracy, economic development and low-carbon energy: When and why does democratization promote energy transition?[J]. Sustainability, 2022, 14(20): 13213.

[10] United Nations Environment Programme(UNEP). Global Trends in Renewable Energy Investment 2020[R]. Nairobi: UNEP, 2020.

[11] 许洪华, 邵桂萍, 鄂春良, 等. 我国未来能源系统及能源转型现实路径研究[J]. 发电技术, 2023, 44(4): 484.

[12] 毛健雄, 郭慧娜, 吴玉新. 中国煤电低碳转型之路: 国外生物质发电政策/技术综述及启示[J]. 洁净煤技术, 2022, 28(3).

[13] Tanaka K, O'Neill B C. The Paris Agreement zero-emissions goal and the role of low-carbon energy[J]. Nature Climate Change, 2018, 8(4): 319-324.

[14] Brown M A, Sovacool B K. Low-carbon energy transitions in the United States: Lessons from the states[J]. Energy Research & Social Science, 2021, 75: 102006.

[15] REN21. Renewables 2023 Global Status Report[R]. Paris: REN21 Secretariat, 2023.

[16] 肖艳, 李晓雪. 新西兰碳排放交易体系及其对我国的启示[J]. 北京林业大学学报(社会科学版), 2012, 11(3): 62-68.

[17] 张文忠, 余建辉. 中国资源型城市转型发展的政策演变与效果分析[J]. 自然资源学报, 2023, 38(1): 22-38.

[18] 任力. 国外发展低碳经济的政策及启示[J]. 发展研究, 2009, 2: 23-27.

[19] 张艳, 郑贺允, 葛力铭. 资源型城市可持续发展政策对碳排放的影响[J]. 财经研究, 2022, 48(1).

[20] Climate change 2014: mitigation of climate change[M]. Cambridge: Cambridge University Press, 2015.

[21] 杨宇, 何则. 中国海外油气依存的现状、地缘风险与应对策略[J]. 资源科学, 2020, 42(8):

1614-1629.

[22] 谭娟, 陈晓春. 基于产业结构视角的政府环境规制对低碳经济影响分析[J]. 经济学家, 2011, 10: 91-97.

[23] 李国欣, 雷征东, 董伟宏, 等. 中国石油非常规油气开发进展, 挑战与展望[J]. 中国石油勘探, 2022, 27(1): 1.

[24] International Energy Agency (IEA). World Energy Outlook 2022[R]. Paris: IEA, 2022.

[25] Bai Y, Dahl C. Evaluating the impact of low-carbon technologies on oil and gas production planning[J]. Energy Economics, 2020, 92: 104947.

[26] 黄维和, 韩景宽, 王玉生, 等. 我国能源安全战略与对策探讨[J]. 中国工程科学, 2021, 23(1): 112-117.

[27] 朱永楠, 苏健, 王建华, 等. 西部地区油气资源开发与水资源协同发展模式探索[J]. 中国工程科学, 2021, 23(3): 129-134.

[28] 窦立荣, 王作乾, 郜峰, 等. 跨国油气勘探开发在保障国家能源安全中的作用[J]. 中国科学院院刊, 2023, 38(1): 59-71.

[29] 邝嫦娥, 李文意, 黄小丝. 长江中游城市群碳排放强度与经济高质量发展耦合协调的时空演变及驱动因素[J]. 经济地理, 2022, 42(8): 30-40.

[30] 金凤君, 马丽, 许堞. 黄河流域产业发展对生态环境的胁迫诊断与优化路径识别[J]. 资源科学, 2020, 42(1): 127-136.

[31] Estronca C. BP: Responsible leadership at the core of an oil company[D]. Universidade Catolica Portuguesa (Portugal), 2023.

[32] Stern N. The Economics of Climate Change: The Stern Review[M]. Cambridge: Cambridge University Press, 2007.

[33] Gielen D, Boshell F, Saygin D, et al. The role of renewable energy in the global energy transformation[J]. Energy Strategy Reviews, 2019, 24: 38-50.

[34] 陆家亮, 赵素平, 孙玉平, 等. 中国天然气产量峰值研究及建议[J]. 天然气工业, 2018, 38(1).

[35] 胡洪瑾, 李登华, 赵凯, 等. 我国油气资源量—储量—产量关系解析: 兼评全国油气资源评价发展方向[J]. 石油实验地质, 2023, 45(2): 222-228.

[36] 匡立春, 刘合, 任义丽, 等. 人工智能在石油勘探开发领域的应用现状与发展趋势[J]. 石油勘探与开发, 2021, 48(1): 1-11.

[37] 李国欣, 雷征东, 董伟宏, 等. 中国石油非常规油气开发进展、挑战与展望[J]. 中国石油勘探, 2022, 27(1): 1.

[38] 李阳, 廉培庆, 薛兆杰, 等. 大数据及人工智能在油气田开发中的应用现状及展望[J]. 中国石油大学学报(自然科学版), 2020, 44(4).

[39] Chudy R P, Sjølie H K, Solberg B. Incorporating risk in forest sector modeling–state of the art and promising paths for future research[J]. Scandinavian Journal of Forest Research, 2016, 31(7): 719-727.

[40] Höök M, Tang X. Depletion of fossil fuels and anthropogenic climate change: A review[J]. Energy policy, 2013, 52: 797-809.

[41] Nashawi I S, Malallah A, Al-Bisharah M. Forecasting world crude oil production using multicyclic Hubbert model[J]. Energy & Fuels, 2010, 24(3): 1788-1800.

[42] 刘合，李艳春，贾德利，等.人工智能在注水开发方案精细化调整中的应用现状及展望［J］.石油学报，2023，44（9）：1574.

[43] 张锦良，丁显峰，刘志斌.油田开发多目标产量分配模型及其应用算法研究［J］.西南石油学院学报，2005，27（2）：53-56.

[44] 唐尧，祝炜平，张慧，等.InVEST模型原理及其应用研究进展［J］.生态科学，2015，34（3）：204-208.

[45] 张摇凯，陈国栋，薛小明，等.基于主成分分析和代理模型的油藏生产注采优化方法［J］.中国石油大学学报（自然科学版），2020，44（3）.

[46] Bertsimas D, Tsitsiklis J N. Introduction to Linear Optimization［M］. Belmont: Athena Scientific, 1997.

[47] NOH N M. Stochastic Optimisation Model of Oil Refinery Industry and Uncertainty Quantification in Scenario Tree of Pricing and Demand［D］. Johor Bahru: Universiti Teknologi Malaysia, 2022.

[48] Grossmann I E, Furman K C. Challenges in enterprise wide optimization for the process industries［M］//Optimization and Logistics Challenges in the Enterprise. Boston: Springer US, 2009: 3-59.

[49] Rardin R L, Rardin R L. Optimization in operations research［M］. Upper Saddle River, NJ: Prentice Hall, 1998.

[50] 孙静春，赵庆宁，李双杰.线性规划在长庆油田集输系统中的应用研究［J］.中国企业运筹学［2011（1）］，2011.

[51] 宫敬，史博会，李晓平，等.油气管网仿真技术在智能管网建设中的应用及展望［J］.油气储运，2023，42（9）：988-997.

[52] 计秉玉，顾基发.优化方法在油田开发决策中应用综述［J］.系统工程理论与实践，2000，20（3）：120-124.

[53] Dantzig G B. Linear programming and extensions［M］//Linear programming and extensions. Princeton: Princeton university press, 2016.

[54] Bellman R E, Dreyfus S E. Applied dynamic programming［M］. Princeton: Princeton university press, 2015.

[55] 李阳，廉培庆，薛兆杰，等.大数据及人工智能在油气田开发中的应用现状及展望［J］.中国石油大学学报（自然科学版），2020，44（4）.

[56] 刘志斌，丁辉，高珉，等.油田开发规划产量构成优化模型及应用［J］.石油学报，2004，25（1）：62.

[57] 周济民，张海晨，王沫然.基于物理经验模型约束的机器学习方法在页岩油产量预测中的应用［J］.应用数学和力学，2021，42（9）：881-890.

[58] 25 耿黎东.大数据技术在石油工程中的应用现状与发展建议［J］.石油钻探技术，2021，49（2）：72-78.

[59] Russell S J, Norvig P. Artificial intelligence: a modern approach［M］.New York: Pearson, 2016.

[60] Goldberg D E. Genetic Algorithms in Search, Optimization and Machine Learning［M］. Hoboken: Addison-Wesley Publishing Company, 1989.

[61] Galperova E, Mazurova O. Digitalization and energy consumption［C］//VIth International Workshop'Critical Infrastructures: Contingency Management, Intelligent, Agent-Based, Cloud Computing and Cyber Security'（IWCI 2019）. Dordrecht: Atlantis Press, 2019: 55-61.

[62] Kennedy J, Eberhart R. Particle swarm optimization [C] //Proceedings of ICNN'95-international conference on neural networks. IEEE, 1995, 4: 1942-1948.

[63] 王敏生, 姚云飞. 碳中和约束下油气行业发展形势及应对策略 [J]. 石油钻探技术, 2021, 49 (5): 1-6.

[64] 林伯韬, 郭建成. 人工智能在石油工业中的应用现状探讨 [J]. 石油科学通报, 2019, 4 (4): 403-413.

[65] 李宁, 徐彬森, 武宏亮, 等. 人工智能在测井地层评价中的应用现状及前景 [J]. 石油学报, 2021, 42 (4): 508-522.

[66] 崔红升, 魏政. 物联网技术在油气管道中的应用展望 [J]. 油气储运, 2011, 30 (8): 603-607.

[67] Sovacool B K. Who are the victims of low-carbon transitions？ Towards a political ecology of climate change mitigation [J]. Energy Research & Social Science, 2021, 73: 101916.

[68] Pan X, Ma X, Zhang Y, et al. Implications of carbon neutrality for power sector investments and stranded coal assets in China [J]. Energy Economics, 2023, 121: 106682.

[69] van de Graaf T, Bradshaw M. Stranded wealth: rethinking the politics of oil in an age of abundance [J]. International Affairs, 2018, 94 (6): 1309-1328.

[70] Gielen D, Gorini R, Wagner N, et al. Global energy transformation: a roadmap to 2050 [R]. Abu Dhabi: International Renewable Energy Agency, 2019.

[71] 罗志立. 中国地质构造背景的特殊性对油气勘探产生的影响 [J]. 中国石油勘探, 2001, 6 (1): 7.

[72] 郝芳, 邹华耀, 倪建华, 等. 沉积盆地超压系统演化与深层油气成藏条件 [J]. 地球科学, 2002, 27 (5): 610-615.

[73] 贾承造, 赵文智, 邹才能, 等. 岩性地层油气藏勘探研究的两项核心技术 [D]. 石油勘探与开发, 2004, 31 (3): 3-9.

[74] 王清华, 徐振平, 张荣虎, 等. 塔里木盆地油气勘探新领域、新类型及资源潜力 [J]. 石油学报, 2024, 45 (1): 15.

[75] Allen P A, Allen J R. Basin analysis: Principles and application to petroleum play assessment [M]. Hoboken: John Wiley & Sons, 2013.

[76] Selley R C. Elements of petroleum geology [M]. Oxford: Gulf Professional Publishing, 1998.

[77] Bjorlykke K. Petroleum geoscience: From sedimentary environments to rock physics [M]. Berlin: Springer Science & Business Media, 2010.

[78] Gluyas J G, Swarbrick R E. Petroleum geoscience [M]. Hoboken: John Wiley & Sons, 2021.

[79] 和婷婷, 张强. 知识图谱在油气勘探开发中的应用现状与发展趋势 [J]. 天然气工业, 2024, 44 (9).

[80] 秦勇. 中国深部煤层气地质研究进展 [J]. 石油学报, 2023, 44 (11): 1791.

[81] 付锁堂, 王大兴, 姚宗惠. 鄂尔多斯盆地黄土塬三维地震技术突破及勘探开发效果 [J]. 中国石油勘探, 2020, 25 (1): 67.

[82] 李宁, 徐彬森, 武宏亮, 等. 人工智能在测井地层评价中的应用现状及前景 [J]. 石油学报, 2021, 42 (4): 508-522.

[83] Nichols G. Sedimentology and stratigraphy [M]. Hoboken: John Wiley & Sons, 2009.

[84] Tissot B P, Welte D H. Petroleum formation and occurrence [M]. Berlin: Springer Science & Business Media, 2013.

[85] Sheriff R E, Geldart L P. Exploration seismology [M]. Cambridge: Cambridge university press, 1995.

[86] 周东延, 李洪辉. "油气运移动态富集"概念及其在塔里木台盆区油气勘探中的应用 [J]. 石油勘探

与开发，2000，27（1）：2-6，11.

[87] 彭苏萍，邹冠贵，李巧灵.测井约束地震反演在煤厚预测中的应用研究[J].中国矿业大学学报，2008，37（6）：729-733.

[88] 陆江，邓孝亮.非线性统计法在油气资源评价中的应用[J].特种油气藏，2018，25（3）：170.

[89] 郑贵洲.地理信息系统（GIS）在地质学中的应用[J].地球科学：中国地质大学学报，1998，23（4）：420-423.

[90] Brown A R. Interpretation of three-dimensional seismic data[M]. Tulsa: Society of Exploration Geophysicists and American Association of Petroleum Geologists, 2011.

[91] Pyrcz M J, Deutsch C V. Geostatistical reservoir modeling[M]. Oxford: Oxford university press, 2014.

[92] Aziz K. Petroleum reservoir simulation[J]. London: Applied Science Publishers, 1979: 476.

[93] 李晓骁，任晓娟，罗向荣.低渗透致密砂岩储层孔隙结构对渗吸特征的影响[J].油气地质与采收率，2018，25（4）.

[94] 蔡忠.储集层孔隙结构与驱油效率关系研究[J].石油勘探与开发，2000，27（6）：45-46.

[95] 杨宸，杨二龙，安艳明，等.致密储层孔隙结构对渗吸的影响研究进展[J].特种油气藏，2024，31（4）：10.

[96] 张宁宁，何登发，孙衍鹏，等.全球碳酸盐岩大油气田分布特征及其控制因素[J].中国石油勘探，2014，19（6）：54.

[97] Sorkhabi R. A history of petroleum geoscience textbooks[J]. London: Applied Science Publishers, 2015.

[98] Kerr B G. Sustaining and rapid response engineering in the reservoir sampling and pressure group of the commercial products and support organization at Schlumberger Sugar Land Technology Center[D]. College Station: Texas A&M University, 2007.

[99] Jahn Frank, Mark Cook, Mark Graham. Hydrocarbon exploration and production[M]. Amsterdam: Elsevier, 2008.

[100] 杨雷，金之钧.全球页岩油发展及展望[J].中国石油勘探，2019，24（5）：553.

[101] 田军，杨海军，朱永峰，等.塔里木盆地富满油田成藏地质条件及勘探开发关键技术[J].石油学报，2021，42（8）：971.

[102] 郭秋麟，陈宁生，吴晓智，等.致密油资源评价方法研究[J].中国石油勘探，2013，18（2）：67.

[103] 邹才能，张光亚，陶士振，等.全球油气勘探领域地质特征，重大发现及非常规石油地质[J].石油勘探与开发，2010，37（2）：129-145.

[104] Ali L, Khan S, Bashmal S, et al. Fatigue crack monitoring of T-type joints in steel offshore oil and gas jacket platform[J]. Sensors, 2021, 21（9）: 3294.

[105] 王学军，蔡加铭，魏小东.油气勘探领域地球物理技术现状及其发展趋势[J].中国石油勘探，2014，19（4）：30.

[106] 蒋廷学，王海涛，卞晓冰，等.水平井体积压裂技术研究与应用[J].岩性油气藏，2018，30（2）：1-11.

[107] 龚斌，王虹雅，王红娜，等.基于大数据分析算法的深部煤层气地质—工程一体化智能决策技术

[J]．石油学报，2023，44（11）：1949．

[108] 徐威，阎继宏，邢通．油气行业数字化转型路径探索[J]．中国油气，2022，40（3）．

[109] Egbumokei P I，Dienagha I N，Digitemie W N，et al. Sustainable business strategies for decarbonizing the oil and gas industry: A roadmap to net-zero emissions[J]．Gels，2024，10（3）：225．

[110] Wenten I G，Khoiruddin K，Siagian U W R. Green energy technologies: a key driver in carbon emission reduction[J]．Journal of Engineering and Technological Sciences，2024，56（2）：143-192．

[111] Li Y，Siegel H G，Thelemaque N A，et al. Conventional Fossil Fuel Extraction, Associated Biogeochemical Processes, and Topography Influence Methane Groundwater Concentrations in Appalachia[J]．Environmental Science & Technology，2023，57（48）：19702-19712．

[112] Reifsnyder S. Dynamic Process Modeling of Wastewater-Energy Systems[D]．Irvine: University of California，2020．

[113] Sheng K，He Y，Du M，et al. The Application Potential of Artificial Intelligence and Numerical Simulation in the Research and Formulation Design of Drilling Fluid Gel Performance[J]．Gels，2024，10（6）：403．

[114] 刘东海，邱晓红．遥感技术在油气勘探中的应用及研究进展[J]．石油勘探与开发，1992，19（2）：44-48．

[115] 刘双，胡祥云，郭宁，等．无人机航磁测量技术综述[J]．武汉大学学报（信息科学版），2023，48（6）．

[116] 付金华，石玉江，侯雨庭，等．成像测井技术在长庆低渗透油气藏勘探中的应用[J]．中国石油勘探，2002，7（4）：51．

[117] 柳建新，郭天宇，王博琛，等．油气勘探中海洋电磁技术的研究进展[J]．石油物探，2021，60（4）：527-538．

[118] 赵邦六，雍学善，高建虎，等．中国石油智能地震处理解释技术进展与发展方向思考[J]．中国石油勘探，2021，26（5）：12．

[119] Zhao T，Wang S，Ouyang C，et al. Artificial intelligence for geoscience: Progress, challenges and perspectives[J]．The Innovation，2024．

[120] Fida K，Abbasi U，Adnan M，et al. Integration of digital twin, blockchain, artificial intelligence in an IoT Metaverse environment for mitigation and assessment of cascading failure events in smart grids: Recent advancement and future research challenges[J]．IEEE Access，2022，10．

[121] Cantillo-Luna S，Moreno-Chuquen R，Chamorro H R，et al. Blockchain for distributed energy resources management and integration[J]．IEEE Access，2022，10：68598-68617．

[122] Al-Ismael M A，Jamal M S，Awotunde A A. A Comprehensive Review of Advancements in AI-Based Techniques for Field Development Optimization[J]．Arabian Journal for Science and Engineering，2024：1-23．

[123] 李中．中国海油油气井工程数字化和智能化新进展与展望[J]．石油钻探技术，2022，50（2）：1-8．

[124] 胡勇，陈颖莉，李滔．气田开发中"气藏整体治水"技术理念的形成、发展及理论内涵[J]．天然气工业，2022，42（9）．

[125] 冯定，王健刚，张红，等．数字孪生技术在油气钻完井工程中的应用与思考[J]．石油钻探技术，2024，52（5）：26-34．

[126] 阳平坚，彭栓，王静，等．碳捕集、利用和封存（CCUS）技术发展现状及应用展望[J]．中国环

境科学, 2024, 44 (1): 404-416.

[127] Jovičević-Klug P, Rohwerder M. Sustainable New Technology for the Improvement of Metallic Materials for Future Energy Applications [EB/OL]. Coatings, 2023, 13: 1822.

[128] Li G, Yao J. Direct Air Capture (DAC) for Achieving Net-Zero CO_2 Emissions: Advances, Applications, and Challenges [J]. Eng, 2024, 5 (3): 1298-1336.

[129] Xiao H, Amir Z, Mohd Junaidi M U. Development of microbial consortium and its influencing factors for enhanced oil recovery after polymer flooding: A review [J]. Processes, 2023, 11 (10): 2853.

[130] Jani A, Zafari Dehkohneh H, Khajeh Varnamkhasti S, et al. Evaluation of Porous Media Using Digital Core Analysis by Pore Network Modeling Method: A Comprehensive Review [J]. Journal of Chemical and Petroleum Engineering, 2023, 57 (2): 249-285.

[131] 庄贵阳, 潘家华, 朱守先. 低碳经济的内涵及综合评价指标体系构建 [J]. 经济学动态, 2011, 1 (5).

[132] 李美娟, 陈国宏, 肖细凤. 基于一致性组合评价的区域技术创新能力评价与比较分析 [J]. 中国管理科学, 2009, 17 (2): 131-139.

[133] 汪志波. 基于AHP-灰色关联度模型的企业技术创新能力评价 [J]. 统计与决策, 2013 (4): 51-53.

[134] 李彦坡. 多层模糊综合评判在企业技术创新能力评价中的应用 [J]. 成组技术与生产现代化, 2006, 23 (2): 46-49.

[135] Shi J, Yu C, Li Y, et al. Does green financial policy affect debt-financing cost of heavy-polluting enterprises? An empirical evidence based on Chinese pilot zones for green finance reform and innovations [J]. Technological Forecasting and Social Change, 2022, 179: 121678.

[136] Compagnucci L, Spigarelli F. Industrial doctorates: a systematic literature review and future research agenda [J]. Studies in Higher Education, 2024: 1-28.

[137] Lee J D, Eum W, Shin K, et al. Revisiting South Korean industrial development and innovation policies: from implementation capability to design capability [J]. Asian Journal of Technology Innovation, 2023, 31 (3): 625-656.

[138] Schiborn C, Schulze M B. Precision prognostics for the development of complications in diabetes [J]. Diabetologia, 2022, 65 (11): 1867-1882.

[139] 李阳, 廉培庆, 薛兆杰, 等. 大数据及人工智能在油气田开发中的应用现状及展望 [J]. 中国石油大学学报 (自然科学版), 2020, 44 (4).

[140] 张凯, 赵兴刚, 张黎明, 等. 智能油田开发中的大数据及智能优化理论和方法研究现状及展望 [J]. 中国石油大学学报 (自然科学版), 2020, 44 (4).

[141] 李阳, 廉培庆, 薛兆杰, 等. 大数据及人工智能在油气田开发中的应用现状及展望 [J]. 中国石油大学学报 (自然科学版), 2020, 44 (4).

[142] 刘合, 李艳春, 贾德利, 等. 人工智能在注水开发方案精细化调整中的应用现状及展望 [J]. 石油学报, 2023, 44 (9): 1574.

[143] Bravo M E, Brandt M I, van der Grient J M A, et al. Insights from the management of offshore energy resources: Toward an ecosystem-services based management approach for deep-ocean industries [J]. Frontiers in Marine Science, 2023, 9: 994632.

[144] Kaushik Y, Arora P. Investigating the sustainable energy generation potential of an invasive weed: Lantana camara [J]. Environmental Science and Pollution Research, 2024: 1-17.

［145］Chen F，Sun L，Jiang B，et al. A Review of AI Applications in Unconventional Oil and Gas Exploration and Development［J］. Energies，2025，18（2）：391.

［146］李国欣，何海清，梁坤，等.我国油气资源管理改革与中国石油创新实践［J］.中国石油勘探，2021，26（2）：45.

［147］陆家亮，赵素平，孙玉平，等.中国天然气产量峰值研究及建议［J］.天然气工业，2018，38（1）.

［148］黄维和，韩景宽，王玉生，等.我国能源安全战略与对策探讨［J］.中国工程科学，2021，23（1）：112-117.

［149］周淑慧，王军，梁严.碳中和背景下中国"十四五"天然气行业发展［J］.天然气工业，2021，41（2）.

［150］王敏生，姚云飞.碳中和约束下油气行业发展形势及应对策略［J］.石油钻探技术，2021，49（5）：1-6.

［151］Razzak W. OPEC's Dilemma and the Future of Oil：Navigating the Path to Net Zero［M］. Taylor & Francis，2024.

［152］Hasan M M，Hossain S，Mofijur M，et al. Harnessing solar power：a review of photovoltaic innovations，solar thermal systems，and the dawn of energy storage solutions［J］. Energies，2023，16（18）：6456.

［153］Kappner K，Letmathe P，Weidinger P. Causes and effects of the German energy transition in the context of environmental，societal，political，technological，and economic developments［J］. Energy，Sustainability and Society，2023，13（1）：28.

［154］Kim J，Sovacool B K，Bazilian M，et al. Energy, material, and resource efficiency for industrial decarbonization: A systematic review of sociotechnical systems, technological innovations, and policy options［J］. Energy Research & Social Science，2024，112：103521.

［155］史丹，王蕾.能源革命及其对经济发展的作用［J］.产业经济研究，2015，74（1）：1-8.

［156］陈国平，梁志峰，董昱.基于能源转型的中国特色电力市场建设的分析与思考［J］.中国电机工程学报，2020，40（2）：369-379.

［157］徐斌，陈宇芳，沈小波.清洁能源发展，二氧化碳减排与区域经济增长［J］.经济研究，2019，54（7）：188-202.

［158］苏竣，张芳.政策组合和清洁能源创新模式：基于光伏产业的跨国比较研究［J］.国际经济评论，2015，5：132-142.

［159］王彩霞，时智勇，梁志峰，等.新能源为主体电力系统的需求侧资源利用关键技术及展望［J］.电力系统自动化，2021，45（16）：37-48..

［160］张雪纯，曹霞，宋林壕.碳排放交易制度的减污降碳效应研究：基于合成控制法的实证分析［J］.自然资源学报，2024，39（3）：712-730.

［161］黎志成，刘枚莲.电子商务环境下的消费者行为研究［J］.中国管理科学，2012（6）：88-91.

［162］Esposito L. An analysis of renewable energy policies，markets，and resources，through an econometric approach：a comparative study on Italy and Finland［J］. 2024.

［163］Kappner K，Letmathe P，Weidinger P. Causes and effects of the German energy transition in the context of environmental，societal，political，technological，and economic developments［J］. Energy，Sustainability and Society，2023，13（1）：28.

［164］Liu Z，Zhu Z，Gao J，et al. Forecast methods for time series data：A survey［J］. IEEE Access，2021，9：91896-91912.

［165］ Vora L K，Gholap A D，Jetha K，et al. Artificial intelligence in pharmaceutical technology and drug delivery design［J］. Pharmaceutics，2023，15（7）：1916.

［166］ Duarte V，Zuniga-Jara S，Contreras S. Machine learning and marketing：A systematic literature review［J］. IEEE Access，2022，10：93273-93288.

［167］ 刘云鹏，许自强，李刚，等. 人工智能驱动的数据分析技术在电力变压器状态检修中的应用综述［J］. 高电压技术，2019（2）：337-348.

［168］ 贺丽媛，夏军，张利平. 水资源需求预测的研究现状及发展趋势［J］. 长江科学院院报，2007，24（1）：61.

［169］ 王小君，窦嘉铭，刘曌，等. 可解释人工智能在电力系统中的应用综述与展望［J］. 电力系统自动化，2024，48（4）：169-191.

［170］ 毕聪博，唐聿劼，罗永红，等. 电力系统优化控制中强化学习方法应用及挑战［J］. 中国电机工程学报，2023，44（1）：1-21.

［171］ 初良勇，田质广，谢新连. 组合预测模型在物流需求预测中的应用［J］. 大连海事大学学报，2004，30（4）：43-46.

［172］ Baumgartner P，Smith D，Rana M，et al. Movement Analytics：Current Status，Application to Manufacturing，and Future Prospects from an AI Perspective［J］. arXiv preprint arXiv：2210.01344，2022.

［173］ Rezaei A，Abdellatif I，Umar A. Towards Economic Sustainability：A Comprehensive Review of Artificial Intelligence and Machine Learning Techniques in Improving the Accuracy of Stock Market Movements［J］. International Journal of Financial Studies，2025，13（1）：28.

［174］ Siddique S，Chow J C L. Machine learning in healthcare communication［J］. Encyclopedia，2021，1（1）：220-239.

［175］ Taheri S，Andrade J C，Conte-Junior C A. Emerging perspectives on analytical techniques and machine learning for food metabolomics in the era of industry 4.0：a systematic review［J］. Critical Reviews in Food Science and Nutrition，2024：1-27.

［176］ Mazzetto S. Interdisciplinary perspectives on agent-based modeling in the architecture，engineering，and construction industry：a comprehensive review［J］. Buildings，2024，14（11）：3480.

［177］ 李张大永，曹红. 国际石油价格与我国经济增长的非对称性关系研究［J］. 经济学，2014（1）：699-722.

［178］ 刘惠杰. 国际市场石油价格运行机制与我国的政策选择［J］. 上海财经大学学报，2005，7（6）：15-22.

［179］ 刘永奇，陈龙翔，韩小琪. 能源转型下我国新能源替代的关键问题分析［J］. 中国电机工程学报，2021，42（2）：515-523.

［180］ 彭文生. 能源供给冲击下的全球绿色转型［J］. 国际金融，2022，9：3-14.

［181］ Symeonidou M，Papadopoulos A M. Selection and dimensioning of energy storage systems for standalone communities：a review［J］. Energies，2022，15（22）：8631.

［182］ Patel S K S，Gupta R K，Rohit M V，et al. Recent developments in hydrogen production，storage，and transportation：Challenges，opportunities，and perspectives［J］. Fire，2024，7（7）：233.

［183］ Rahman M M，Thill J C. A Comprehensive Survey of the Key Determinants of Electric Vehicle Adoption：Challenges and Opportunities in the Smart City Context［J］. World Electric Vehicle Journal，

2024, 15（12）：588.

［184］Ochoa-Correa D, Arévalo P, Villa-Ávila E, et al. Feasible Solutions for Low-Carbon Thermal Electricity Generation and Utilization in Oil-Rich Developing Countries: A Literature Review［J］. Fire, 2024, 7（10）：344.

［185］任力. 国外发展低碳经济的政策及启示［J］. 发展研究, 2009, 2：23-27.

［186］窦立荣, 李大伟, 温志新, 等. 全球油气资源评价历程及展望［J］. 石油学报, 2022, 43（8）.

［187］林伯强, 刘希颖. 中国城市化阶段的碳排放：影响因素和减排策略［J］. 经济研究, 2010, 8（1）：66-78.

［188］金乐琴, 刘瑞. 低碳经济与中国经济发展模式转型［J］. 经济问题探索, 2009, 1（5）.

［189］Karplus V J. China's Carbon Emission Trading System: History, Current Status, and Prospects［M］. Cambridge: Cambridge university Press, 2021.

［190］Mathur S, Gosnell G, Sovacool B K, et al. Industrial decarbonization via natural gas: A critical and systematic review of developments, socio-technical systems and policy options［J］. Energy Research & Social Science, 2022, 90：102638.

［191］Negussie E, González-Recio O, Battagin M, et al. Integrating heterogeneous across-country data for proxy-based random forest prediction of enteric methane in dairy cattle［J］. Journal of dairy science, 2022, 105（6）：5124-5140.

［192］Li Y, Li H, Tan J. Technological catch-up and innovations of China's offshore oil and gas equipment-manufacturing industry: The role of the supply chain and government policy［J］. Journal of Cleaner Production, 2022, 365：132681.

［193］李飞, 庄贵阳, 付加锋, 等. 低碳经济转型：政策, 趋势与启示［J］. 经济问题探索, 2010, 2：94-97.

［194］陈海生, 刘畅, 徐玉杰, 等. 储能在碳达峰碳中和目标下的战略地位和作用［J］. 储能科学与技术, 2021, 10（5）：1477.

［195］冯连勇, 邢彦姣, 王建良, 等. 美国页岩气开发中的环境与监管问题及其启示［J］. 天然气工业, 2012（9）.

［196］李国欣, 何海清, 梁坤, 等. 我国油气资源管理改革与中国石油创新实践［J］. 中国石油勘探, 2021, 26（2）：45.

［197］Bento P M R, Mariano S J P S, Pombo J A N, et al. Large-scale penetration of renewable in the Iberian power system: Evolution, challenges and flexibility options［J］. Renewable and Sustainable Energy Reviews, 2024, 204：114794.

［198］ANJOS S M C, Sombra C L, Spadini A R. Petroleum exploration and production in Brazil: From onshore to ultra-deepwaters［J］. Petroleum Exploration and Development, 2024, 51（4）：912-924.

［199］Knol-Kauffman M, Nielsen K N, Sander G, et al. Sustainability conflicts in the blue economy: planning for offshore aquaculture and offshore wind energy development in Norway［J］. Maritime Studies, 2023, 22（4）：47.

［200］Cooke S J, Piczak M L, Nyboer E A, et al. Managing exploitation of freshwater species and aggregates to protect and restore freshwater biodiversity［J］. Environmental Reviews, 2023, 32（3）：414-437.

［201］刘廷, 马鑫, 刁玉杰, 等. 国内外CO_2地质封存潜力评价方法研究现状［J］. 中国地质调查, 2021, 8（4）：101-108.

［202］李瑛，德颜，齐二石.政策评估的利益相关者模式及其应用研究［J］.科研管理，2006，27（2）：51-56.

［203］陈百明，张凤荣.中国土地可持续利用指标体系的理论与方法［J］.自然资源学报，2001，16（3）：197-203.

［204］唐密，杨燕，胡善联，等.多准则决策分析应用于卫生决策的理论基础与进展［J］.中国卫生资源，2020，23（4）：326-331.

［205］毛小苓，刘阳生.国内外环境风险评价研究进展［J］.应用基础与工程科学学报，2003，11（3）：266-273.

［206］赵雷.行政立法评估之成本收益分析［J］.环球法律评论，2013(6).

［207］Raza M Y, Wasim M, Sarwar M S. Development of Renewable Energy Technologies in rural areas of Pakistan［J］. Energy Sources, Part A: Recovery, Utilization, and Environmental Effects, 2020, 42（6）: 740-760.

［208］Zhang Z, Li Z. Consensus-based TOPSIS-Sort-B for multi-criteria sorting in the context of group decision-making［J］. Annals of Operations Research, 2023, 325（2）: 911-938.

［209］Linares P, Santos F J. The joint impact of carbon emissions trading and tradable green certificates on the evolution of liberalized electricity markets: the Spanish case［J］. Markets for Carbon and Power Pricing in Europe, 213.

［210］Xiang P, Xu L, Yang S. The Impact of Extreme Hot Weather in Urban Water System Resilience: A Fuzzy Set Qualitative Comparative Analysis Based on Psr Model［J］. Available at SSRN 5025883.

［211］金乐琴，刘瑞.低碳经济与中国经济发展模式转型［J］.经济问题探索，2009，1（5）.

［212］李胡平.我国天然气发展及有关政策问题研究［J］.国际石油经济，2003，11（6）：13-17.

［213］李乔伊.阿根廷能源政策的调整对该国油气产业的影响［D］.大连：大连外国语大学，2020.

［214］周迪，刘奕淳.中国碳交易试点政策对城市碳排放绩效的影响及机制［J］.中国环境科学，2020，40（1）：453-464.

［215］The Routledge handbook of the political economy of the environment［M］. London: Routledge, 2022.

［216］Hu X, He L, Cui Q. How do international conflicts impact China's energy security and economic growth? A case study of the US economic sanctions on Iran［J］. Sustainability, 2021, 13（12）: 6903.

［217］Zhao G, Olan F, Liu S, et al. Links between risk source identification and resilience capability building in agri-food supply chains: A comprehensive analysis［J］. IEEE Transactions on Engineering Management, 2022.

［218］Meltzer H M, Eneroth H, Erkkola M, et al. Challenges and opportunities when moving food production and consumption toward sustainable diets in the Nordics: a scoping review for Nordic Nutrition Recommendations 2023［J］. Food & Nutrition Research, 2024, 68: 10.29219/fnr.v68.10489.

［219］孙霞，潘光.中东能源地缘政治与中国能源安全［J］.阿拉伯世界研究，2009，4：38.

［220］徐妍，宋怡瑾，沈悦.地缘政治风险对世界各国低碳转型的影响［J］.资源科学，2023，45（7）.

［221］杨宇，于宏源，鲁刚，等.世界能源百年变局与国家能源安全［J］.自然资源学报，2020，35（11）：2803-2820.

［222］周峻.国内经济走势对石油石化行业的影响分析［J］.中国集体经济，2014(12)：16-17.

［223］宫敬，宋尚飞，魏生远，等.管道运输对能源供应链韧性和安全性的关键作用［J］.前瞻科技，

2024, 3 (2): 19.

[224] Wang S, Wang J, Wang W. Do geopolitical risks facilitate the global energy transition? Evidence from 39 countries in the world [J]. Resources policy, 2023, 85: 103952.

[225] Trebilcock M, Fishbein M. International trade: barriers to trade [M] // Andrew T G, Alan O S.Research Handbook in International Economic Law. Cheltenham: Edward Elgar Publishing, 2007.

[226] Rahimzadeh F, Pirpour H, Ebrahimi B P. The impact of economic sanctions on the efficiency of bilateral energy exports: the case of Iran [J]. SN Business & Economics, 2022, 2 (9): 117.

[227] Cederman L, Pengl Y. Global conflict trends and their consequences [J]. United Nations, Department of Economic and Social Affairs. ETH Zürich, Zürich, 2019.

[228] 韦军亮, 陈漓高. 政治风险对中国对外直接投资的影响[J]. 经济评论, 2009 (4).

[229] 李锋. "一带一路"沿线国家的投资风险与应对策略[J]. 中国流通经济, 2016, 30 (2): 115-121.

[230] 胡芳, 李誉博. "一带一路"沿线国家地缘政治风险评估及影响因素[J]. 热带地理, 2023, 43 (6).

[231] 杨宇, 何则. 中国海外油气依存的现状、地缘风险与应对策略[J]. 资源科学, 2020, 42 (8): 1614-1629.

[232] 康红普, 谢和平, 任世华, 等. 全球产业链与能源供应链重构背景下我国煤炭行业发展策略研究[J]. 中国工程科学, 2023, 24 (6): 26-37.

[233] Jacobs F, Harrington E, Lyles W, et al. Just Energy Transitions: Edited by Fayola Jacobs, Elise Harrington and Ward Lyles [J]. Planning Theory & Practice, 2024, 25 (4): 569-596.

[234] Jiang W, Martek I. Political risk analysis of foreign direct investment into the energy sector of developing countries [J]. Journal of Cleaner Production, 2021, 302: 127023.

[235] Zhou Q, He Z, Yang Y. Energy geopolitics in Central Asia: China's involvement and responses [J]. Journal of Geographical Sciences, 2020, 30: 1871-1895.

[236] Doshi K. Risk and Regulatory Compliance in Banking: A Comprehensive Guide [J]. Risk Analysis, 2023, 13 (3): 9.

[237] 谢和平, 吴立新, 郑德志. 2025年中国能源消费及煤炭需求预测[J]. 煤炭学报, 2019 (7).

[238] 孟华强, 索玮岚. 考虑风险关联和决策者偏好的海外投资国家风险评估研究[J]. 中国管理科学, 2022, 30 (9): 61-70.

[239] 熊琛然, 王礼茂, 屈秋实, 等. 地缘政治风险研究进展与展望[J]. 地理科学进展, 2020, 39 (4): 695-706.

[240] 王冬霞, 齐中英. 灰色系统理论在工程项目风险管理系统中的应用[J]. 技术经济与管理研究, 2006 (4): 62-64.

[241] 周守为, 李清平, 朱海山, 等. 海洋能源勘探开发技术现状与展望[J]. 中国工程科学, 2016, 18 (2): 19-31.

[242] Dudka A J S. Democracy and justice in collective action initiatives in the energy field [J]. Beyond Social Democracy, 2022.

[243] Simpson N P, Mach K J, Constable A, et al. A framework for complex climate change risk assessment[J]. One Earth, 2021, 4 (4): 489-501.

[244] Matsuo Y, Yanagisawa A, Yamashita Y. A global energy outlook to 2035 with strategic considerations for Asia and Middle East energy supply and demand interdependencies [J]. Energy strategy reviews,

2013, 2（1）: 79-91.

[245] Zhao L. Event prediction in the big data era: A systematic survey[J]. ACM Computing Surveys（CSUR）, 2021, 54（5）: 1-37.

[246] Eibeck A, Shaocong Z, Mei Qi L, et al. Research data supporting: A Simple and Efficient Approach to Unsupervised Instance Matching and its Application to Linked Data of Power Plants[J]. Applied Energy, 2024.

[247] Xiaoguang T, Zhang G, Zhaoming W, et al. Distribution and potential of global oil and gas resources[J]. Petroleum Exploration and Development, 2018, 45（4）: 779-789.

[248] Beydoun Z R. The petroleum resources of the Middle East: a review[J]. Journal of Petroleum Geology, 1986, 9（1）: 5-27.

[249] 段红梅, 孙晓艳. 世界能源格局变化中的中东因素分析[J]. 资源与产业, 2017, 19（2）: 19-22.

[250] Yu Y S, Zhang X, Liu J W, et al. Natural gas hydrate resources and hydrate technologies: a review and analysis of the associated energy and global warming challenges[J]. Energy & Environmental Science, 2021, 14（11）: 5611-5668.

[251] 吴磊, 王涛, 曹峰毓. 地缘政治视域下的东非油气资源开发: 兼谈中国的角色与战略定位问题[J]. 复旦国际关系评论, 2015(1): 67-84.

[252] Fukutomi M. Oil or geopolitical issues？: Quantitative rethinking of political instability in the Middle East and North Africa[J]. GeoJournal, 2024, 89（2）: 55.

[253] 王学军, 蔡加铭, 魏小东. 油气勘探领域地球物理技术现状及其发展趋势[J]. 中国石油勘探, 2014, 19（4）: 30.

[254] Karimov D, Toktarbay Z. Enhanced oil recovery: techniques, strategies, and advances[J]. ES Materials & Manufacturing, 2023, 23（2）: 1005.

[255] 高安荣, 冯连勇, 安丰全. 世界石油勘探开发趋势分析[J]. 当代石油石化, 2006, 14（4）: 28-30.

[256] Li N, Dilanchiev A, Mustafa G. From oil and mineral extraction to renewable energy: Analyzing the efficiency of green technology innovation in the transformation of the oil and gas sector in the extractive industry[J]. Resources Policy, 2023, 86: 104080.

[257] 杨宇, 何则. 中国海外油气依存的现状, 地缘风险与应对策略[J]. 资源科学, 2020, 42（8）: 1614-1629.

[258] Li N, Dilanchiev A, Mustafa G. From oil and mineral extraction to renewable energy: Analyzing the efficiency of green technology innovation in the transformation of the oil and gas sector in the extractive industry[J]. Resources Policy, 2023, 86: 104080.

[259] 薛宇择, 张明源. 美国能源政策的转变与国际能源安全[J]. 中外能源, 2020, 25（8）: 9-15.

[260] 邹才能, 杨智, 张国生, 等. 常规—非常规油气"有序聚集"理论认识及实践意义[J]. 石油勘探与开发, 2014, 1.

[261] 邹才能, 赵群, 丛连铸, 等. 中国页岩气开发进展, 潜力及前景[J]. Natural Gas Industry, 2021, 41（1）.

[262] Green S J, Demes K, Arbeider M, et al. Oil sands and the marine environment: current knowledge and future challenges[J]. Frontiers in Ecology and the Environment, 2017, 15（2）: 74-83.

[263] 闫林, 陈福利, 王志平, 等. 我国页岩油有效开发面临的挑战及关键技术研究[J]. 石油钻探技术,

2020, 48 (3): 63-69.

[264] Managi S, Opaluch J, Jin D, et al. Environmental regulations and technological change in the offshore oil and gas industry [J]. Land economics, 2005, 81 (2): 303-319.

[265] Hawash B, Abuzawayda Y I, Mokhtar U A, et al. Digital transformation in the oil and gas sector during Covid-19 pandemic [J]. International Journal of Management (IJM), 2020, 11 (12): 725-735.

[266] 贾承造, 庞雄奇, 姜福杰. 中国油气资源研究现状与发展方向 [J]. 石油科学通报, 2016, 1 (1): 2-23.

[267] 蒋国盛, 王荣璟. 页岩气勘探开发关键技术综述 [J]. 探矿工程, 2013, 40 (1): 3-8.

[268] 任泽平, 潘文卿, 刘起运. 原油价格波动对中国物价的影响: 基于投入产出价格模型 [J]. 统计研究, 2007, 24 (11): 22-28.

[269] 邹才能, 杨智, 何东博, 等. 常规—非常规天然气理论、技术及前景 [J]. 石油勘探与开发, 2018, 45 (4): 575-587.

[270] 张烈辉, 胡勇, 李小刚, 等. 四川盆地天然气开发历程与关键技术进展 [J]. Natural Gas Industry, 2021, 41 (12).

[271] 苗承武. 我国天然气市场发展预测 [J]. 当代石油石化, 2001, 9 (5): 24-29.

[272] Ngene S, Tota-Maharaj K, Eke P, et al. Environmental and economic impacts of crude oil and natural gas production in developing countries [J]. International Journal of Economy, Energy and Environment, 2016, 1 (3): 64-73.

[273] Cordes E E, Jones D O B, Schlacher T A, et al. Environmental impacts of the deep-water oil and gas industry: a review to guide management strategies [J]. Frontiers in Environmental Science, 2016, 4: 58.

[274] Pirouzfar V, Mohamadkhani F, Van Nguyen N, et al. The technical and economic analysis of processing and conversion of heavy oil cuts to valuable refinery products [J]. International Journal of Chemical Reactor Engineering, 2023, 21 (8): 965-977.

[275] Hassan A, Mahmoud M, Al-Majed A, et al. Gas condensate treatment: A critical review of materials, methods, field applications, and new solutions [J]. Journal of Petroleum Science and Engineering, 2019, 177: 602-613.

[276] Zoback M D, Arent D J. The opportunities and challenges of sustainable shale gas development [J]. Elements, 2014, 10 (4): 251-253.

[277] 贾承造, 赵文智, 邹才能, 等. 岩性地层油气藏地质理论与勘探技术 [J]. 石油勘探与开发, 2007, 34 (3): 257-272.

[278] 唐颖, 唐玄, 王广源, 等. 页岩气开发水力压裂技术综述 [J]. 地质通报, 2011, 30 (2-3): 393-399.

[279] 冯连勇, 邢彦姣, 王建良, 等. 美国页岩气开发中的环境与监管问题及其启示 [D]., 2012.

[280] 窦立荣, 王作乾, 部峰, 等. 跨国油气勘探开发在保障国家能源安全中的作用 [J]. 中国科学院院刊, 2023, 38 (1): 59-71.

[281] 刘娅昭, 张海君, 刘超英. 放开油气勘查开采准入限制对国有大型石油公司勘探开发活动的影响 [J]. 中国石油勘探, 2021, 26 (1): 99.

[282] Caineng Z, Guangya Z, Shizhen T, et al. Geological features, major discoveries and unconventional petroleum geology in the global petroleum exploration [J]. Petroleum Exploration and Development,

2010, 37（2）：129-145.

[283] Bieker H P, Slupphaug O, Johansen T A. Real-time production optimization of oil and gas production systems: A technology survey [J]. SPE Production & Operations, 2007, 22（04）：382-391.

[284] Ponomarenko T, Marin E, Galevskiy S. Economic evaluation of oil and gas projects: justification of engineering solutions in the implementation of field development projects [J]. Energies, 2022, 15（9）：3103.

[285] Zhixin W, Jianjun W, Zhaoming W, et al. Analysis of the world deepwater oil and gas exploration situation [J]. Petroleum exploration and development, 2023, 50（5）：1060-1076.

[286] Sommer B, Fowler A M, Macreadie P I, et al. Decommissioning of offshore oil and gas structures-Environmental opportunities and challenges [J]. Science of the total environment, 2019, 658：973-981.